U0067753

MAKING IT：
設計師一定要懂的
產 品 製 造 知 識

第 3 版

MAKING IT :
MANUFACTURING TECHNIQUES
FOR PRODUCT DESIGN
3rd edition

目錄

5 實心物件成型

6 外型複雜產品

7 更先進的加工技術

前言

好奇心是人類與生俱來的本能。對於挖掘秘密以及探索未知領域，總是能讓我們不自覺的被吸引，而且樂此不疲。就好比孩提時候的電視節目裡，鏡頭由工廠的窗沿窺視著巧克力餅乾或是牛奶裝瓶的生產線，又或是家庭手工業裡老師傅巧奪天工的手藝；亦或是電影光碟中特別收錄的幕後花絮，那些虛幻的場景是如何利用科技及特效而被真實的呈現在觀眾的眼前。身為一位出色的工業設計師，當然比一般人更需要好奇心這種人格特質，如此才能整合新科技和老工藝以創造出與眾不同的新產品。

機械加工器具的發明，是我覺得身為一個工業設計師所最驚奇的一件事。這些機具有些能在一分鐘之內製造出兩千顆燈泡，或者是拉伸出比鉛筆筆尖還細的光纖。說到光纖，我不禁想問，是哪個天才擁有那麼驚人的創意，設計出一套製程來結合玻璃的熱熔，並且讓熱熔液化的玻璃從高塔中藉由重力以緩慢的速度自然流下，最後形成直徑僅為 1mm 細的光纖？又或者設計出一種方法，能讓不銹鋼絲彎曲，並以每分鐘三百個的速度製作出辦公室常用的迴紋針？甚至是小朋友玩的玻璃彈珠，當中的花紋是以如何巧妙的方式，把各種不同顏色的染料以美麗的旋轉花樣固定於其中？這些特殊的製程和技術，並非我想要在本書中探討的。相對於傳統以製造技術為導向的書籍，本書的特色在於解析不同種類的產品，並且從工業設計的角度來看此類產品所使用的製造技術。

由於本書的第一、二版熱賣至今，世界上又有許多創新的產品被人發明出來，所以在新版中我們選擇特殊且未被收錄過的新技術加入。有些是非常專業的新技術，例如電磁成型，有些則是既有生產技術的革新，例如改變傳統產品組裝及拆件方式的 Industrial Origami®，另外有些則是整合了兩種不同製造方法而成的新製程，例如 Exjection® 就成功結合了擠出成型和射出成型兩種傳統製造方式，進而大大提高了產能。本書也收錄了創造新製造技術的公司，如 Marcel Wanders，就是把原本只被運用於寶特瓶吹出成型的生產技術運用到體積更大的家具生產上，而實現了許多設計師希望把美麗曲線運用在人類生活上的夢想。

永續發展是人類文明發展的新共識，為了呼應這股新浪潮，本書也特別強調各個生產技術的能源消耗、原物料的使用及回收、甚至其生產過程是否符合環保和對待勞工是否符合社會道德，希望能藉由這些細節讓讀者了解以上不同層面的事情，和其在工業設計中所必須考慮的要項。在第 8 頁到第 15 頁間的表中羅列出了不同生產技術的幾個要項比較，例如產出能力、成本等因素，以期能讓讀者一目瞭然，並且在查找適合的生產方式時，能夠更有效率的做決策。

在第二版增加第 8 章探討產品的表面處理，包括染色、上漆、噴漆、鍍膜，或是為產品增加特殊功能。第三版於第 7 章更先進的加工技術新增了 6 種技術，包括 3D 針織、數位光學合成技術、熔融沈積成型、多

多射流熔融、多射流列印、快速液態列印。此外，比前一版新增第 9 章接合處理，介紹 19 種用來接合平面與 3D 部件最普遍的方法與創新的解決方式，包含各種應用在不同機械零件上廣泛的接合技術，如高壓熔接異質金屬、隱形玻璃接合、聲波熔接材料等等。

如上所言，本書出版的目的是在探討一件成品背後隱含的製造方法。更進一步的說，是要去探究這些成品使用的機械加工方式，以及其如何整合不同製程，包含熔融狀態和固態的金屬或非金屬、板材、粉末、或是大型固態金屬加工成型，甚至製作 3D 產品的方式。藉此我們可以去檢驗這些之前從未在本書提及的手法，並藉由這些例證來推敲其中可行的量產方法，甚或是在產品設計的初期就鼓勵工業設計師們積極的採用並且引入這些方法，而非在完成設計之後才交由工廠決定量產方法。

我的企圖是希望在書中能概括所有來自技術手冊、工商黃頁、以及工業設計相關入口網站中的既存資訊，去整合成一本讓工業設計師能有效蒐尋出可用製造方法的工具書。讓他們在設計階段即可就大量或批量生產之間，針對產品的本質和定位做出正確的抉擇。當我們身在一個顛覆既往工業技術的時代，如何去利用這些新技術來創造翻新舊有的設計或概念，很有可能會徹頭徹尾的改變整個產品的生命。也就是說，在產品設計之初就決定它的生產方式，並主導且改變消費者使用習慣，甚至是將來產品廢棄時回收再利用的流程和分類。曾經，工業設計師只是依附在既有生產機具下的奴隸，必須在滿足

該生產方式及成本的限制下被迫做出妥協。當然，這種文化在今天還是存在於工業設計界大多數企業之內。但是我相信將生產製造包含在設計之中會是未來整個業界共通的趨勢。我希望將來設計師們都能透過這些生產製造的知識，更大膽的使用不同的原材料、製造技術來進行產品設計。

本書中有些精選的範例反映出產品開發過程中，對設計師有用的工具並非實際生產工具，而可能是生產方式的設定或調整。正如英國 Malcolm Jordan 所發表的畢業設計 Curvy Composites，以一種前所未有的不規則曲面木板成型方式，打破了所有我們能想像的傳統板材成型思維。我還忍不住的收錄了一些更跳脫常規的製造方式，它們有些甚至是目前無法用於量產的，但是這種宛如製作手工藝品的精緻過程，卻是幫助設計師們從小量生產開始的可行之路。

在工業革命之前，製造業發展中最重要的因素，就是地理環境。舉例來說，窯業的發源地必須要在盛產陶土的地方，像創立於英格蘭西北方的知名瓷器製作商 Wedgwood，就是在盛產陶土的 Stoke-On-Trent 發跡的。又譬如森林茂密的地方，通常正是家具或木作業最繁榮的所在。在這個時期，工藝技術的發展和原物料的產地密不可分。然而，全球化的結果是這些傳統工藝產業聚落的凋零，在以經濟為前提的營運模式之下，往往工廠會被設在擁有最多廉價勞動力的地方，從而扼殺了精緻的手工藝聚落。但是另一方面，設計師可以發展少量多樣的精緻設計，讓最先進技術回歸到工藝聚落，而交通的發達也可以讓產品更快速安全的送達到消費者面

前。這樣的變革，有時要刻意經營或依靠新技術配合，但是有時卻是由於人們將既有生產設備強制運用在非典型的用途之上，無心插柳柳成蔭而創造出來的。利用噴墨印表機原理所發展出來的 3D 模型印刷快速成型機台，就是其中最具代表性的例子之一。

這個概念是源自對既有技術的革新，非常大膽的實驗並重組各種可能元素，最後產生出一個全新的製造技術。從古至今，人類對於創造發明的渴望從未降低過。其中的差別只在於，老師傅們是用手中的工具創作，而今天我們這一輩設計師得以運用機械來輔助創作。甚至我們可以自行購買一台噴墨印表機來進行改裝而擁有一台屬於自己的 3D 印刷成型機台，製作出電腦中繪製的 3D 模型原型。過往老師傅想要製作一件工藝品，必須拿一塊木材原坯，一筆一筆的用手工雕出他心中想要的形狀。依此類推，當我們心中的木材原坯是一台噴墨印表機，我們如何把它雕琢出各種豐富且多樣的形狀呢？

在眾多已發展出的衍生科技中，最特殊的應用當屬一群跨國科學家將噴墨印表機運用在微生物及醫學上，以培養活組織。它的基本原理是利用噴嘴將熱可逆凝膠噴佈在細胞上，形成類似支架的結構以保護及維持相鄰細胞的位置及完整性。漸漸的，兩兩相鄰的細胞便會自動結合，最後變成一層組織。南卡羅來納醫學院將這種凝膠運用在細胞培養的輔助工具。這種凝膠特殊的地方，在於它的黏度能夠隨溫度的升高而降低。這項特性也使得以這種方式製作出來的組織，能夠被安然的置入人體之內，並且在這人工組織與人體細胞結合之後被吸收而消失不見。

當然，本書最核心的地方，仍然是那些使產品能夠順利量產的技術，其中有的發展已經非常完備了，有些則是才剛剛曝光的新科技。為了使讀者們能夠運用自如，本書也會清楚的說明如何將之發揮在我們的產品設計之中，藉以刺激新創意的產生，連結所有可能性而開拓出一個新的領域，或甚至一個新的產業。本書的結構和次序是用非常直觀的方式，讓讀者博覽世界上的製造技術以及它所能生產的產品，希望能傳遞並引發讀者們的興趣，進而鑽研這些能刺激消費、帶動風潮的產品，和它們背後的設計及生產方式。

如何使用本書

本書的章節分類是採用加工成品的外型作為依據，對於加工技術進行明瞭和基本介紹，並由圖表、照片、及文字配合以增加可讀性。圖像化的表格羅列出製造技術的要點和流程，讓設計師更能體會成品的製造過程。請注意，這裡所說的圖像並不是標有尺度的工程圖，讓設計師學會機械製圖也並非本書的目的。

描述製造技術的特色，我們分成兩部分：
一是此種技術的摘要
二是此技術在製造上必須注意的重點

＋(優點) 和 － (缺點)
以條列的方式簡述每種製造技術的優缺點。

產能
介紹該生產方式下可能的單位時間產出能力，藉以提供設計師針對加工品是單一設計原型、少量生產、批量生產，或是大量量產的依據。

單位成本和機具設備投資

產品的成本分析其中最主要的一個項目,就是清楚估算出該生產模式所需的初始成本。這其中所需資金的差別小從幾倍到數千倍都有可能,若是需要大量生產而必須開模以便塑膠射出,所需的開模費少說也會超過數萬美元;若是僅生產單件或少量元件,而選用直接在多軸加工機台上以 CAD 電腦繪圖檔案匯入並用整塊坯材切銷加工,則根本不需要開模費。

加工速度

每種製程所需的加工工時和產線設定時間大不相同,故瞭解自己設計的產品在市場上的需求量,是決定採用哪種技術的要素之一。好比說,我們需要生產 10,000個玻璃瓶罐,那麼為此產品特別設置一條自動化生產線,可以以每小時生產 5,000瓶的速度進行生產的方式,便不適合於這項產品。因為產線的設定時間就可能遠超過生產加工本身所需時間,並且開模所需費用也很可能遠大於產品本身收益。

加工物件表面粗糙度

簡單描述採用該加工方式下所生產的物件,其表面光滑與否,以作為該產品是否需要另行對表面後處理的判斷依據。

外型/形狀複雜程度

受限於加工刀具或生產機具的限制,每種製程所製作的成品外型都有固定的模式,經過介紹可讓設計師避免採用不恰當的製造方式進行生產。

加工尺寸

説明此加工技術能加工物件的尺寸範圍。此處提供的資訊有可能超出設計師們原本的想像。舉例來說,有些金屬捲製機台可將金屬板材捲成直徑長達 11.5 英吋的圓柱。

加工精度

生產製造總是避免不了有誤差,每種製程所造成的誤差也是大不相同,甚至同一種製程針對不同材質的物件進行加工,也會有不同的加工精度。一般來說,機械加工或塑膠射出成型的成品會有比較容易掌控的精度。但若選用窯燒的方式來製造,其成品的尺寸就不是那麼容易掌握的了。這個部份要説明的就是加工方式的成品尺寸精準度。

可加工材質

此要項説明該技術可加工生產的材質包括哪些範圍。

運用範例

簡要列出此技術目前主要被運用來生產哪些產品

類似的加工方法

這點提供設計師們做為必要時選擇替代方案的可能製程。

環保議題

這點探討該生產技術所可能消耗的能源、有毒物質、加工材質的回收與否、以及產品廢棄之後的可回收性。

相關資訊

羅列出此技術或產品的相關網頁、參考資料、生產公司或研究單位等等供讀者參考。

製程特性比較

本表讓讀者便於參考或評估書中哪種製造方式最適用於所設計的產品。
表格依照章節順序編排，將類似製程列在一起，使查找的過程更有效率。
若讀者對於個別製程的細節想更深入的了解，可以快速的參照章節內文。

指標說明 ★=低 ★★=中 ★★★=高	機具設備 投資成本	單位時間產出	成品表面 粗糙度
1 切削加工			
機械加工	★	★/★★	★★★
CNC 切削加工	★	★/★★	★★★
電子束加工	★★	★	★
動態車床加工	★	★/★★	★★
外曲面車坯及內曲面車坯	★	★★/★★★	★★★
電漿電弧切削加工	★	★★/★★★	★★★（切削邊緣表面）
2 板材加工			
蝕刻	★	★★★	★★
刀模裁切	★★	★★	★★（切削邊緣表面）
水刀切裁	★	★/★★	★★（切削邊緣表面）
線切割放電加工	★	★/★★	★★
雷射切割	★	★/★★	★★（木材)/★★★(金屬）
氧乙炔切割	★	★★	★★
金屬鈑件成型	★★/★★★	★/★★	★
熱軟化玻璃重力塌陷成型	★★★	★	★★★
鋼板電磁成型	★★★	★★★	★★★
旋壓成型	★★	★/★★	★
金屬切割	★★	★★★	★
工業摺紙成型	★/★★/★★★	★/★★/★★★	★★★
熱成型	★/★★/★★★	★/★★/★★★	★★（取決於模具內壁）

成品形狀 複雜度	成品尺寸	成品尺寸 精度	可加工材質
實心複雜結構	S,M,L	★★★	木材、金屬、塑膠、玻璃、陶瓷
所有可由 CAD 繪製 的實心複雜結構	S,M,L	★★★	幾乎所有材質
所有可由 CAD 繪製 的實心複雜結構	S,M	★★★	幾乎所有材質（高熔點材料 會耗費較長的加工時間）
軸對稱	S,M	★★★（金屬） ★★（其他材質）	陶瓷、木材、金屬、塑膠
實心結構	S,M	★	陶瓷
平板狀	S,M,L	★★	導電性佳的金屬材料
平板狀	S,M	★★★	金屬
平板狀	S,M	★★★	塑膠
平板狀	S,M,L	★★	玻璃、金屬、塑膠、陶瓷、 石材、大理石
平板狀	S,M,L	★★★	導電金屬
平板狀	S,M	★★★	金屬、木材、塑膠、 紙、陶瓷、玻璃
平板狀	S,M,L	★★	鐵金屬、鈦金屬
平板狀	S,M,L	★★	金屬
平板狀	S,M,L	★	玻璃
平板狀		★★★	磁性金屬
平板狀	S,M,L	★	金屬
平板狀	S,M,L	★★★	金屬
平板狀/複雜結構	S,M,L	★★★	金屬、塑膠、複合材料
平板狀	S,M,L	★★	熱塑性塑膠

指標說明	★=低 ★★=中 ★★★=高	機具設備 投資成本	單位時間產出	成品表面 粗糙度
② 板材加工				
爆炸成型		★★	★/★★/★★★	★★
鋁件熱壓超成型		★★★	★★	★★★
無外力內壓鋼材成型		★	★★	★★
充氣金屬		★	★★	★★★
合板彎摺成型		★★/★★★	★/★★/★★★	★/★★/★★★ (取決於木材表面)
深度壓製合板成型		★★★	★★★	★
合板壓製成型		★★	★	★★★
③ 連續板材				
壓延成型		★★★	★★★	★★★
吹膜成型		★★★	★★★	★★★
擠射成型		★★★	★★★	★★★
擠製成型		★	★	★★★
拉擠成型		★★	★	★★
拉鍛成型		★★	★★★	★★
滾軋成型		★★★	★★★	★★★
旋鍛縮管成型		★	★★/★★★	★★★
預編金屬網		★	★/★★/★★★	★★
實木薄片刨切		N/A	N/A	★★
④ 薄殼及中空產品				
玻璃手工吹出成型		★/★★/★★★	★/★★	★★★
玻璃管燈工拉絲成型		★	★/★★/★★★	★★★
玻璃二次吹模成型		★★★	★★/★★★	★★★
玻璃先壓後吹模造成型		★★★	★★/★★★	★★★

成品形狀 複雜度	成品尺寸	成品尺寸 精度	可加工材質
複雜結構	S,M,L	★★★	金屬
平板狀/複雜結構	S,M,L	★★	超塑性鋁合金
中空結構	M,L	★	金屬
平板狀	S,M,L	★★★	金屬、塑膠
平板狀	M,L	★	木材
平板狀	S,M	★	木質合板
平板狀	S,M	N/A	木質合板
平板狀	L	N/A	表面有壓花的材料、 複合材料、塑膠、紙
平板狀/管狀	L	★★★	LDPE, HDPE, PP
連續/複雜	S,M,L	★★★	木材、塑膠、金屬
板狀/複雜/連續	M,L	★★★	塑膠、木質塑料複合材、 鋁合金、銅、陶瓷
厚度相同的任意形狀	S,M,L	★★★	所有熱固性塑膠和玻璃或碳纖維
截面形狀可變化的 連續管狀	L	★★★	熱固性樹脂和玻璃或碳等纖維
板狀	M,L	★★/★★★ (取決於厚度)	金屬、玻璃、塑膠
管狀	S,M	★★	具延展性的金屬材料
板狀	M,L	N/A	所有可編織合金材料、 主要為不鏽鋼或鍍鋅鋼材
板狀/連續	M,L	N/A	木頭
任何形狀	S	★	玻璃
對稱	S,M	★	高硼硅玻璃
簡單形狀	S,M	★	玻璃
簡單形狀	S,M	★★	玻璃

指標說明	★=低 ★★=中 ★★★=高	機具設備 投資成本	單位時間產出	成品表面 粗糙度
④ 薄殼及中空產品				
塑膠吹出成型		★★★	★★★	★★★（會有合模線）
射吹成型		★★★	★★★	★★★
擠吹成型		★★★	★	★★★
浸漬成型		★	★★/★★★	★
迴轉成型		★★	★★/★★★	★★
注漿成型		★/★★ （取決於零件數量）	★/★★/★★★	★★
金屬液壓成型		★★★	★★★	★/★★（取決於材料）
逆向衝擊擠製成型		★	★/★★	★★
紙漿成型		★★★	★★★	★
觸壓成型		★★★	★	★★/★★★ （取決於觸壓方法）
真空灌注成型（VIP）		★★	★	★★★
熱壓罐成型		★★	★★	★/★★（若使用膠）
纏繞成型		★	★/★★/★★★	★★（需額外表面後處理）
離心鑄造成型		★/★★/★★★ （取決於模具材料）	★/★★	★/★★（取決於使用製程）
電鑄成型		★	★	★★★
⑤ 實心物件成型				
燒結		★★/★★★	★★	★★★
熱均壓成型（HIP）		★★	★	★★★
冷均壓成型（CIP）		★★	★	★★
壓縮成型		★★	★★★	★★★
轉注成型		★★/★★★	★★★	★★★
發泡成型		★★★	★★★	★
合板發泡複合成型		★★	★★	N/A
木板填充膨脹成型		★	★	N/A
鍛造		★/★★/★★★	★/★★/★★★	★
粉末冶金		★★★	★★/★★★	★★
精密原型銑鑄加工（pcPRO®）		★	★	★

成品形狀 複雜度	成品尺寸	成品尺寸 精度	可加工材質
簡單圓形	S,M,L	★★★	HDPE, PE, PET, VC
簡單形狀	S	★★★	PC, PET, PE
複雜形狀	S,M	★★	PP, PE, PET, PVC
軟質、彈性、 簡單形狀	S,M	★	PVC, 乳膠, PU, 彈性體, 矽膠
任何形狀	S,M,L	★	PE, ABS, PC, NA, PP, PS
從簡單到複雜均可	S,M	★	陶瓷
管狀、T字形	S,M,L	★★★	金屬
對稱	S,M	★★★	金屬
複雜形狀	S,M,L	★★/★★★ (依製程決定)	紙類：報紙或厚紙板
開口、薄壁管狀	S	★	碳、芳綸、玻璃或自然纖維、 熱固性樹脂
複雜形狀	M,L	★	樹脂、玻璃纖維
簡單形狀	S,M,L	★	纖維和熱固性樹脂
中空、對稱	L	★★★	纖維和熱固性樹脂
管狀	S,M,L	★★★ (依製程決定)	金屬、玻璃、塑膠
複雜形狀	S,M,L	★★★	可電鍍金屬
複雜形狀/實心體	S,M	★★	陶瓷、玻璃、金屬、塑膠
複雜形狀/實心體	S,M,L	★★	陶瓷、金屬、塑膠
複雜形狀/實心體	S,M	★★	陶瓷、金屬
實心體	S	★★	陶瓷、塑膠
複雜形狀/實心體	M,L	★★★	複合材料、熱固性塑膠
複雜形狀/實心體	S,M,L	★★	塑膠
實心體	M,L	★★	木頭、塑膠
實心體	M,L	★★	木頭、塑膠
實心體	S,M,L	★	金屬
複雜形狀/實心體	S,M,L	★★	金屬
複雜形狀/實心體	S	★★★	塑膠

指標說明 ★=低 ★★=中 ★★★=高	機具設備 投資成本	單位時間產出	成品表面 粗糙度
⑥ 外型複雜產品			
射出成型	★★★	★★★	★★★
化學反應射出成型 (RIM)	★★★	★★	★★★
氣體輔助射出成型	★★★	★★★	★★★
MuCell®射出成型	★★★	★★★	★★★
元件嵌入式射出成型	★★★	★★★	★★★
多料/多次射出成型	★★★	★★★	★★★
模內裝飾	★★★	★★★	★★★
模外裝飾	★★★	★★★	★★★
金屬粉末射出成型 (MIM)	★★★	★★	★★★
金屬高壓注鑄成型	★★★	★★★	★★★
陶瓷射出成型 (CIM)	★★★	★★	★★★
脫蠟鑄造	★★★	★★	★★★
砂模鑄造	★	★★	★
玻璃壓製成型	★★	★★★	★★
加壓注漿成型	★★★	★★★	★★★
高分子塑膠輔助成型 (VPP)	★★★	★★★	★★★
⑦ 更先進的加工技術			
3D 列印的創新應用	★	★	★★
紙堆疊立體印刷原型打樣	★	★	★
水泥噴射立體輪廓建構	★	★	★
雷射硬化樹脂原型建構(SLA)	★	★	★
微機件電鑄造模	★	★★★	★★★
雷射定位燒結原型建構(SLS)	★	★	★
Smart Mandrels™ 纏繞成型 用形狀記憶軸心	★★	★	N/A
微壓頭漸進式鈑件沖壓成型	★	★★	★★★
3D 針織	★	★★★	N/A
數位光學合成技術 (DLS)	★	★★	★★★
熔融沈積成型	★	★	★
多射流熔融	★	★	★★
多射流列印	★	★	★★★
快速液態列印	★	★	★

成品形狀 複雜度	成品尺寸	成品尺寸 精度	可加工材質
複雜形狀	S,M	★★★	塑膠
複雜形狀	S,M,L	★★★	塑膠
複雜形狀/實心體	S,M,L	★★★	塑膠
複雜形狀	S,M,L	★★★	塑膠
複雜形狀	S,M	★★★	塑膠、金屬、複合材
複雜形狀	S,M	★★★	塑膠
複雜形狀	S,M	★★★	塑膠金屬、複合材
複雜形狀	S,M	★★★	塑膠金屬、複合材
複雜形狀	S,M	★★★	金屬
複雜形狀	S,M,L	★★★	金屬
複雜形狀	S,M	★★★	陶瓷
複雜形狀	S,M,L	★★★	金屬
複雜形狀	S,M,L	★	金屬
中空	S,M,L	★★★	玻璃
中空	S,M,L	★★	陶瓷
複雜形狀	S,M,L	★★	陶瓷
板狀	S	★★★	其他
複雜形狀	S	★★★	其他
複雜形狀	L	★★★	陶瓷、複合材料
複雜形狀	S,M	★★★	塑膠
平面	S	★★★	塑膠
複雜形狀	S,M	★★★	金屬、塑膠
中空	S,M,L	★★	塑膠
板狀	S,M,L	★	金屬
複雜形狀	S,M	★★	紗線
複雜形狀	S,M	★★★	多種塑膠
複雜形狀	S,M	★★★	多種塑膠
複雜形狀	S,M	★★★	PA12
複雜形狀	S,M	★★★	光固化樹脂或鑄蠟
複雜形狀	S,M	★★★	生物樹脂

Cut Solid

切削加工

如何運用切削工具來形塑材料

本章節包括了一些最古老的加工方式，而這些加工方式可以用最直觀的方式，依照切削刀具、加工工件的形狀、以及可切削材質來進行分類。這其中最殺的加工方式，就是直接以 3D 電腦圖檔輸入 CNC 加工中心機台針對原坯材進行加工，在加工過程中設計師可以完全不用碰觸或裝卸加工工件而完成整個流程，這也是用來加工設計原型，或者取代工匠們手工加工最理想的方式之一。

from

機械加工

包括車削、搪孔、修面鑽孔、
擴孔、銑床和拉床

Machining including turning, boring, facing, drilling,
reaming, milling and broaching

機械成型內含了許多種不同形式的加工方式，若要用一個單一的詞彙來表現其中的加工精神的話，那就是「切屑」成型。(因為所有機械成型的加工方式都會產生切削的屑屑) 而所有的機械加工都是以削去的方式來形成我們想要的工件形狀，也就是減法、而非加法。也正因為這種特性，有些機械加工常被用在後處理的階段，比如說表面的拋光或磨砂，或是為工件切削出所需要的螺紋或其他紋路。

「機械加工」本身就包含了需多型式的工具機作動方式，例如車工、搪工、面加工、以及螺紋加工，以上所有的切削動作都是將刀具和正在轉動的工件表面接觸已達成的。車工通常是運用在工件的外表面，而搪工則多被運用在孔、洞、或凹槽的內表面。面加工在此指的，是針對加工工件末端的表面所進行的動作，通常只是為了完成我們對表面要求的細緻程度，但是有時也會被用來進行工件尺寸的削減。

產品名稱	Mini Maglite® torch
設計師	Anthony Maglica
使用材質	鋁
製造廠商	Maglite Instruments Inc.
生產國	美國
發明年分	1979

Maglite 手電筒，這個優美且具有高度代表性的機械加工產品，其是採用了大量切削加工，且絕大部分是車工。在握把的紋路部分，則是採用「滾花」的表面後處理，環繞著棒狀工件滾壓而成。

產能

估算此加工方式的產能是非常困難的，因為這牽涉到產品的大小和形狀的複雜程度，但是我們若以 CNC（Computer Numerical Control, 電腦數值控制）加工中心為例，這種可同時針對一個工件進行車工、銑工等數種不同工作的工具機，是可以以一定規模和速度進行批量生產的。這種生產方式通常是以 CNC 加工中心為主，搭配少部分零件的手動加工機具為輔所結合而成。

單位成本和機具設備投資

機械加工通常是不需要開模費用的，但是相對的，在加工機台上裝卸加工工件所需的時間相對來說是比較高的。所以，當一件產品的需求量在某個範圍之內，並且沒有很長的生命週期時，這種少量的加工方式是非常符合經濟效益的。另外，CNC 加工中心可以直接讀取電腦輔助繪圖的檔案，並且以多軸加工的方式生產許多形狀複雜的物件，相對於開模、試模所需的時間和費用，也是頗具競爭力的生產方式。極少數的額外生產成本，在於若加工工件的形狀非常特殊，而需要特製的加工刀具的話，整體生產成本就必須重新來做通盤的考量了。

加工速度

隨加工工件的大小、形狀而有所不同

加工物件表面粗糙度

機械加工包含了打磨和拋光，甚至可以說，是所有加工方式中表面最為光滑細緻的方式。通常，機械加工可以使工件表面趨近於工程平面，或所謂的「真平面」。

外型/形狀複雜程度

以手動工具機加工的工件，受限於機構作動的方式，而有不同的外型限制，以車床來說，由於工件被夾持在一個轉動的軸心上，故它所能成型的形狀必須要是軸對稱的。相對的，銑床的加工多被用於塊狀原坯材的平面切削，而能有比較多的外型變化。

加工尺寸

小從手錶內的微小零件，大到噴射機的渦輪引擎，都是機械加工的可行範圍。

加工精度

最精細的細加工可以達到 ±0.01mm。

可加工材質

機械加工最大的特色就是可以用於金屬加工，但是其適用範圍很廣，包括塑膠、玻璃、木材、甚至陶瓷。以陶瓷來說，有種叫玻璃陶瓷的複合物質，就是為了滿足機械加工所開發出來的新材料，這也讓傳統的玻璃和陶瓷工藝邁向了一個新紀元。康寧集團子公司 Macor 是此材料最著名的供應商。另外，由 Mykroy 公司所開發的 Mycalex 雲母玻璃則是一種具有玻璃鍵結分子結構的可切削陶瓷材料，其特性是耐高溫、防火。

運用範例

特殊的工業元件-活塞、螺絲、渦輪葉片等，以及其他許多需要高精度的零件上，例如汽車的鋁合金鋼圈，就是非車床加工不可的最好例子。

類似之加工方法

由於「機械加工」一詞本身所包含的範圍十分廣泛，所以我們很難找到一個可以完全替代它的加工方法。但有些融合了不同加工方式和工序的新機械加工法，或可被視為一種新的替代方案，例如結合了車工和雕工的「動態車工」相對於傳統車工，就是一種新的替代方案，而能在單一工具機上製造出非對稱的加工物件。

環保議題

相對於需要高熱能以熔鑄或射出原材的成型方式來說，機械加工僅需要動能以提供足夠的扭力來進行切削，故是比較低耗能的加工方式。但是從材料的角度來說，機械加工是以「減法」的精神，削去不需要的部分來成型的方法，所以在切削的過程中，會產生許多的廢料。以今日的資源回收科技，大部分的廢料是可以被回收再利用的。

相關資訊

www.pma.org
www.nims-skills.org
www.khake.com/page88.html

螺紋的製造過程，一般稱為「攻牙」，是用一非常銳利的鋸齒狀刀頭，在一個預先鑽好的孔中，切削出螺絲安裝所需的紋路。

鑽孔和擴孔通常也可以被算作是車工的一種，但它亦可透過不同的刀具，藉由銑工來達成。所有的車工加工件都必須被夾持在一個轉動機構的軸心上，不同之處在於鑽孔的目的是在工件上鑽出一個孔洞，而擴孔的目的在於擴大既有孔洞，並且利用多刀鋒的刀具，製作出更細緻的孔洞內壁。

其他機械加工方式還包含了銑工和拉工。銑床的加工方式和車床不同，它的待加工工件是被固定在夾持台上的，旋轉的反而是切削刀具，和鑽孔的動作一樣，銑刀的刀頭是以旋轉的方式切入加工工件表面而達成切削的任務，差別在於鑽孔的目的在於得到孔洞，而銑工的目的在於得到一個平面。拉床的主要目的在於針對孔洞和凹槽的內壁進行特殊形狀的加工（例如板手的頭部）。

1 典型的銑床加工，由圖可見，長的像鑽頭的銑刀從上方對被夾持在正中央的加工工件表面進行加工，銑出一道平面溝槽。

2 標準的車床加工，圖中管狀金屬加工工件被夾持在轉動車床床台的軸心上，而車刀正要對工件的外徑進行切削。

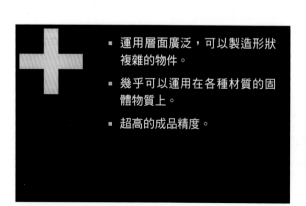

- 運用層面廣泛，可以製造形狀複雜的物件。
- 幾乎可以運用在各種材質的固體物質上。
- 超高的成品精度。

- 相對其它成型方法，切削加工所需工時較久。
- 工件形狀和尺寸有可能受限於原坯材供應商所提供的標準規格。
- 原材利用率極低，被切削掉的材料體積可能大於成品體積。

CNC 切削加工

Computer Numerical Controlled Cutting

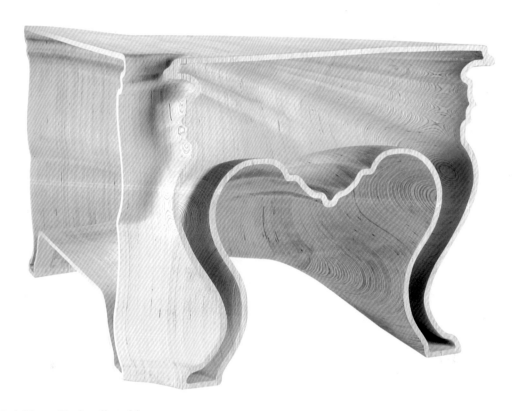

產品名稱	Cinderella teble
設計師	Jeroen Verhoeven
使用材質	芬蘭樺木合板
製造廠商	Demakersvan
生產國	荷蘭
發明年分	2004

這個名為「Cinderella」（灰姑娘）的超現實主義小桌，真實的呈現了設計師希望在工藝設計中所宣揚的新理念，「高科技加工工法是工業設計中一直不為人知的璞玉，就好比灰姑娘一般，只要有好的設計，就能將它的優點完全發揮出來，讓人驚艷。」這件作品本身利用現代化的工業技術，翻玩傳統的設計理念，將浪漫的元素注入其中。

電腦數值控制（後簡稱「CNC」）機台如何用行雲流水般的刀法像切奶油的方式在工件上滑動，在這件作品上發揮的淋漓盡致。現今的 CNC 加工中心多配備有六軸加工刀塔，可以像大師那樣變換加工角度和刀具，不著痕跡的雕刻出設計師心中所想像的各種形狀。

設計師 Jeroen Verhoeven 是荷蘭一所著名的設計公司 Demakersvan 的成員，這件家具的特色在於，其加工前是用一片片的板材所拼合而成的。誠如 Demakersvan 對這件工藝

品所做的描述，「最神奇的地方在，當您用夠近的距離，仔細觀察它，您一定會不禁讚嘆，原來它是這樣拼接而成的。高科技的工作母機，就是我們的灰姑娘。當別人只把它們當生產線上的作業員時，我們卻把它當作舞池裡的公主。」

這樣的創意，體現在這件被命名為「灰姑娘」的桌子上（如圖所示）。桌子本身是用 57 片合板堆疊而成的，其中每片合板都經過預先切割，經過膠合之後才再度經由 CNC

加工中心進行主要的切削加工。透過它外表的曲線，完美的呈現多軸 CNC 加工中心的強大功能，以及在三度空間中變換行進方向及切削工具的精確靈巧。這也是目前獨一無二的例子：將傳統工業設計師所熟悉的材料，利用巧思和新的製作過程，而可以被任意製作成各種形狀。這其中的奧妙，就像 Demakersvan 所描述的，「秘密就隱藏在先進的製造技術背後」。

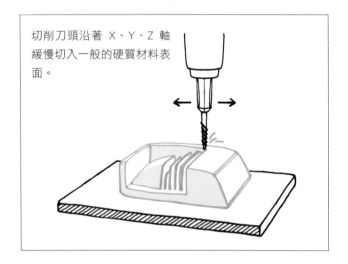

切削刀頭沿著 X、Y、Z 軸緩慢切入一般的硬質材料表面。

1 經過預先切割的合板，被一片片的膠合並用卡鉗固定，以便於後續的加工。

2 半成品內部已完成切削加工，尚待外部加工。

產能

CNC 加工最適合以單件、單次、或是小批量生產的產品，受限於切削加工工時較長，此法不適用於大批量生產。

單位成本和機具設備投資

不需開模成本，可由 CAD 檔案直接匯入 CNC 進行加工，唯一的缺點是加工相對耗時。

加工速度

此方法的加工速度取決於幾個因素，包含原坯材質、成品形狀複雜度、以及成品表面處理方式。

加工物件表面粗糙度

以此方法加工的成品表面可以達到非常細緻的程度，但有時須搭配適當的後處理方法，這也必須依照原坯材質來決定。

外型/形狀複雜程度

可以說所有電腦繪圖可以繪製出的 3D 模型，都可以藉由 CNC 來進行加工。

加工尺寸

從小零組件到龐大的結構體。以美國的 CNC Auto Motion 這家公司為例，是少數以生產巨型加工機台聞名的公司，它們所生產的工作母機可加工行程長達 15 公尺，垂直加工距離也可達 3 公尺，其機台上的龍門量測儀更是寬達 6 公尺。

加工精度

高。

可加工材質

CNC 幾乎可被運用在各種材料的切削加工之上，舉凡木頭、金屬、塑膠、花崗岩、以及大理石。它甚至可被運用於切割泡棉或黏土。

運用範例

非常適合被運用在形狀複雜的產品或者少量生產的客製品，例如射出成型的模具、切割機台的刀模、造型家具、或是用於取代需要精細手工的樓梯扶手或欄杆。此外，汽車工業製作原型車也是採用 CNC 加工泡棉或是黏土來完成 1:1 的模型。

類似之加工方法

若將 CNC 多軸移動刀塔上的刀頭換成雷射光，是取代接觸式切削加工的一種方式。

環保議題

由於 CNC 切削是依照 CAD 圖檔進行，所以其產生的切屑和廢料的多寡是取決於原坯材大小和設計師的 3D 模型本身。理論上，以此方法製作所產生的廢料是所有切削加工中最少的。設計師若能再將設計物件作適當的拆件，以將原坯材尺寸做最小化，則將更有利於降低廢料的產生。依照材料的不同，大部分廢料都可被完全回收再利用。

相關資訊

www.demakersvan.com
www.haldeneuk.com
www.cncmotion.com
www.tarus.com

- 可被運用於切削幾乎任何我們所能想像的到的形狀。
- 加工機台可以直接從電腦繪圖 (CAD) 圖檔中匯入。
- 非常適用於具有複雜外型或結構的物件。

- 不適用於大量生產。
- 加工工時過長。

電子束加工

Electron-Beam Machining (EBM)

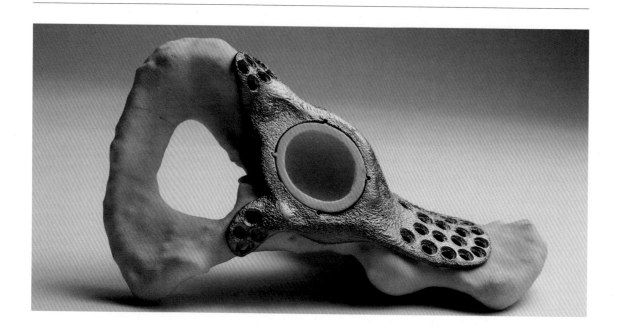

產品名稱	客製三瓣式人工關節
使用材質	鈦
生產國	瑞典
發明年分	2005

圖中鈦金屬製造的人工髖關節，正是以電子束加工法所製作出來的代表性產品。

電子束加工（EBM）的用途十分廣泛，它可被用於切削、焊接、鑽孔、以及金屬表面改質。在所有的切削加工法中，EBM可算是其中精度最高的，這也是它最被推崇的一個特色，其精度的衡量單位是微米（10^{-6} 公尺）。

- 加工精度極高。
- 為非接觸式加工，故幾乎不需將工件作任何夾持。
- 用途廣泛：一組工具機可以完成切削、焊接、甚至表面改質等不同作業。

- 相較於雷射切削，此方法必須在真空的環境中進行，且會產生放射線。
- 在精度要求不是最重要考量的情況之下，雷射切削的工作效率並不輸給電子束加工。
- 抽真空和激發電子束為高耗能製程。

電子束加工的原理是將電子激發，使其擁有極高的動能，讓電子以光速的 50% 到 80% 連續撞擊加工工件表面，並藉由電子閘門調整光束聚焦範圍，針對非常微小的加工區域連續發射。由於電子攜帶的超高能量撞擊到物體後會產生高熱，可在瞬間汽化加工工件，而達到切削的目的。由於我們必須確保這些高能量的電子束不至於和空氣分子進行碰撞而亂飛，此加工法有嚴格的環境要求，必須在真空的空間中進行。

產能
電子束加工適合單件、單次、或是小批量生產的產品。

單位成本和機具設備投資
不需開模成本，可由 CAD 檔案直接匯入 CNC 進行加工，缺點是加工所需真空和防止輻射線的鉛室造價昂貴。

加工速度
電子束切割工件的速度非常快，在一個厚 1.25 mm 的薄平板上打一個直徑寬 125 微米的小孔，幾乎可以在瞬間完成。當然，不同的材質和不同厚度的板材所需的加工時間會有差別。一般來說，在一個不鏽鋼板材上要開出一個直徑 100 mm 寬，深約 0.175 mm 的凹槽，加工時間約在每分鐘 50mm 左右。而圖中人工關節的電子束加工所需時間約為 4 個小時。

加工物件表面粗糙度
根據不同的加工需求和用途，電子束加工可以製作出不同粗糙度的表面，但熔融點附近的工件表面粗糙度會比較難掌握。

外型/形狀複雜程度
此加工法的長處是可於一個大平板上快速的加工出整排、甚至整片的小孔。電子束的寬度可被聚焦在 10 到 200 微米的小點上。由此可知，其加工精度和效率取決於我們如何調整電子束的寬度。

加工尺寸
可加工工件的大小直接決定於真空鉛室的大小。

加工精度
極高，加工誤差可被控制在 10 微米之內。當工件厚度超過 0.05mm 時，加工的切縫會產生一個 2 度的導角。

可加工材質
幾乎可用於所有材質，但加工時間和電子束耗能取決於該物質的熔點高低，熔點越高的物質所需加工時間和能量就會越高。

運用範例
需要超高精度的機構件，或是本節範例中的人工關節。另外一個有趣的運用方式，是用於銲接奈米碳管。對於所有奈米級的工件進行加工，都是非常困難的。但是電子束加工，這種非接觸式的製程可以在完全不破壞奈米碳管原本結構和形狀的情況下，將之接著在一起。

類似之加工方法
雷射切割和電漿電弧切割。

環保議題
用於切削的電子束是非常高功率而高耗能的，但是其切割或加工的能量利用率也是非常超高的。也就是說，幾乎所有的電子束能量都可以被有效的用在加工工件上，並且同時完成如鑽孔和銲接等多種不同目的的加工。再者，這種非接觸式的加工方式也可以確保工件不會被破壞，也可以說是提高良率，減少工件浪費和維護成本的環保加工方式。

相關資訊
www.arcam.com
www.sodick.de

動態車床加工

Turning

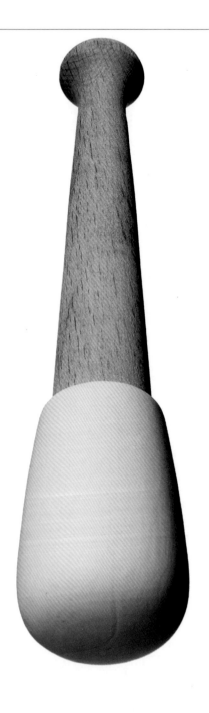

　　將物體固定在一個轉動機構的軸心之上，以刀具刨切物體表面進行加工的方式在人類歷史上已經流傳數千年之久。這種方法普遍被用來加工木材，但近來所謂的環保陶瓷也是廣受歡迎的軸對稱產品選用材質。

　　針對陶瓷進行車工，首先必須將陶土和瓷土依照不同用途以不同比例混合，經過拉伸後成為黏土狀的可塑材料。等到陶土乾燥變硬之後，我們便可將這個固態原材固定在車床床台上，以手工或自動化車刀進行切削。

　　相對於大量生產的陶瓷車工，德國 Fraunhofer 工學院開發出了一種名為「動態車床」的方式以製造非軸對稱的金屬製品。此方法將車床結合了 CNC 加工中心的概念，可以同時在單一工作母機上進行多種不同的加工，而不需裝卸加工工件，藉此大幅提高加工效率和縮小人為誤差。此方法和 CNC 加工一樣，可由 CAD 檔匯入機台，且其刀頭可沿橫軸方向作軸向移動。

產品名稱	搗藥杵
使用材質	陶瓷杵頭，木質杵身
製造廠商	Wade Ceramics
生產國	英國

此處車工不僅被運用在木質的杵身上，還被用來車削陶瓷杵頭的部分。

產能

此項技術所需開模費用相對於來說，是比較低廉的。也因此，可被運用在不需開模的單品加工以及需開模的少量量產。但若要大量生產，則必須思考如何以自動化的方式提升動態車床加工的作業效率。目前這項剛萌芽的技術最適合用於單件工藝品的製造，或是進行小規模的量產。

單位成本和機具設備投資

必須搭配需求量來做評估，但是相對於其他陶瓷生產方式，是較為經濟的。舉例來說，冷/熱均壓成型 (see p.170 and 172) 和注漿成型 (see p.140)。一般情況下，動態車床加工並不需要新開模具，可說是非常經濟的製造方式。

加工速度

取決於加工物件的型態。以動態車床加工一個無特殊外型特徵的燭台需要 45 秒，一個陶缽需時1 分鐘，一根藥杆需 50 秒。切削的深度和軸向長度是決定該零件所需加工時間長短的最主要因素。一個造型越多、切槽越深的工件所需的加工時間就越長。

加工物件表面粗糙度

可以得到非常細緻的加工表面。(就如此處的範例說明，木頭杆身的表面，很顯然的就不如陶瓷表面來的光滑平整。)

外型/形狀複雜程度

受限於車床的軸轉動機構，所加工成品還是以軸對稱產品為主。但是相較於傳統的車床加工，動態車工所能處理的幾何形狀已經可以取代許多傳統金屬工業中需要以鑄造方式加工的製程。

加工尺寸

一般動態加工所能加工的最大工件尺寸，以英國的 Wade Ceramics 來說，是直徑35cm、長60cm 的棒狀圓柱坯材。

加工精度

一般來說，加工誤差約在 ±2% 或 0.2mm，兩者取其大者。這裡指的，是以理想的 CNC 加工中心加工金屬才能得到的最佳狀況。若以動態加工機台來針對木材進行加工，則一般尺寸誤差約在 ±1mm 左右。

可加工材質

陶瓷和木材都是車床加工的常見材料，但是事實上，幾乎所有固態材料都可適用此法。除了硬度很高的高碳鋼材之外，大部分的金屬件和塑膠件都可以用動態車床進行加工。

運用範例

碗、盤、門把、搗藥杵、陶瓷絕緣部件、以及家具。

類似之加工方法

以陶瓷製品來說，類似的製法有外曲面車坯 (Jiggering) 和內曲面車坯 (Jollying)。

環保議題

由於切削加工會形成很多切屑，故如何有效設計原坯材大小以降低切屑是工業設計師們為了環保所必須用心考量的。當然，如果切屑是可回收的金屬，那麼這項製程對環境的傷害可以減到最低。

相關資訊

www.wade.co.uk

1 一個陶土搗藥缽原材正在進行加工，師傅正用手工以事先　2 師傅正用一個光滑鋼材平板將陶瓷搗藥杵
　開好的特殊形狀刀模來將坯材刨切出所要的形狀。　　　　　的原坯材表面進行塑型。

- 可適用於大量生產，也可適用於小量生產。
- 幾乎通用於各種固態材料。
- 動態車床加工容許非圓型物件在單一車床床台上進行加工。

- 一般車床床台上，加工工件的幾何形狀必須要是軸對稱。
- 在動態車床加工過的成品，其表面粗糙度取決於切削深度和切槽數目，若想得到比較細緻的加工表面，則所費切削時間需越拉長。

外曲面車坯及內曲面車坯

Jiggering and Jollying

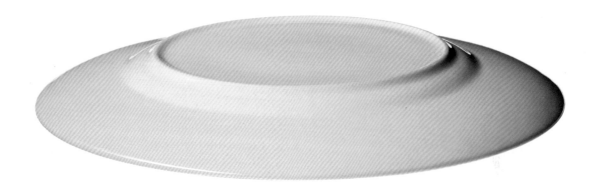

外曲面車坯和內曲面車坯是非常直觀且易懂得兩個專有名詞，用以形容陶瓷碗盤最常見的量產方式。要了解這種加工方式，就是想像我們傳統對於老師傅手拉坯的畫面，只是在此我們要把畫面中老師傅的手換成以特殊形狀開成的刀模，在陶土上隨著坯車的轉動，拉出我們想要的形狀。外曲面車坯的刀模通常是凹陷的，用以在陶坯的表面拉出凸面，也就是陶瓷產品的外曲面。反之，內曲面車坯的刀模通常是凸出的，用以拉出陶瓷產品的內曲面。

內曲面車坯通常是用於生產有深凹槽幾何形狀的陶瓷製品。通常混合好的陶土會被擠製成原條狀坯材，接著被切成圓餅形狀的薄片。此薄片會被貼附在杯狀模具的內面，並且裝置在一轉動機構，也就是所謂的車坯床台上。然後以類似手拉坯的方式，將陶土沿著杯模拉出所要瓷器的外壁。接著，以刀模接觸轉動的陶土內壁，刨切出我們所需要的形狀。

外曲面車坯的生產步驟也非常雷同，但是一般都用於刨車淺碟型瓷器的底面紋路。和內曲面車坯相反，此處刀模是用於刨切瓷器的外壁而非內壁。第一步，同樣要將陶土坯材切成薄片然後貼附在轉動的拉坯床台上，以平板刀模將之抹平成一個厚度非常均勻的圓平面。

產品名稱	Wedgwood® 圓盤
材質	陶瓷
製造廠商	Wedgwood®
生產國	英國
發明年分	1920

圖中這件由 Wedgwood 所製作的經典產品正是外曲面車坯的最佳範例。Josiah Wedgwood 自1759年開發出此種燒陶技術後，除了旋轉座的動力從人力變成電力之外，幾乎沒有甚麼變化。在今日，您只要將瓷盤倒置，便可看出其底面的外車坯刀模形狀。

這個狀似鬆餅的半成品會被放置在車坯模具中，此處模型是用來成型瓷器的內壁。然後以事先開好的刀模接觸待加工瓷器的外表面，以刨切出我們想要的幾何形狀。

產能
可適用於批量或大量生產。許多大型陶瓷工廠採用車坯，做為碗盤類產品的標準生產線。

單位成本和機具設備投資
開刀模的模具成本非常平易近人，尤其是以大量生產的模具來說，更可說是最經濟的生產工具。也因此，少量或客製化的手工產品亦可考慮用車坯的方式生產。

加工速度
內曲面車坯的加工速度約為每分鐘 8 件，外曲面車坯約每分鐘 4 件。

加工物件表面粗度
車坯加工過後的表面，原則上均可直接上釉或窯燒，完全不需其他表面加工製程。

外型/形狀複雜程度
相對於注漿法製陶 (p.138)，車坯的造型取決於刀模的形狀。無論內壁或外壁，只要刀模能開得出來的形狀，就能被車坯製造出來。

加工尺寸
基本上一般車坯床台可製作的最大尺寸，以餐盤為例，可達直徑 30cm。

加工精度
以車坯床台製作的瓷器，其精度可達 ±2mm。

可加工材質
所有種類的陶土原料。

運用範例
基本上此兩種車坯方法都是用來製作餐具或廚具。依照幾何形狀來區分，內曲面車坯是用來製造有一定深度的容器，如鍋、杯、以及碗類產品，而外曲面車坯是用來深度較淺的承盤類產品如碟子、沙拉碗、或缽等。

類似之加工方法
除了手拉坯外，最接近的陶瓷製作方法就是上一節提過的動態車床，可作為製作軸對稱甚或外型更複雜的陶瓷製品，而不需額外的模具費用（雖然在製程設定上可能較為複雜和費時）。其他替代方案還包括冷/熱均壓成型和加壓注漿成型。

環保議題
多餘的陶土在進窯燒烤之前都可被百分之百再利用。但是窯燒所需要的持續性高溫本身是非常耗能的。但若能有效規劃烤窯和陶器的擺放位置，以最少的時間，燒出最大量、且品質穩定的陶器，仍然有機會把每件成品的單位耗能減到最低。

相關資訊
www.wade.co.uk
www.royaldoulton.com
www.wedgwood.co.uk

1 一塊壓扁的陶土坯材被放在坯車上。

2 以平板刮刀將之車拉成一扁平的餅皮狀半成品。

3 手工將這片類似餅皮狀的半成品從坯車上取下。

4 手工將餅皮狀半成品放置在外曲面車坯的模具上。

5 以刀模刨切工件表面，藉由車坯的轉動刮除多餘的陶土，在其外表面成型出我們設計的形狀。

6 以外曲面車坯成型的盤子，正準備被送進烤窯中燒結出美麗實用的餐具。

1 將整塊的陶土坯稍微壓凹以形成類似碗狀，塞進內曲面車坯的模具中。

2 以內曲面車坯的刀模，接觸正在轉動的陶土，以刨刮出我們所設計的內表面形狀。

3 以手工對剛從模具取下的半成品外表面進行整平的工作。

- 可以刨刀的下壓進程自由控制成品的厚薄尺寸、更換不同刀模即可改變成品造型。
- 比注漿法製陶 (p.138) 更節省成本。
- 較壓鑄或澆鑄成型的陶土，其半成品在燒結前有更好的抗變形能力。

- 很可能因為燒結時的收縮程度不一，而影響成品尺寸精度。
- 受限於車坯床台軸向轉動機構的關係，成品外型必須為軸對稱。

電漿電弧切削加工

Plasma-Arc Cutting

　　「工人穿著厚重連身工作服，頭戴深黑色鏡片全罩式銲接頭盔」是我用來對銲接工作所做的總結。舉凡氧乙炔切銲（p.48）、電漿電弧切削加工都是重工業中不可或缺，無切屑切削的加工方式，另一個代名詞就是所謂的「熱切削」。它的工作原理是利用超高溫燃燒而離子化的氣體束噴射在金屬上，並且將之融熔汽化以達到切割的目的。

　　這個加工方法所包含的「電漿」一詞，其意義是當物質被加溫到超過氣態溫度，使得其分子中的電子被激發而形成物質三態（固態、液態、氣態）之外的第四態。要使物質達到電漿態，需要非常高的能量，一般來說，要燃燒產生超高熱量的氣體需混合氮氣、氫氣、或氧氣。氣體經過高壓噴嘴噴出，其中央為一個帶有負電荷的電極。這種熱能和電能的組合，能夠將能量導引到和氣體噴嘴最接近，並且帶有正電荷的金屬鈑件上，從而將之切開，形成一個不間斷的切削過程。

　　藉由這種方式所產生的超高能量火花，也就是所謂的電弧，從氣體噴嘴內的負電極傳導到帶正電的金屬鈑件，以此電漿態的燃燒氣體，將鈑件切割開來。在這裡，電弧所含的能量，可以使溫度高達 27,800℃。

圖中表現了此種重工業製造方式的精神。此超大型管道被依軸心轉動、以緩慢的速度完成管壁的切削。

也因此當噴嘴移過金屬鈑件，其走過路徑上的金屬會被融熔汽化，形成一條切口。這條切口的寬度有個專有名詞，叫做「kerf」(縫)。要控制這條縫的寬度，必須在設計之初就選用適當厚度的金屬鈑材。由於縫的寬度會因為金屬鈑件的厚度不同而從 1mm 到 4mm 不等，故會影響到加工成品的尺寸，這點必須要先列入考慮。

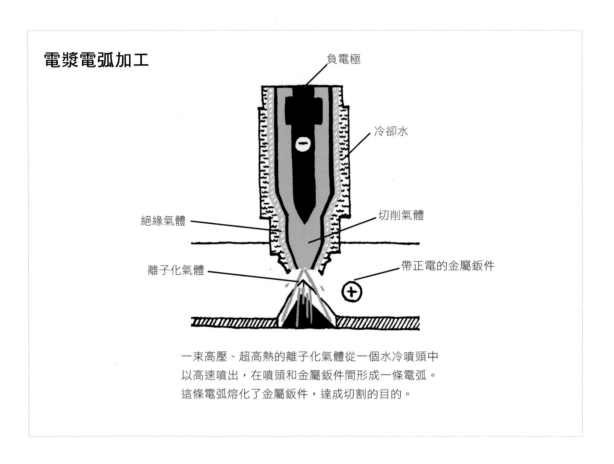

電漿電弧加工

負電極

冷卻水

絕緣氣體

切削氣體

離子化氣體

帶正電的金屬鈑件

一束高壓、超高熱的離子化氣體從一個水冷噴頭中以高速噴出，在噴頭和金屬鈑件間形成一條電弧。這條電弧熔化了金屬鈑件，達成切割的目的。

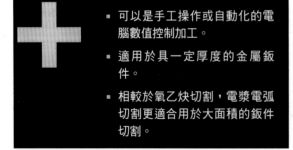

- 可以是手工操作或自動化的電腦數值控制加工。
- 適用於具一定厚度的金屬鈑件。
- 相較於氧乙炔切割，電漿電弧切割更適合用於大面積的鈑件切割。

- 不適用於過薄 (2mm以下) 的鈑件。

產能

由於不需要開模，故此方法非常適用於小批量生產的產品。

單位成本和機具設備投資

除非有特殊式樣或形狀的需要，基本上不需高額的開模費用。若要將此製程自動化，則需要電腦數值控制中心，以便將 CAD 檔案直接匯入，進行加工。

加工速度

一般來說，此方法的設定時間非常短，但是其加工時間會因為金屬鈑件的厚度而有非常大的差別。一個厚達 25mm 的鈑件，其一分鐘所能切割的長度約為 300mm。而一個厚約 2mm 的鈑件，一分鐘能切割 2,400mm。

加工物件表面粗糙度

即使是切割高硬度的不銹鋼材，此方法仍然能得到相較於氧乙炔切割更為細緻的切縫。更進一步的說，我們可以利用不同的切割速度而得到不同粗糙程度的表面。也就是，放慢進刀的速度，可以得到更光滑的切割平面。

外型/形狀複雜程度

此方法特別適用於厚尺寸的金屬鈑材。原因是薄於 8mm 的鈑件很可能會因為高溫而變型，甚至會影響鈑件厚度。將成品形狀妥善規劃在鈑材上（就像製作餅乾時，把麵皮上相鄰的位置縮到最小、最接近），以達成最大的原材使用率，是設計之初就必須考慮到的。

加工尺寸

手工切割沒有原材料尺寸限制。但需注意鈑材厚度最好在 8mm 以上，以避免嚴重變型。

加工精度

取決於鈑件厚度，基本上厚度在 6mm~35mm 的鈑件，精度可以被控制在 ±1.5mm 之下。

可加工材質

所有可導電的金屬鈑材皆適用，但在工業界通常會將此法用於不銹鋼材或鋁材。以鋼材來說，碳含量越高，其加工難度也會越高。

運用範例

厚重鈑件、船舶鈑件、或是其它重工業機構的機件。

類似之加工方法

電子束加工 (p.24)、氧乙炔切割 (p.48)、雷射切割 (p.46)、或水刀切裁 (p.42)。

環保議題

所有加工方法中最耗能的切削方式。由於電漿電弧的產生，需要藉由超高熱能，因此需耗費大量的能量。鈑材和成品形狀的規劃若不當，則很可能會浪費大量的原材。

相關資訊

www.aws.org
www.twi.co.uk
www.iiw-iis.org
www.hypertherm.com
www.centricut.com

板材加工

以板材為起點的工業設計

近十五年來，許多以板材製作的產品讓工業界驚艷。
其可能的因素在於，運用這種預先加工好的原材形式，
可以降低生產成本。再者，切割板材的刀模製作費用
相對來說是頗具競爭力的。

又或者，使用化學蝕刻的加工方式，甚至完全不需要
切削刀具。以量產的角度來說，以刀模加工塑膠板材，
例如聚丙烯 (PP)，確實讓其產品例如包材、燈具、
甚至大型家具等廣受消費大眾的歡迎。

我們甚至可以說，有些預先由廠商切割好，
再由消費者自行折疊組裝的產品設計，
給人們的生活增添了許多情趣。

化學銑工 又稱蝕刻

Chemical Milling aka Photo-Etching

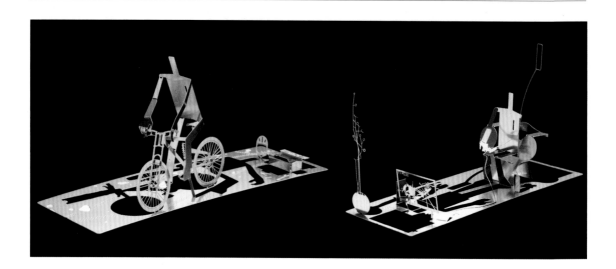

產品名稱	Mikroman business card
設計師	Sam Buxton
材質	不銹鋼
發明年分	2003

圖中這充滿創意和工業美感的產品,其實是一家公司發明的立體名片,它以令人讚嘆的細節,精巧華麗的雕工和完美的摺合設計,表現了一個人在單車休閒以及商務辦公時的不同場景。這也是一個將蝕刻加工的尺寸精度和準度發揮到極致,將設計師理念 100% 呈現的工藝作品。

化學銑工,俗稱「蝕刻」,是目前在薄平板上加工出複雜圖案的最佳工法。其原理類似於相片沖洗時的顯影過程,利用曝光量的差別和強酸腐蝕性溶液達成移除工件的加工目的。

化學銑工的第一個步驟是要在板材上不需要被腐蝕的部分印刷,或塗佈上一保護層以抗酸蝕。這層保護膜可以是簡單的線條,或

- 不需模具
- 設計師可任意表現出想要的加工圖案
- 由於自動化機台可直接匯入 CAD 檔案並用雷射光束進行曝光,設計師僅需利用電腦即可修改設計圖。
- 加工誤差極低
- 非常適用於薄平板。

- 僅適用於金屬板材。

是真實的照片圖像。當板材表面被噴塗上腐蝕性溶液後，裸露出來（沒有保護膜）的部分會被強酸吃掉。如同刀模切割（p.40）塑膠板材的加工方式，需要摺疊的部分可以採用「半蝕刻」的方式，去除折線上一半以上的板材肉厚，以利我們折出立體的形狀。

產能
雖然沒有開模費用，但由於製作 CAD 檔亦需要人力成本，故還是比較適用於批量或大量生產。

單位成本和機具設備投資
同樣的，由於沒有開模費用，故生產成本相對低廉。但正因如此，其大量生產和小批量生產的單位成本幾乎沒有差別。

加工速度
取決於表面蝕刻圖案的複雜程度。

加工物件表面粗糙度
經過化學腐蝕後的金屬表面會比較粗糙、有顆粒感。然而對於工業設計師來說，這反而會成為一種特色。蝕刻開的斷面不會有切削加工的毛邊問題。

外型/形狀複雜程度
此方法是加工薄板和金屬箔膜最適合的方法。讓設計師可以創造出很細微的線條和圖樣，而不用擔心如雷射雕刻（p.46）會產生的燒焦痕跡。

加工尺寸
通常受限於鋼鐵廠提供的標準規格板材。

加工精度
精準度必須考慮板材厚度。若要穿孔的話，孔徑必須大於板材厚度(至少需大超過1到2倍)，在此條件下，一件厚度為 0.025mm 到 0.050mm 的板材其加工精度可達 ±0.025mm。

可加工材質
幾乎所有的金屬板材皆可適用蝕刻製程，包括硬金屬如鈦、鎢和不鏽鋼等。

運用範例
電子產品連接器的金屬接角、驅動開關、淨水器的微型濾網，甚至是要在板材上製作出公司商標，都可以採用蝕刻加工。許多工業產品甚至國防產品也都會用到這項技術，包括飛彈的即時引爆裝置，其精密的程度甚至連接近目標物的氣壓變化都可以隨時監測。

類似之加工方法
電子束加工（p.24），雷射雕刻（p.46），沖切（金屬沖切加工 p.59），以及電鑄微米模造成型（p.250）。

環保議題
雖然蝕刻所使用的酸蝕溶液是高危險性有毒物質，但是以目前的技術，使用過的溶液幾乎都可以經過純化和適當的化學處理後而回收再利用，大大減輕了對環境的傷害和對水源的汙染和浪費。再者，蝕刻加工的產品良率極高且無須再加工和後製程，這也減少了材料的浪費和可能不良品的廢棄問題，而且能節省原料和能源的消耗。唯一的缺憾是，不像切削加工的切削可被回收再利用，經過腐蝕到溶液中的金屬材料目前還無法被回收再利用。

相關資訊
www.rimexmetals.com
www.tech-etch.com
www.precisionmicro.com
www.photofab.co.uk

刀模裁切

Die Cutting

產品名稱	Norm 69 lampshade
設計師	Simon Karkov
材質	聚丙烯 PP
製造廠商	Normann Copenhagen
生產國別	丹麥
發明年分	2002

此一名為 69 的燈罩在販售時，其實是以平板的形式
包裝，大小近似於一個外送大披薩的紙盒。其中包含
了一片片經過刀模預先切裁好的塑膠平板，經過消費
者自行回家折合、組裝之後，約可在 40 分鐘之內完
成這個具複雜幾何形狀的美麗燈飾。

刀模加工對於一般歐美家庭長大的小
孩來說，最簡單的聯想方式，就是我們
和媽媽在廚房裡做餅乾時，用刀模在一
大片餅皮上切出一塊塊不同形狀生餅乾
麵皮的過程。只不過在工業設計中，餅
皮被換成了塑膠平板、或是紙板。

刀模裁切的過程非常簡單，就是用鋒
利的金屬刀具切穿平板材料，因為預先
製作的刀模可以有不同的線條，故我們
可以在平板上切割出我們想要的圖樣。

當然，刀模切裁可以達成兩個不同的
目的，第一是完全將板材切開、切斷。
第二是在板材上切出虛線或是折痕，而
不將之切斷，以利我們在後續的動作
中，可以順著這個折痕，準確的摺疊出
立體的形狀。虛線和摺痕的利用是設計
師在設計立體結構時，所必須仔細玩味
斟酌的。

- 刀模開模費用不算高，故可用於
  小批量生產。
- 有利於和印刷製程作連結。
- 一刀即可完成需多圖案。

- 要完成立體形狀的成品
  需要以手工組裝，且其
  折疊出來的結構都很雷
  同和類似。

產能

適合小批量生產，數百件到數千件的產量。

單位成本和機具設備投資

刀模的開模費用相對低廉，故此生產方式以小批量生產來説，具有高度競爭力。單片板材架設或放置在機台上的時間累積起來相當可觀，可能成為產能無法突破的瓶頸。但是若能選用捲筒式的進料、餵料方式，將可省去最耗時的原料架設及置放時間。這對於大量且快速的連續生產線來説，是非常必要的配套方式。

加工速度

刀模切割是生產包裝材料最主流的生產方式之一，其產能每小時可高達數千件。不同於其他模造或射出成型的產品，刀模切割並不受加工工件形狀的複雜程度而有加工速度上的差別。但是在摺合及組裝上，需要大量的人工。

加工物件表面粗糙度

切割表面平整度取決於加工材料本身，一般來説，其切邊非常平整、精準、且切割後在斷面所產生的導角非常微小。需多包材表面已經預先經過印刷和浮雕了，所以其切割結果會受這些先決條件的影響而有所不同。

外型/形狀複雜程度

形狀複雜程度是由刀模形狀決定，但刀模切割的最小值確實是有一定的極限的。一般來説，兩條切痕的間隔不能小於 5mm，否則切割的結果可能不會讓設計師們感到滿意。設計師們還必須要注意的另外一個問題，是塑料板材的邊緣可能必須用後處理的方式進行修邊，裁切後孔洞中的塑膠毛邊也必須特別處理，尤其是越小的孔洞，其毛邊就越難被清理。

加工尺寸

大多數的刀模一次都可切割長達 1,000mm、寬 700mm 的板材，有些廠商有能力切裁更大一些的板材，或直接由捲筒進料切裁以加工更大的尺寸。但若我們選用捲筒進料的生產方式，則板材的厚度和材質就更會受到限制。另外一項限制就是印刷機台，我們還需要考慮有沒有印刷機台能夠印製這麼大尺寸的板材。

加工精度

非常精準。

可加工材質

以塑料來説，最常用刀模切裁的就是聚丙烯 (PP)，因為它抗折的關係，非常適合作為需摺疊工藝品的原料。其它還有聚氯乙烯 (PVC) 和聚對苯二甲酸乙二酯 (PET)。其它還有多種紙類，以及西卡紙。

運用範例

幾乎所有包材，包括紙盒和紙箱都是以刀模裁切而成。這類產品通常需要後續的折疊來完成最後的成品。其它更高附加價值的產品，例如本節所介紹的燈罩，就需要更大量專注的人力來完成折疊和組裝。

類似之加工方法

切裁平板的方法，還有雷射切割 (p.46) 以及水刀切割 (p.42)。

環保議題

板材的消耗可藉由適當的規劃裁切圖樣在原材上的布置規劃，使單位原材可裁出最大量的成品數量。另外，原材材質也直接關係到廢料能否回收再利用。

相關資訊

www.burallplastec.com
www.ambroplastics.com
www.bpf.co.uk

水刀切裁 又名液壓動力加工

Water-Jet Cutting aka Hydrodynamic Machining

十九世紀初期，水刀是被運用在採礦業中，去除多餘砂石而不破壞礦脈的工具。時至今日，水刀裁切已經升級成為能以噴嘴噴出直徑細達 0.5mm，壓力高達 20,000 到 55,000 psi，速度高達兩倍音速的高科技加工方式。水刀可以純粹用水來完成切割，也可以添加研磨顆粒，例如「石榴石」，以切割硬度更高的材料。

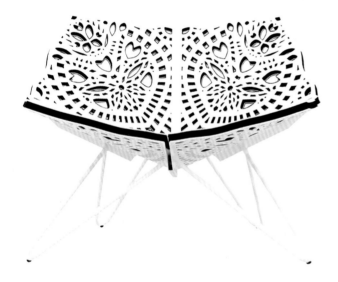

產品名稱	Prince chair
設計師	Louise Campbell
材質	三元乙丙膠 EPDM、雷射切割金屬、不織布
製造廠商	Hay
生產國別	丹麥
發明年分	2005

圖中椅子上的美麗花紋可以表現出水刀加工可以呈現的精巧工藝，已及如何在視覺上產生立體的效果。

- 常溫切裁，故不會產生高熱而傷害材料。
- 採非接觸式切割，故工件不會因為刀具壓迫而變形。
- 可被運用在多種不同材料和厚度上，而能切割出精緻美麗的花紋。

- 在特別厚的板材上，水柱可能因切面的關係而偏離原本瞄準的切割點。

產能

不需要開模費用，故適用於小量或單件生產。當然，也可運用在大量生產。

單位成本和機具設備投資

無需開模費用，且可直接將 CAD 檔由電腦匯入，故幾乎不需機台設定成本。其單位成本也不因產量多寡而有太大的變化。其產能利用率也可藉由板材上單位圖案佈置規劃，而達到最佳化，而節省材料成本。

加工速度

顆粒研磨水刀可以約 16cm 的進刀速度裁切厚度達約 13mm 的鈦金屬鈑材。

加工物件表面粗糙度

切斷面類似噴砂後的粗糙平面，但是並不會有雷射切割後的燒焦痕跡。

外型/形狀複雜程度

由於水刀刀頭的作動方式和筆式繪圖機以及 CNC 加工中心類似，故能用以加工出非常細緻精巧的圖案。但由於水刀屬於超高壓水柱，太薄的板材會因為受壓力而產生形變，此時就必須考慮以雷射切割來取代。

加工尺寸

受限於 CNC 加工機台的大小，一般來說其切割的單位板材大小以 10 英呎見方為上限。而厚度的限制則隨著板材材質的不同而有變化。

加工精度

水刀寬度本身的精準度可達 0.1mm。但若是加工的板材過厚，可能產生水柱「飄移」的加工誤差。

可加工材質

水刀可裁切的材質包羅萬象，舉凡玻璃、鋼鐵、木材、塑膠、陶瓷、石材、大理石，甚至紙張。它也被用在工廠切割三明治和其他食物。但前提是，吸水性越強的材質，越不適用水刀切割。

運用範例

建築用裝潢板材切割和石材雕刻。水刀切割特別適合水下作業，尤其在 2000 年俄羅斯 Kursk潛艦救援行動，就發揮了關鍵的作用。

類似之加工方法

此方法的替代方案可為刀模切割 (p.40)，或是雷射切割 (p.46)。

環保議題

水刀切割的用水可被回收再利用，自成一個封閉循環而幾乎不會消耗多餘的水資源。更進一步說明，此種非接觸式的切割方法，也讓製造商不用考慮刀具的損耗。此外，水刀無需高溫環境來進行切割，故熱能的損耗也趨近於零。但必須考慮被切割的物質日否容易被回收再利用，或是必須被過濾丟棄。

相關資訊

www.wjta.org
www.tmcwaterjet.com
www.waterjets.org
www.hay.dk

線切割放電加工

(Wire EDM) 以及
雕模放電加工

Wire EDM (Electrical Discharge Machining) and Cutting with Ram EDM

工業設計師表現個人風格的最直接方式，就是將理念表現在工藝品的外觀、線條、或上面刻劃的圖案。為了將更複雜、多元的圖案加工出來，工業設計師們必須擷取工程科學中最先進的加工方式，來將自己的作品昇華到有如大自然中美麗的風景，或是一個美好的童話故事。

為了加工出更複雜的圖案和線條，人們開發出了許多超乎想像的切割方式。以電子的能量直接切割金屬的方法，最早可以追朔到西元 1770 年，這是人類開始用電力切割、加工金屬的起源。線切割放電加工是其中最新開發出的衍生技術。

真正將放電加工機具大規模用在工業界是從 1970 年代開始，同時期的其它非接觸性加工還有水刀切割 (p.42) 和雷射切割 (p.46)。相較於上述其他兩種方式，線切割放電加工的使用範圍較侷限在質地堅硬的金屬材料，例如高性能合金材料、碳化鎢鋼、或是鈦金屬等。即使切割如此堅硬的材料，線切割放電加工仍然可以達到極高的加工精度。

線切割放電加工的原理是利用高壓電產生超高溫的火花來熔蝕工件，以達到切割的目的。前提是，工件必須是能導電的金屬物質。在此方法中，火花是從極細的金屬線材所引發的，這條線材被稱做「電極」，其切割路徑一般是由 CNC 控制，依照 CAD 檔案所匯入的工件模型來進行切割的動作。

電極本身和金屬工件之間並沒有直接的接觸，所以火花是以跳躍的方式從電極跳到工件上，並且將之熔融汽化。為了避免高溫累積並且破壞加工工件和電極，我們必須以去離子水注射在火花和工件的接觸點周圍，來冷卻並保持溫度，同時將切割產生的廢屑沖走。

另外一種常見的放電加工稱為「雕模 (ram)」放電加工。顧名思義，雕模放電是用一根類似雕刻刀頭的石墨電極，固定在可以 CNC 控制行進方向的機械手臂上，以火花熔融金屬表面的加工方式。相對於線切割的二維移動，雕模的刀頭通常可以在立體空間中作動。

產能

由於生產方式可以藉由人工直接控制，亦可由 CAD 檔案匯入自動完成切割路徑和步驟規劃。因此，此方法適用於單件的工藝品製作，也可用於自動化的量產。

單位成本和機具設備投資

不需開模費用。

加工速度

最新的放電加工機台，其切割速度約可達到每分鐘約 400 平方釐米，當然，這還必須考慮不同金屬的電阻值，以及板材厚度。一塊厚 50mm 的鋼材約可以每分鐘 4mm 的進刀速度進行切割。

加工物件表面粗糙度

放電加工最為人稱道的就是其加工後表面非常的光滑細緻。

外型/形狀複雜程度

若使用越細的金屬線材作為電極，則能切割的圖案或路徑就越精細。並且，能切割非常堅硬的金屬。

加工尺寸

需視金屬材質物理性質和厚度來決定。若以一般加工機台的平均功率為設定值，則線切割可以切開厚達 500mm 的超大金屬塊，但是也必須耗費非常長的加工時間，其進刀量每分鐘僅能達到約 1mm。

加工精度

極為精細，且加工公差極低。

可加工材質

侷限在能導電的金屬材料。通常會用此方法切割的，都是極度堅硬而不能用切削加工的硬金屬。但事實上，以放電加工原理來看，我們可以知道金屬的硬度並不會影響切割的進刀速度。

運用範例

通常放電加工是用來製作超堅硬的模具、刀具、以及其他工業生產用的加工工具。其它會用到的場合包括航太工業所必須用的超合金材料切割等。

類似之加工方法

雷射切割 (p.46) 和電子束加工 (p.24)。

環保議題

放電加工是一個高耗能的加工方式，尤其在考慮它緩慢的進刀速度，可以說是所有切割方式中最耗時的。其熔融後的物質必須從去離子水中被過濾掉，這個部份的廢料是可以被回收再利用的。

相關資訊

www.precision2000.co.uk
www.sodick.com
www.edmmachining.com

- 可以完成其它切削方式所無法完成，非常細微的切割。
- 切割過程沒有力的傳遞。
- 不會將金屬燒紅軟化。

- 非常耗時。
- 只能切割導電金屬材料。

雷射切割 以及雷射光束加工

Laser Cutting with laser-beam machining

和水刀切割 (P.42) 和電子束加工 (P.24) 屬於相同性質的非接觸式、無切屑的切削、雕刻加工方式。它的特色就是可直接由 CAD 檔案匯入,並由電腦控制完成精密的加工步驟。一言以蔽之,它能藉由超高能量的光束,聚焦在一個微小的點上,利用每平方英吋高達數百萬瓦的能量瞬間熔化加工工件。

雷射光束加工是雷射切割的多種形式之一,又稱作「雷雕」(即「雷射雕刻」)。它利用類似於CNC 加工中心的多軸移動裝置,讓雷射光束可以以不同角度針對工件進行進刀和加工,並且直接以 CAD 檔匯入,以完成立體的切割或雕刻步驟。由於此種方式可以整合多種切削加工於同一機台之上,故可以免除工件裝卸所可能產生的定位誤差,從而大幅提高加工精度、降低誤差。

雷切或雷雕兩種方式的最大特色,相較於傳統切削加工而言,就是能在不接觸工件的前提之下,以免夾持的方式完成切削的任務,換言之,就是將切割和雕刻的動作以更溫柔輕巧,在不造成工件受力變形之下完成。

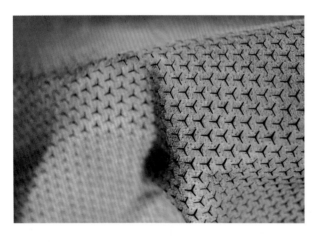

圖中以雷射切割的皮革樣本展示了採用此加工方法時所需考慮的關鍵因素。若未能精準控制雷射輸出功率,在某些材料上將會留下火燒痕跡。

＋

- 沒有刀具的磨耗問題、工件幾乎不需夾持、加工品質穩定、精準度高。
- 可運用於多種不同材質上。
- 切斷面不需後處理。

－

- 板材的厚薄有一定的範圍,在此範圍內的板材可以得到最佳的加工精度和品質,相對的,如果板材太厚,就會出現加工誤差。
- 切割的過程非常耗時,因此非常適合於單件工藝品的製造,或是小批量生產。

產能
適合小量生產。

單位成本和機具設備投資
CAD 檔案直接由電腦匯入 CNC 加工機台，且不需開模費用，故模具成本和產線設定成本低。

加工速度
取決於加工工件材質和厚度。大致上，一片厚度在 0.5mm 到 10mm 之間的鈦合金板材，其切割速度約為每分鐘 2.5m 到 12m 長。

加工物件表面粗糙度
在木質材量上可能會有很明顯的火燒痕跡，但在金屬材料上的切斷面非常光滑且不需要後處理。但設計師必須切記，加工前的金屬表面不可進行拋光或其它會讓工件表面過於光滑的加工處理，否則雷射光束的能量會被反射而大大降低切割效率。

外型/形狀複雜程度
搭配不同的工作母機，雷射槍可被裝設在二維移動平台、或多軸移動機械手臂上。也就是說，雷切和雷雕可以輕易完成立體形狀的工件加工。

加工尺寸
板材製造商所能供應的板材大小和厚度通常有一定規格，故設計師設計產品時需先考慮板材規格而非加工機台的加工尺寸極限。

加工精度
極高。可用來鑽直徑 0.025mm 的細微小洞。

可加工材質
通常被用來加工硬度很高的鋼材，如不鏽鋼或高碳鋼。導熱係數太高的金屬，如銅、鋁、金、銀相對來說比較難進行加工。非金屬類材料如木頭、紙、塑膠、和陶瓷都可適用於雷切和雷雕。特別是玻璃和陶瓷這類易碎而不好夾持的工件，最能展現雷雕它不需夾持的特性，而能完成超精密的加工。

運用範例
產品或零件打樣、外科手術器材、木質玩具、金屬網格或濾網。雷切陶瓷製品常被運用在需要高精度的絕緣材料之上，其它如玻璃或金屬製傢俱也可以雷射加工進行生產。

類似之加工方法
水刀切割 (p.42)、刀模切割 (p.40)、電子束 EBM 加工 (p.24)，以及電漿電弧加工 (p.33)

環保議題
雷射切割屬於高耗能的加工方式，為了產生穩定且連續的高能光束，必須耗費大量的電能。其加工速度緩慢，使產品的單位生產時間過長，尤其當加工工件過厚時，所需的加工時間可能會讓設計師難以接受。但相對的，因為非接觸切割的特性，沒有刀具損壞或維修的問題，是能減少加工廢棄物的產生而對環保有益的。和所有板材加工一樣，材料廢棄比率有賴設計師能將板材的使用面積最大化，來達成廢棄物減量的目標。廢料回收與否需決於材料本身是否能夠被回收再利用。

相關資訊
www.ailu.org.uk
www.precisionmicro.com

氧乙炔切割

又名 燃氧切割、氣燃切割、氣體切割

Oxyacetylene Cutting aka Oxygen Cutting, Gas Welding or Gas Cutting

此方法是針對金屬平板，在噴嘴外環以高壓噴出氧氣及乙炔，在噴出口產生溫度超高的火焰，然後在噴嘴中央往金屬板件的切割點噴出高壓純氧助燃，讓金屬快速汽化。此種熱切割工法基本上屬於氧氣和金屬鈑件共同燃燒的化學反應，因此厚度不足和寬度過窄的板材容易受熱變形，而不適用此加工方法。

氧乙炔切鋯可用人工操作，也可在全自動CNC 機台上完成。大家對鋯接工人的既定印象，就是一個穿著全身工作服的勞工，頭戴全罩式面罩，上頭的深黑色鏡片讓人無法看到背後工人的眼睛。通常，以人工來操作氧乙炔時，已進行鋯工為主，而非切割。

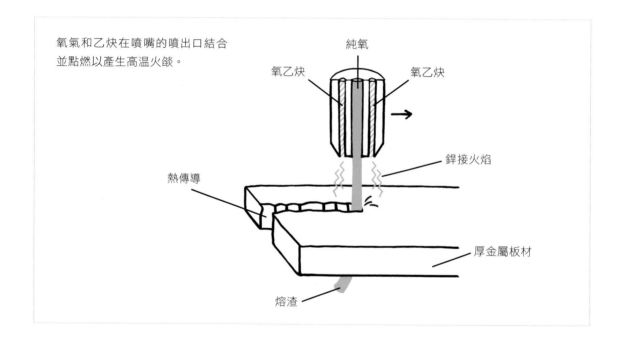

氧氣和乙炔在噴嘴的噴出口結合並點燃以產生高溫火燄。

純氧

氧乙炔　　　氧乙炔

鋯接火焰

熱傳導

厚金屬板材

熔渣

- 適用在具一定厚度的金屬板材。
- 手工操作和自動操作皆可完成加工。

- 適用的金屬種類有嚴格限制 (其燃燒後氧化物熔點必須比金屬本身低，否則其氧化物反而會堆積在鋯點附近，例如鋁就不適用此法。)

產能

相對於其它切割厚金屬板材的加工法，氧乙炔切割相對來說是比較具有經濟效益且較不耗能的，故非常適合小批量生產。

單位成本和機具設備投資

除非有大量且固定的形狀必須進行切割，否則不需模具成本。自動化的銲接機台可直接讀取設計師在電腦上的 CAD 檔案，以進行氣銲及切割。由以上兩個因素，此工法的成本是相對低廉的。

加工速度

取決於金屬材質及厚度兩個因素。手工銲切的速度較難估計，但是若採自動化切銲，並且導入多個機械手臂同時加工，則可以大大提高加工速度。一般在理想的情況下，其切銲速度可達每分鐘約 3m。

加工物件表面粗糙度

氧乙炔切銲斷面粗糙度取決於切割速度。而進刀的速度越慢，所耗的氣體和熱能就必須花費越多的金錢成本。因此，氧乙炔加工斷面的表面粗糙度，是和所花成本成反比的，越慢的工，所得的切斷面就越細緻。另外一個決定粗糙度的因素是金屬材質，但是基本上，要想得到最細緻的熱切割斷面，採用電漿電弧切割 (p.33) 是最理想的方法。

外型/形狀複雜程度

最適用於厚金屬板材。因為其所切銲的板材厚度小於 1cm，則板材本身很可能被融熔變形，相同的情況也可能發生在板材寬度過窄的長條形工件上。切斷面大多都是和金屬板材呈 90°，電漿電弧切割也受到類似的限制。

加工尺寸

手工操作並不受加工尺寸的限制，但是自動化加工就會受到數質控制機台的尺寸限制。

加工精度

加工誤差取決於板材材質及厚度，但是根據經驗法則，一塊厚度在 6.35mm 到 35mm 間的板材，其加工誤差範圍會落在 ±1.5mm 左右。

可加工材質

基本上侷限在二價鐵或其衍生材料，以及鈦金屬。

運用範例

重工業，例如造船業和大型工具機元件。

類似之加工方法

電子束加工 (p.24)、電漿電弧加工 (p.33)、雷射切割 (p.46)、以及水刀切割 (p.42)。

環保議題

氧乙炔切銲是高耗能的加工方式，讓金屬達到逼近熔點所需能量非常巨大，加上點燃後的氣體又不可能隨開隨關，必須維持一定的噴出壓力，所以切銲過程的全程都必須耗能，最後，切銲厚金屬板材本身就需要比薄板材多很多的加工時間，故總體來說，這不能說是一個很環保的加工方式。再者，燃燒過程中可能產生有毒物質，這點對環境也是一種傷害。但是好消息是，和其他板材加工一樣，若設計師能有效利用原板材使用面積，在單位材料中佈置出最多的加工圖案，則可以將材料的消耗降到最低。

相關資訊

www.aws.org
www.twi.org.uk
www.iiw-iis.org

金屬鈑件成型
Sheet-Metal Forming

針對金屬鈑件進行加壓成型可以說是人類最早開始的工業活動之一，俗稱「鈑金」。埃及人在數千年前就懂得將黃金這種超軟的貴金屬捶打成薄片，然後加工成為各種珍貴美麗的飾品。

產品名稱	Acme Thunderer whistle
設計師	Joseph Hudson
材質	紙
製造廠商	黃銅板材、表層鍍鎳 (圖中所示鈑件為黃銅鍍鎳之前)
製造廠商	Acme Whistles
生產國	英國
發明年分	1884

圖中所示為 Acme Thunderer 的哨子在鈑金後、尚未組裝電鍍前的樣子。由此可知一個哨子在組裝前有多少鈑件必須先被成型。

一種最具代表性的鈑件成型作品，就是我們常見的哨子。哨子的鈑金過程幾乎包含了固態金屬成型所需要用到的所有大原則，從它的製造步驟中我們也可以了解一個平面金屬板材，如何經過裁切、衝壓 (p.59, 金屬沖切)、和電鍍，變成一個立體而可吹奏出聲音的工藝品。或許這樣簡單的說明，並不足以表現出製造一個音調精準的哨子需要多麼高超的製造技術，來滿足它所需要的精度要求。

哨子的鈑件是由三個部分所構成，底部、吹嘴、以及頂面和側面。這三部分經過個別的公母模衝壓、彎折之後，會被銲接在一起，並且進行拋光和鍍鎳等後處理。最後一個步驟，就是將一個圓豆狀的軟木放進哨子的圓形共鳴腔內，用以發出哨子獨特的顫音。

大多數的吹奏樂器中，其發聲的來源都是藉由空氣吹切過一個鋒利的薄片，以驅動薄片振動並且發出它特有的振動頻率，再經由空氣由薄片的上下兩邊傳播開來。經歷了135 年，Acme 這家位於英國伯明罕的哨子製造商，已經將製作哨子的技術昇華到工藝的境界，其生產線的不良率低於 3%。這種對於完美音頻的堅持，絕對是工業製造中最不可或缺的精神。

產能

鈑金通常是半自動的製造過程，搭配不同的生產設備可能會有完全不同的產出速度，所以我們姑且可說其適合的生產方式從單件生產到大型量產均可。

單位成本和機具設備投資

因應不同的產品、產量、和生產速度，會有完全不同的生產成本。舉例來說，一個珠寶工匠可能僅需要幾件慣用的手工具，就可以打造出價值不斐的珍貴飾品。但是另一方面，要拉出一條本節範例中哨子的生產線，所必須投資的鈑金設備、模具費等等，會是一筆非常驚人的費用。

加工速度

因為產品和產能規劃會有非常大的差異。以 Acme 的手工藝哨子生產線為例，從無到有，前後需要三天的時間。

加工物件表面粗糙度

一般沒有後處理的產品，其表面粗糙度就是原板材的粗糙度。但是以本節範例中的哨子為例，其經過拋光、電鍍後，可以得到類似鏡面的光滑表面。

外型/形狀複雜程度

鈑金的過程需要許多不同的夾治具，以搥打彎折出各種不同的形狀。一般來說，只要模具或治具能製造出的形狀，鈑件就能被生產出來。

加工尺寸

人為加工沒有限制，但板材原材料尺寸可能會受供應商標準規格的限制。

加工精度

可以藉由手工將產品調整到非常高精度，以一個音準完美的哨子來說，其振動片的精度要求要在 ±0.0084mm 之內。

可加工材質

硬度較低的金屬，如黃銅、紅銅、鋁材等，較容易以手工搥打成型。但若有厚度適當的薄金屬板材，也是可能的加工材料。

運用範例

鈑金成型的運用，在今日人類生活中非常廣泛，從各種管樂器，到電腦的機殼，甚至是汽車的車體，都是鈑金所製造出來的產品。

類似之加工方法

其它對於金屬板材進行加工的方法有金屬旋壓 (p.56)、沖壓和衝孔 (p.59)、水刀切割 (p.42)、雷射切割 (p.46)、CNC 折彎 (用來生產餅乾盒的成型方法) 等等。

環保議題

若是大量採用自動化機台，則會消耗許多電力，尤其當產品需要許多道不同成型步驟時。通常鈑金下來的廢料都可以被整塊回收再利用，其中以鋁金屬為最容易回收再利用的材料。

相關資訊

www.acmewhistles.co.uk

- 此方法最大的優點，是讓設計師可以製造出精度很高，且形狀複雜的工藝品。
- 模具及加工器具價格合理。

- 僅能加工金屬板材或硬度較軟的金屬物質。
- 加工的工序和步驟可能十分繁複。

熱軟化玻璃重力塌陷成型

Slumping Glass

此方法的加工目的是要讓平面玻璃彎曲成我們想要的形狀。在自然界中，如果我們將一片玻璃平板的兩端垂掛的夠久，其中間會因重力而塌陷，經過長年的四季變遷，久

產品名稱	Toki side table
設計師	Setsu and Shinobu Ito
材質	玻璃平板
製造廠商	Fiam Italia
製造廠商	義大利
製造廠商	1995

對折的桌面，和些微彎曲的桌腳，在在都表現出熱軟化玻璃經過重力塌陷成型的各種可能性。

而久之形狀就會固定在彎曲的樣子。然而，為了加速這樣的過程，我們必須把玻璃加熱到軟化溫度左右，讓堅硬的玻璃軟化，之後受重力而自然垂落到我們預先準備好的耐火模具中，形成我們想要的形狀。其加工步驟為，將玻璃板材架在一個以耐高溫材料製作的模具上，將模具連同玻璃送進磚瓦製成的烤窯中，加熱至 630℃，讓玻璃軟化到足以完全貼附在我們設計的模具上，並且能在冷卻後保持這樣的形狀不變。

要製作以 Fiam（義大利文「火」）為名的這張桌子（見圖），必須先裁切出一片厚度為約12mm 的水晶玻璃扁平板。這個步驟是以 CNC 電腦數值控制水刀，添加研磨劑切割完成，水刀從噴嘴射出的速度設定為約975m/sec，這樣的噴射力道足以切穿這片水晶玻璃。裁切出適當的尺寸之後，我們就可以進入真正的成型階段了。

特別要注意的，是我們在整個升溫烘烤的過程中必須確保耐火模具和玻璃原材溫差極低，即使溫差稍微大一些，玻璃都可能因為膨脹比率和模具不一致而破裂損壞。當烤窯

平面玻璃放置於窯中的模具上。

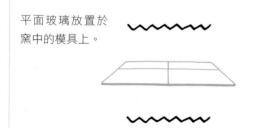

加熱之後，玻璃會自然地塌陷在模具表面。

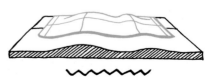

內的溫度到達玻璃軟化點時，軟化的玻璃會因為重力的關係開始自然垂降到耐火模具之上，在這個步驟中我們也可以稍微施加一點人工來幫忙玻璃完成成型過程。這件極簡的工藝作品背後所代表的，是非常複雜的升溫加熱過程，以及塌陷角度設計。多種工藝技術的結合之後，才能完美呈現出這件擁有美妙曲線的工藝品。其中所蘊含的當代工藝技術，絕對不是這件作品透明簡單的表象所能呈現的。

產能
熱軟化玻璃塌陷成型適用單件工藝品生產，亦適用小批量生產。

單位成本和機具設備投資
以商業的角度來說，最被廣泛運用且成本合理的生產模具是以可加工玻璃陶瓷或不銹鋼材作為原料，但其它可能的材料還包括石膏、水泥、乃至於超現實主義者熱愛的 found object，都可作為小批量生產的模具原材。依據成品形狀的複雜程度，不良率可能飆升的非常高，也因此其單位生產成本也會急速升高。

加工速度
雖然這種加工方法已經常見於當代工藝品上，但是其成型速度並沒有顯著的改善，有時也必須仰賴人工來輔助玻璃的成型，故是非常緩慢的加工方式。

加工物件表面粗糙度
就如一般玻璃表面那樣光滑，但是若想得到特殊的紋路或圖案，可以在模具上加工以達到目的。

外型／形狀複雜程度
由於成型的主要能量來自於重力，故成品被限制在，可讓平板自由軟化塌陷為前提的形狀之下。

加工尺寸
受限玻璃板材大小、厚度，及烤窯尺寸。

加工精度
由於重力塌陷和玻璃熔融等不確定因素，此種加工方法所生產的產品其誤差範圍可能很大，而且較難預估。

可加工材質
幾乎所有平板玻璃皆可作為原料（包括高硼硅耐熱玻璃）、青板玻璃、甚至更先進的材料包括熔融石英和玻璃陶瓷。

運用範例
日用產品包括碗盤、雜誌架、餐桌、椅子、餐具。工業上的應用包括汽車的擋風玻璃、燈罩、爐具、壁爐玻璃窗等等。

類似之加工方法
將玻璃垂掛在模具外面，而非內面，可成型出另一種不同形狀，稱做垂掛成型。

環保議題
玻璃的軟化成型需要持續的高溫，因此算是高耗能加工方式。在其成型過程中，有時會發生需要用人工輔助軟化的玻璃移動貼附在模具上的情況，這個步驟造成的不良品也是對環境的一種傷害。雖然加工過的玻璃幾乎都可回收再利用，但在玻璃熔融的過程中，又必須再消耗許多熱能，故仍然不能說是對環境友善的製造方式。

相關資訊
www.fiamitalia.it
www.rayotek.com
www.sunglass.it

■ 可藉由單一步驟就將玻璃板材彎曲成形狀多變的立體結構。

■ 玻璃烘烤軟化過程耗時，並在火候的掌握上需仰賴具大量操作經驗的工匠。

鋼板電磁成型

Electromagnetic Steel Forming

利用高能量的電磁脈衝來完成鋼板成型，聽起來很玄，但卻是近年來掀起汽車工業革命的金屬板材成型方式。

直到今天，鋼鐵板材最主要的成型方式仍然為衝壓成型，即用一個很重的衝頭，將平面鋼板原材和模具壓合，讓鋼板依照模具的形狀成型。然而，這樣的生產方式有需多重大的缺點，為了要有足夠的壓合力道，衝頭的重量必需足夠。伴隨而來的，就是一個有巨大體積的生產設備。另外，採用衝頭切斷的工件表面會產生毛邊，所以必須在後處理的過程中將之以手工清除。正因為這些緣故，電磁成型才會慢慢被大家視為鋼板成型的新希望，而希望藉由此種革命性的新技術達到降低成本，提高加工效率的目的。

有玩過磁鐵的我們都曉得，當我們將兩塊磁鐵靠近的時候，會有兩種情況，異性相吸、同性相斥。電磁成型的原理就是利用同性相斥的自然現象，並且利用線圈和瞬間的

高壓電流產生一個電磁脈衝，讓這個磁力擴大到超過鋼鐵永久變形的力道。要產生這個瞬間的高壓電，我們需要一個大電容，並且讓它在瞬間急速將電流釋放到線圈上面，經過電磁感應後，在線圈中央會產生一股巨大的磁力，這股磁力會瞬間撞擊金屬板件，讓板件產生永久變形。由於能量是藉由線圈產生的磁力精準的傳遞到板件上，使得此成型方式可在不接觸工件的情況下完成。通常在這一瞬間產生的壓力，相當於三部小客車同時壓在一塊如指甲般大小的面積上。

人類對於電磁感應的運用並非最近才開始，早在上個世紀初，軍事上就已經把它當作阻斷無線通訊的一種武器。近年來，電磁成型也被大量用在鋼管的成型和接合上。為了加工大型金屬平板，科學將們嘗試改良鋼管接合機台的線圈和電容充放電的效率。研究人員更仔細研發，希望設計出能加工特定幾何形狀的感應線圈。

- 由於成型力道可被精準的傳遞到板材上，故後續的加工處理可以被省略。
- 此方法可以不需要衝頭和模具，因此可以省下一筆非常可觀的生產成本。
- 作業員受傷的風險，相較於操作沖壓機台來說，可被大幅降低。

- 由於此生產方式尚在萌芽階段，故距離商業化大量使用還有一段距離要走。
- 為了產生高能量的電磁脈衝，需要消耗大量的電能。

產能

此方法主要目的是要用來取代汽車工業鈑件的衝壓製程，故從出發點就是以大量生產為目的來進行開發的一種製造方式。

單位成本和機具設備投資

初期生產成本可能因為前期設備投資而非常巨大，但是長久下來，只要能調整線圈形狀，以及脈衝能量，就能針對不同鈑件進行加工。因此長期來說，設備成本可隨著時間而被有效的攤提。另外，由於此方法為非接觸式成型，加工設備的損耗極低，故不需高額的維護成本。成型後的成品不需後處理，可省去人工和加工時間，從而降低總生產成本。

加工速度

此方法切割板材的速度可達雷射切割的 7 倍。切割的速度快的令人難以置信，以衝切一個直徑約 30mm 的孔來說，其衝切時間可在 1/5 秒內完成。

加工物件表面粗糙度

此方法和傳統沖切技術最大的不同，就是採用磁力來取代衝頭的重力。也就是說，加工刀頭和工件間沒有任何接觸，也就不會有磨損的動作發生。因此，此方法的切斷面非常平整而不需後續表面或切邊處理，從而可節省許多人力和加工時間。

外型/形狀複雜程度

研究指出，此方法可運用於不銹鋼及其他堅硬金屬材料的衝孔製程上，亦可在不需要模具和衝頭的情況下完成金屬成型。此項特色已經為重金屬加工業開了一扇嶄新的大門，並且將在可預見的未來，改變人類的汽車工業。

可加工材質

僅限於可磁化金屬材料（鋁材便不適用此加工方式），包括超硬鋼材如不鏽鋼等等。

運用範例

最適用於大型板材，例如車門、底盤、和引擎蓋。也可適用於家電產品，如洗衣機、洗碗機、電冰箱等等。

類似之加工方法

鋁合金加熱鈑金技術（p.70），衝壓成型（p.59），工業摺紙成型（p.61）

環保議題

為產生高能量的電磁脈衝，需消耗大量的電能，故為高耗能的製造方法。但非接觸式的加工方式可省去加工工具的維護成本，拉長機台的使用壽命。

相關資訊

www.fraunhofer.de/en

旋壓成型 包含剪力旋壓和滾輪旋壓

Metal Spinning including sheer and flow forming

旋壓是將金屬板材彎折成軸對稱曲面最常用的加工方式之一。顧名思義，它的製造過程是從一金屬薄片，類似披薩皮的形狀，開始進行加工。經過旋轉、壓製、和收折等過程，此金屬板材會被壓合在轉動車

產品名稱	Spun
設計師	Thomas Heatherwick
材質	髮絲紋/拋光 鋼材或紅銅
製造廠商	Haunch of Vension
生產國	英國
發明年分	2010

圖中大型金屬旋壓製品完美的呈現出此加工方法可製作的幾何形狀，我們甚至可以觀察到其側邊經過旋壓後的髮絲紋，即其旋壓路徑和痕跡。以此基本形式衍生，許多更大型的工件都可以旋壓來完成加工。

心之上，而車心的形狀就是我們想要的成品形狀，也就是成型模具中類似公模的機構。更詳細的敘述其加工步驟，第一，將餅皮形狀的金屬板材以圓心為支點，將之夾持在轉動車心之上。轉台開始高速轉動。旋壓頭開始施壓於金屬板材，以單一或多次來回的方式，由圓心向外移動，將之慢慢壓合在車心之上。在手工旋壓的製程當中，旋壓頭通常被稱為「湯匙」。此處的車心材質是以木頭製成。當金屬板材和車心完全密合時，其完成的工件就是一個和車心外型一樣的複製品。

產能

適用於單件產品原型打樣、小量生產、或至數千件的批量生產。

單位成本和機具設備投資

旋壓所需的加工工具，包括旋壓頭和車心都可以木頭或金屬製作。其製作工具材料的選用，應該以工件尺寸和預估產量為考量。若僅需進行小量生產，可使用方便加工製作的木質材料作為工具原材以降低成本。但若以大量生產為前提，考慮壓頭和車心的磨耗和使用壽命，則必須使用金屬材質作為加工工具。

加工速度

旋壓成型的速度多半會遠低於衝壓成型（p.59金屬切割）的速度，但其製作加工工具及模具的產線設定時間也是遠低於衝壓成型。因此，在單件或小量生產的情況下，旋壓比衝壓更適合。相反的情況，需要大量生產的產品，應該考慮使用衝壓成型以爭取更大產能。

加工物件表面粗糙度

經過旋壓加工後的工件表面會有很明顯的髮絲紋，若要去除這些痕跡，必須施以研磨或拋光等後處理。

外型/形狀複雜程度

此方法是利用將金屬板材固定在車心上，以旋壓頭壓製成型的製造方式，因此其所有產品的幾何形狀都必須以軸對稱的形式存在。舉凡碟形、錐形、半球形、圓柱形、甚至環形物品都可藉此方式產出。值得一提的是，旋壓成型可以生產出具有內缺角結構的物體。大家有疑問的地方，應該是它要如何進行脫模，和車心分開並取下呢？答案是，以類似剝橘子皮的方式，將工件剖開再取下。之後再以焊接或其他工法，將兩片半球形成品接合，以成為一個完整的曲面。

加工尺寸

旋壓加工最小原材可為直徑 10mm 的金屬板件。最大的可壓製板材尺寸，以美國的 Acme 公司為例，可大至直徑 3.5m。

加工材料損耗

旋壓的過程中，可藉由壓頭改變板件的厚度，因此不會有切屑產生，相對於切削加工來說，能節省不少材料。一般來說，越平的工件外形，就越不需要將材料壓伸變薄。

可加工材質

旋壓可加工多種金屬板材，從硬度較軟的紅銅和鋁材，到很堅硬的不銹鋼材都適用。

運用範例

炒菜用的炒鍋是最常見的產品。其他以旋壓製造的產品，我們可以去觀察其外曲面有無壓頭滾壓過的髮絲紋路，從而判斷它是否為滾壓成型而成。其它常見的製品包括燈具的底座和燈罩、調製雞尾酒用的鋼杯、花瓶，以及其他許多工業上會用到的零組件。

類似之加工方法

由於旋壓常會和衝壓成型結合，以製造出類似花瓶瓶頸之類的內導角結構，因此很難單獨判定其最適切的替代加工工法。這裡有個類似但比較罕見的工法，稱作「點壓式金屬板材漸進成型」（p.255）是一種新開發出來的金屬薄板成型法。由於此法不需模具，也不需轉動軸心，因此可生產非軸對稱的產品。

環保議題

由於工件和車心高速旋轉需要持續提供大量動能，因此會消耗可觀的電力。但滾壓後的產品擁有很高的表面強度，所以會比一般金屬製品更耐摔耐用，而有更長的使用壽命。最後，當產品被丟棄時，可被回收融熔再利用。

相關資訊

www.centurymetalspinning.com
www.acmemetalspinning.com
www.metalforming.com
www.metal-spinners.co.uk

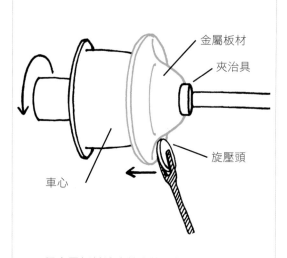

一個金屬板材被夾持在旋壓機台上，並且和車心同步以高速轉動。以旋壓頭對金屬板材施壓使其變形，等到金屬板材完全貼附在車心的外部輪廓之上，即算完成加工。

金屬板材

夾治具

旋壓頭

車心

由於旋壓的作動方式類似於車床加工，故許多加工步驟可以被整合在一起。因為壓頭壓製角度和多步驟可整合於一的前提下，旋壓製品可以成型出有內缺角的幾何形狀。也就是說，在軸對稱的先決條件之下，旋壓使得其成品外型有更大的自由度，可以有更多的外型變化。

剪力旋壓成型及流旋成型是旋壓成型的進階加工方式，尤其後者可以對稱施壓的方式改變板材的厚度達 75%，是一種在不切除原材下改變成品壁厚，節省使用材料的加工方式。綜合以上特點，旋壓成型非常適用於軸對稱中空工件的成型加工，不管是凹面、錐面、及凸面，都能被穩定且有效率的完成加工。

1 製作用來做為模具的木質車心。

2 將高速轉動金屬板材往車心的方向壓製。

3 金屬板材已經完全依照車心的外部輪廓成型完成。

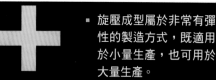

- 旋壓成型屬於非常有彈性的製造方式，既適用於小量生產，也可用於大量生產。
- 低廉的開模費用。
- 不需切削、去除原材料，或額外的銲接製程，就可以將複雜的形狀成型完成。

- 在滾壓的過程中，有些板材會因內應力過高而脆化。
- 通常滾壓後的產品都需要後處理來去除表面髮絲紋。
- 成型後的產品壁厚難以控制，且通常會變薄。由於滾壓成型的過程中，板材會依照車心的形狀進行延伸，因此多半會變薄，這個部分需要經驗法則來控制每個產品加工完成後的厚度。

金屬切割

包含衝壓、剪切、下料、衝孔、彎捲、衝篩孔、衝剪、以及沖切

Metal Cutting including press forming, shearing, blanking, punching, bending, perforating, nibbling and stamping

在金屬加工的世界裡，英文原文「cutting」一詞是很少被使用的，其原因是金屬加工中的切削和切割，其所包含的範圍太廣了，以至於很難讓人一目了然的知道我們在敘述甚麼。簡單來說，cutting 一詞具有兩種意義，分別應以切屑加工和非切屑加工兩大部分來說明。衝壓、剪切、下料、衝孔、彎捲、衝篩孔、衝剪、以及沖切是屬於無切屑加工。至於切屑加工則是以銑床 (p.18) 和車床 (p.26) 為主。

衝孔和下料是兩個幾乎完全一樣的加工動作，其差別僅在於下料是要將所切出的形狀做為後加工的毛胚（請想像我們在麵皮上切出餅乾形狀的過程）。相反的，衝孔是在板材上將我們不要的部分切除（通常是鑽孔或打洞）。圖中鋁罐的原蓋就是以金屬板材下料完成的圓薄片為毛胚，配合後續加工而完成的。

衝剪是利用一個小型衝頭，不斷的上下移動，並在工件底部搭配另一衝模（和不需底部模具的衝孔不同之處），以類似牙齒咬合、或者說像縫紉機的作動方式，已連續的單點衝斷連成一線，來達到剪斷金屬板材的目的。其他兩個加工方式，衝篩孔、和彎折，相信讀者們光從字面上就可以瞭解其加工目的，故在此不多做說明。

產品名稱	易開罐的杯蓋部分
材質	鋁材
製造廠商	Rexam
生產國	英國
發明年分	1989

易開罐是現代人類每天日常生活都會接觸到的超大量量產品，由於它們必須在地球上的每一個角落都能被使用，而且最重要的是不能割傷人的嘴唇，因此其外型做過很謹慎的設計。要完成這項工件的製作，需要搭配衝壓和剪切兩種金屬切割技術。

金屬沖壓要算一種被用來製作淺槽、或淺碟形容器的常溫成型過程。乍看之下，這是一個非常直觀的切割和成型過程，但是事實上整個沖壓製程是許多步驟連續完成。它包含了一個快速衝斷的步驟，以及一個重壓成型的步驟。基本上，每個步驟都需要一個獨立的模具，這些步驟可以在不同機台上完成，也可以在同一個機台上使用連續模，以多個成型步驟完成形狀複雜的加工。

產能
沖壓機台的操作可以藉由人工或自動化的 CNC 來完成。故可適用於少量和大量等需要不同產能的產品。

單位成本和機具設備投資
關於沖切模具的成本計算，由於市場上有許多標準規格的沖切頭可供選擇，因此相較於其他成型方式，其模具成本可以被大幅壓低。也就是說，沖切製程是可能以低成本實現快速且大量生產的理想模式。

加工速度
依據幾何形狀和所需成型步驟多寡而有很大的變化，但以易開罐為例，其生產速度約為每分鐘 1,500 件。

加工物件表面粗糙度
以沖切後的斷面來說，基本上所有工件都需經過去毛邊的後處理過程。

外型/形狀複雜程度
通常適用於小型零組件，且其厚度被限制在金屬板材供應商所能提供的標準規格。

加工尺寸
大小和厚度受到板材供應商的標準規格限制。

加工精度
加工誤差可藉由適當的成型步驟安排設計，而降的非常低。

可加工材質
受限於標準金屬板材

運用範例
所有電子產品的散熱風扇、洗衣機葉扇、鎖匙孔、以及手錶的零件。

類似之加工方法
雷射切割 (p.46)、水刀切割 (p.42) 是兩種替代方案。它們的特色是非接觸式切割、可 CNC 控制、不需模具費用。

環保議題
幾乎所有金屬板材切割製程都會產生許多用不到的廢料，但是金屬材質的好處就是可被回收，再度熔融而製成新產品。鋁材是目前回收再利用比率最高的金屬材料。

相關資訊
www.pma.org
www.nims-skills.org
www.khake.com/page88.html

- 用途廣泛，可以成型出許多形狀複雜的產品。
- 適用於幾乎所有個固態金屬。
- 非常高的尺寸精度。

- 可加工工件尺寸，需受金屬板材供應商所提供的標準規格限制。
- 產生的廢料體積可能大於成品體積。

工業摺紙成型

Industrial Origami®

當人們看到一片色紙，藉由巧手摺疊出各種動物或花朵等等複雜的形狀，總是會發出驚喜讚嘆的聲音。工業摺紙成型，其創意就是源自手工摺紙。這家同名公司擁有專利的獨門技術，以金屬板材取代紙張，摺出了許多實用、而且超乎我們想像的產品。

相對於傳統的沖切、沖壓等等成型方式，工業摺紙有許多優點，其中包括模具和工序的節省，這也就代表了金錢和時間的節省。如同以西卡紙為材料的摺紙工藝一樣，這項金屬成型的原材也是以板材形式開始。

接下來，要用沖切或雷射切割等技術，在金屬板材上切割出一道道微笑形狀連接而成的虛線，以做為後續彎折成型的定位和輔助。在摺邊上一字排開被切割而斷開的笑臉形狀之間，設計師很聰明的預留了一些板材，讓兩個相鄰面可以被牢固的拉合在一起，卻又不會因此而難以被彎折，這個部份是工業摺紙應用於金屬板材上最關鍵的技術之一。

設計師應該注意到利用微笑切斷面讓金屬的摺疊更精準且容易，但是又必須保留一定寬度的金屬板材，以提供整個成品足夠的支撐力道以維持結構的剛性。

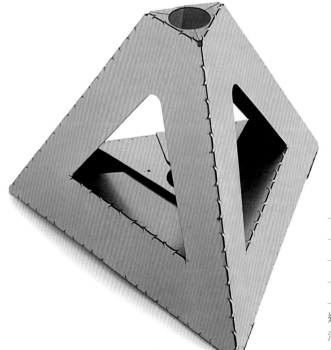

產品名稱	Industrial Origami® 之 Jack-stand
材質	12-gauge cold-rolled steel
製造廠商	Industrial Origami
生產國	美國
發明年分	2004

這個 Jack-Stand 是典型的以工業摺紙成型的製造方法完成的成品，也顯示出以此法完成的 stand 具有足夠的結構強度。

以此方式加工而成的金屬製品有一個非常大的優點,相較於傳統立體結構金屬製品的組合方式,工業摺紙不需焊接、對鎖、或其他鉚合的動作,而是用將各個所需平面以毗鄰的微笑斷面裁切出摺邊,讓此產品可以輕鬆的被摺疊成為一個立體結構,從而大大節省了加工和組裝工時、甚至所需接和部件本身的成本。由於不需要特殊的加工工具和模具,開發這種產品的過程中,設計師可以依照心中的想法,隨時打樣、組裝出成品。因此可讓產品在開發過程中有更多被開發人員驗證的機會,進而讓它變得更完美。

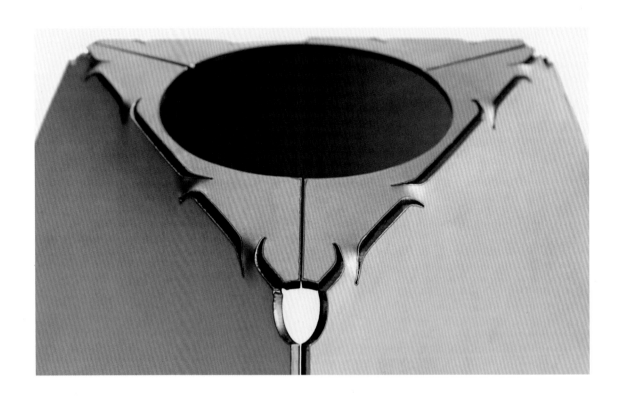

產能

從單件生產到數百萬件的超大型量產均適用。

單位成本和機具設備投資

因為是新技術的關係,設計和研發的人才稀少、所需開發及實驗時間較漫長。但是其可能節省的原物料成本、倉儲成本、運輸成本、甚至組裝及後加工成本,都是傳統金屬組合製品所難以匹敵的。所以,在全盤考量下,反而是更經濟的製造方式。

加工速度

依照其成品特徵而需要不同的切割製程,可能包括沖孔、雷射切割、沖壓等,我們可依此推算出個別產品所需的加工時間。但是其成品在最後摺合組裝的過程,所需時間多半可在數秒內完成。

加工物件表面粗糙度

對工業摺紙來說,切斷面粗糙度並不重要,一般也不會進行後加工。

外型/形狀複雜程度

其可加工板材厚度,薄從 0.25mm、厚至所選用切割製程及其切割機台本身限制為止。

加工精度

和以不同加工方式,用不同零件組裝而成的相似產品比較,工業摺紙沒有拆件組裝產品,因為各個零件製造誤差,而可能在組裝後累積堆疊出的驚人尺寸誤差。工業摺紙所應考慮的,僅為將摺線切出微笑斷面的定位誤差,以及最後的摺合誤差。

可加工材質

目前工業摺紙已經被業界接納,並且運用在有立體結構的金屬板材製品上。但是其未來或許還能被進一步用在更多物質上,例如塑膠板材或其他複合材料。

運用範例

目前最具代表性的產品,是汽車工業中的底盤及車體結構、太陽能發電板的支架、包裝材料、系統廚具包括瓦斯爐和烤箱等。

類似之加工方法

鋁件熱壓超成型 (p.70),衝壓成型 (p.59)。

環保議題

由於板材在切割加工後,所有運送過程仍然是以板材的形式堆放,故可節省非常多的運送空間和油料成本。其背後所能節省下來的能源消耗,是非常可觀的。此外,相較於拆件組裝產品所需的焊接、轉接部件等,能省下不少原物料和製造成本。金屬板材切割後的廢料多半也可藉由回收再利用,而達到節省地球資源、永續發展的目標。

相關資訊

www.industrialorigami.com

- 無需組裝、接合等加工步驟。
- 能將所有零件和部件整合在一張板材之上,而大大減少材料和加工所消耗的能源和原物料。
- 相對於傳統拆件是立體結構金屬製品,其組裝更方便、快速。
- 可快速打樣,並針對成品進行各種驗證及設計變更。
- 所需人工時極低,節省勞力成本。

- 事前的可靠度設計,結構的強度等都須經過多次驗證。

熱成型

包括真空、加壓、垂掛、以及壓頭輔助等不同熱成型

Thermoforming including vacuum, pressure, drape and plug-assisted forming

熱成型應該是最普及的一種塑膠板材加工方式，幾乎所有工業設計系的大學生都有過操作真空加熱機台來製作設計作品的經驗。真空熱成型也是少數在學術界和產業界都備受喜愛的塑膠加工法。這正說明了此方法對單件工藝品和大量生產來說，都是非常合適的加工方式。在所有成型方法之中，熱成型的原理也可能是最容易被理解的一種製程。

熱成型所能加工的材料要是熱塑性的板材以及一片用以成型的模具。由於熱成型的成型壓力屬於低壓成型，故模具不需以特別堅硬的材質來製作，一般木頭、鋁材、甚至其他價格合理的材料，都可以作為熱成型的模具。此模具的形狀基本上就是我們希望塑膠板材成型之後的形狀，且會被裝置於一個可上下移動的床台上。此成型方式的步驟，首先必須將板材在成型爐中加熱軟化。

此加熱爐類似於一般家用烤箱，是用一條條對流式棒狀熱源排列而成，以達到讓平板均勻受熱的目的。當板材受熱軟化，開始彎曲下垂時，成型模會在同時上升到定位，讓模板和板材接觸。此時，機台會開始抽真空，利用稀薄的空氣產生吸力，將軟化的板材完全壓附密合於模具之上。等到其形狀已經完全包覆在模具上，機台就可以開始進行降溫，讓塑膠硬化定型，並由模具上取下。

產品名稱	巧克力盛盤
材質	Plantic 生物分解聚合物
發明年分	2005

巧克力盛盤是塑膠熱成型的產品中，最能將其特色讓人一目了然的一種。我們可以注意到每個形狀不同的巧克力，都有一個專屬的獨特凹槽可以被放置。這表現出了其用單一成型模，可同時製作不同幾何形狀的優勢。

其他塑膠板材熱成型方式還有加壓熱成型，和前述方法真空成型相反，此方式是用高壓將受熱軟化的板材推到模具上來完成成型。

另一種方式稱作垂掛成型，利用重力讓受熱軟化的塑膠板材垂降到公模裡，並施加張力將板材撐開，讓成品的厚度能均勻的變薄，以完成定型。

壓頭輔助成型是在真空成型前，利用一個壓頭裝置將板材深壓進模具中，一般此方式適用於母模，且成品多半擁有較深長的外型和較均勻的厚度，最後再以真空方式完成成型。

產能
適用於產品開發所需的原型打樣，但也可用於大量生產。

單位成本和機具設備投資
依照產品數量需求可選用多種不同材料來製作模具。一般若要大量生產，會選用容易加工且耐磨耗的鋁材作為大量生產的成型模。若僅需用於中型量產，則環氧樹脂（Epoxy）是很經濟的替代方案。其他模具製作材料還有中密度纖維板、石膏、木材、以及方便成型後取出的可雕塑油土，這種最適用於成品有內倒角造形的真空成型模。

加工速度
大件產品例如浴缸，可在五分鐘之內產出。更大件的產品，其生產速度就難以估計了。一來工業界可以用連續模提高成型效率，以提升量產物品的產出速度。二來板材受熱均勻與否，會受到工件材質和厚度的影響。

加工物件表面粗糙度
真空成型的產品其表面通常能完全反映模具本身的粗糙度，所以，在模具表面很光滑的情況下，成品的表面也會同樣的光滑。

外型/形狀複雜程度
因為需要拔模的關係，一般用於大量生產的堅硬模具，不能生產具有內倒角形狀的產品。

加工尺寸
一般真空熱成型機台的均勻受熱並抽真空的口徑標準約為 2×2m，但也有機台可以加工更大的板材。

加工精度
不固定，須考慮成型工件的尺寸。根據經驗，尺寸小於 150mm 的產品，其成型誤差約為約0.38mm。

可加工材質
所有熱塑性塑膠板材。一般最常見的就是聚苯乙烯（PS）、ABS、壓克力、聚碳酸酯（PC）等。

運用範例
獨木舟、浴缸、包材、家具、汽車內裝、淋浴間的底座等。

類似之加工方法
鋁件熱壓超成型 (p.70)、充氣金屬 (p.76)。

環保議題
塑膠板材熱壓成型所需的物理環境以低壓和中溫（相較於其他塑膠成型方式）為主，加上薄板材成型快速，故整體而言是屬於低耗能的加工方式。但是其成型之後，幾乎都要再加上一個去除多餘部分的切邊製程，這些多餘的廢料累積起來相當可觀。為了處理這些廢料，將它加溫到可被熔融再利用所需消耗的能源，可能遠比其成型所需的還多。在成品運輸方面，由於其外型多半沒有內倒角的關係，故可被堆疊在一起，從而節省了大量的運輸空間。

相關資訊
www.formech.com
www.thermoformingdivision.com
www.bpf.co.uk
www.rpc-group.com

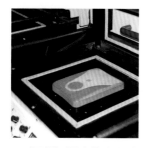

1 成型模（圖中為大學生專題作品的簡單木質模具）被放置在升降床台中間。

2 模具下降後，將板材放置在成型機台中間，之後便可將機台上蓋關閉並在同時夾持住板材。

3 加熱裝置下降，將塑膠板材軟化，隨後將內部抽真空以完成成型。

4 待機台冷卻使板材固化後，將成品從模具上移除，即完成整個真空熱成型過程。

真空熱成型

夾具（用以固定塑膠板材）　熱塑性塑膠板材　加熱裝置　密閉成型區

成型機升降床台　成型模具　抽真空

1 成型模具降至最低的位置，塑膠板材被夾持在機台上方。

2 加熱裝置先將板材軟化，緊接著成型模上升至板材高度，開始成型。

3 將密閉成型區域抽真空，此時軟化的塑膠會完全吸附在成型模具上。

4 待機台冷卻，塑膠凝固之後，將工件從模具上取出，即完成整個成型過程。

- 此成型方式用在小量和大量生產都同樣適合。
- 以低壓環境完成成型，故模具製作可用材料選擇多，成本可以壓低。
- 非常適合在成型過程中，一併完成表面幾何形狀和立體圖樣。
- 可在一次成型過程中，在同一個板材上，利用多個模仁同時製作多個不同圖案的產品（如同本節範例中，有不同花樣的巧克力乘盤），再經過後續裁切，就可分別成為獨立的產品。

- 需要後加工以切除邊緣多餘的部分。
- 需要拔模角，故成品不能有垂直面和內倒角。
- 若非要製作有內倒角的作品，則需要可破壞或變形取出的特殊材質模具。

爆炸成型 又名高能量瞬間成型

Explosive Forming aka High-Energy-Rate Forming

　　讀者們可能很難想像我發現這項加工技術時,有多麼興奮。這種成型方式讓我聯想到英國很紅的電視節目「豆豆先生」的劇情,用一桶油漆爆破來粉刷他的客廳。但是真實的情況裡,爆破成型是被運用在金屬板材和管路成型。這也表現了一種創造性的側面思考,進而創造出一種跳脫傳統的加工方式。

　　史上最早的爆破成型,是在 1888 年,當時是被運用在金屬板上雕刻文字和圖案。到了第一和第二次世界大戰期間,對於軍用品的大量需求,造就了讓各種生產技術快速發展的環境,其中爆破成型,就是在 1950 年間軍方製造飛彈彈頭最快速有效的主流生產方式。時至今日,爆炸成型發展出了兩個不同的形式,第一種稱為震波成型,此方法中爆破點距離成型金屬必須相隔一段適當的距

產品名稱	Desert Storm 沙漠風暴建築外牆飾板
材質	捲材塗佈鋁板
製造廠商	3D－Metal Forming BV
生產國	荷蘭
發明年分	1998

圖中建築物的外牆飾板正好可以展示出爆炸成型可以製作出的大面積成品,及其上複雜精美的曲線和圖案。

離，其引爆的環境可以是在空氣中、水中、甚至是油中。另外一種，就是爆點接觸成型，顧名思義，此方法的引爆點是直接貼附於金屬板材。

簡單來說，要成型的板材或管材，必需放置在一個真空密閉的成型模穴中（也有在空氣中引爆的成型法），也有人以水或空氣填充模穴以作為傳遞震波的介質。將火藥放置在要成型的板材中間，和成型模具相反的那邊。引爆火藥之後，藉由超高能量的震波將金屬板材瞬間推壓到模具上，完成成型。

雖然本圖並未直接呈現爆破發生的情況，但藉由圖中人和爆破鐵槽的比例，
我們還是可以了解到爆破成型能加工的工件尺寸和成型環境。

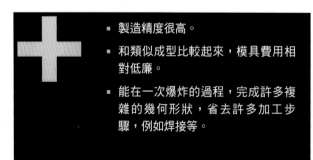

- 製造精度很高。
- 和類似成型比較起來，模具費用相對低廉。
- 能在一次爆炸的過程，完成許多複雜的幾何形狀，省去許多加工步驟，例如焊接等。

- 有此技術的廠商非常稀少。
- 必須嚴格遵守安全作業規範。

產能

爆炸成型非常適用於製造單一藝術品如鋼雕或公共空間的裝置藝術。但是它也可以被運用在工業用零組件的大型量產上。前東德就曾經利用此生產方式製造數千件的萬向傳動軸，以供超大型卡車使用。

單位成本和機具設備投資

若和傳統的衝壓或旋壓相比，爆炸成型所需費用十分昂貴。但若要用來快速生產龐大且幾何形狀複雜，又須要精密尺寸的產品時，爆炸成型的優點就可以被突顯出來了。

加工速度

依照工件尺寸和形狀複雜程度會有很巨大的差別。某些小型零件可藉由一次爆炸就生產出 20 件，但有些超大型、且形狀複雜的工件可能需要經過 6 次爆破、花三天的時間才能完成。而一次爆破所需的前置時間相對於其他加工方式來說又非常的長（每次爆炸前的準備工作至少需要一個小時以上），故要使用此成型方式前要經過相當仔細的評估。

加工物件表面粗糙度

以爆炸加工完成的金屬表面可達到非常光滑細緻的程度。用來加工 2G 等級（化學拋光）的不鏽鋼材，其表面的保護層幾乎可以毫髮無傷，用肉眼看起來就像鏡面一樣光亮。

外型/形狀複雜程度

適用於以一體成形的無縫模穴製造形狀複雜的工件。

加工尺寸

某些擁有特殊技術的廠商可以加工厚達 13mm，長 10m 的超大型鎳板。更大型的板材則須配合焊接將它們拼接起來。

加工精度

加工精度極高，誤差非常小。

可加工材質

幾乎所有金屬板材皆可加工，不論較為柔軟的鋁，到堅硬的鋼、鈦、和鎳合金等，都可採用此法進行成型。

運用範例

如本節所示的建築外牆飾板，還有許多航太、汽車零組件等。

類似之加工方法

鋁件熱壓超成型 (p.70)、充氣金屬 (p.76)。

環保議題

前置時間超長，所需成型能量超高，因此和環保兩個字扯不上邊。事實上，許多大型加工件需要多次的爆炸才能完全成型完成，其所需能量更是以倍數增加。再說，製造炸藥所需的化學物質多半是對環境有害的高危險物質，這些都必須經過小心處理，不可隨意棄置。

相關資訊

www.3dmetalforming.com

鋁件熱壓超成型

包括模穴成型、吹泡成型、背壓成型、以及膜壓成型

Superforming Aluminium including cavity, bubble, back-pressure and diaphragm forming

　　將塑膠板材加熱軟化，讓其自然垂降到模具中，把密閉模穴抽真空以完全成型。以上方法是你我都熟知的塑膠板材加工技術（p.64，熱成型）。隨著新材料的開發，許多針對舊有材料的既存加工技術，可被運用在新材料的生產上，而鋁件熱壓超成型就是其中之一。它的加工步驟和原理，就是取自塑膠板材的熱成型，唯一的不同是此處的塑膠板材被換成了鋁合金。此成型方式有四種不同的變化，分別是模穴成型、吹泡成型、背壓成型、以及膜壓成型。針對不同的產品，可以採用不同的熱壓方式。它們之間的共通點是，都必須將鋁合金在一個高壓成型烤爐中，加熱到 450~500℃ 利用壓力將軟化的工件貼附在模具中，以完成各種複雜的立體形狀。

產品名稱	MN01 腳踏車
設計師	Marc Newson
車架打造工匠	Toby Louis-Jenson
材質	鋁
製造廠商	Superform Aluminum
生產國	英國
發明年分	1999

這輛腳踏車是如何將工業用實驗性加工方法，技術轉移到消費性產品生產上的最佳例證。車架上的字體，也讓我們看出此加工方法可完成的細節。

在模穴成型法中，氣壓力會直接將軟化的金屬板推壓至模具上，因此亦有人稱之為「逆真空熱成型」。依照廠商的說法，此方法最適用於大型、形狀複雜的零件，例如汽車鋼板。

吹泡成型的過程，可以利用小孩吹泡泡來聯想。當此鋁合金泡泡被吹大後，我們用一個模具從泡泡的內面頂出，緊接著將泡泡內部洩壓，同時增大泡泡外部氣壓。如此一來，可以讓泡泡因為外部壓力完全貼附在模具上，而使兩者形狀完全吻合，這就是吹泡成型的精神。此方法適用於有深度的凹槽型工件，或是其他具有類似複雜幾何形狀的產品。

模穴成型

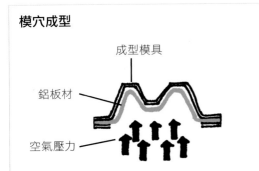

模穴成型是利用高壓空氣將加熱軟化的鋁板推壓至模具上，以完成成型。

吹泡成型

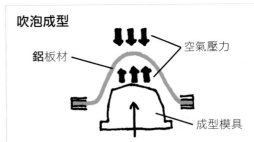

利用氣壓將加熱軟化，狀似薄膜的鋁板材吹鼓成為類似泡泡糖吹出的氣球一般，將模具由泡泡內部接觸其表面。降低泡內氣壓，同時增大泡外氣壓，迫使泡泡完全貼附在模具表面即可完成成型。

背壓成型

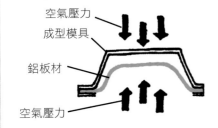

背壓成型事實上是一種利用板材兩面空氣壓力差來調整板材應變速度的方式，利用壓差的大小可以讓成型緩慢且均勻的完成。

膜壓成型

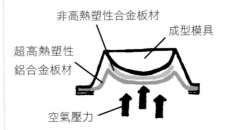

膜壓成型的秘訣，就是借力使力，運用鋁合金金屬受熱後會有高度可塑性的特色，型成一個薄膜，對非高熱塑性的金屬板材進行直接接觸的加壓成型動作，將之推壓至完全貼附在模具之上以完成成型。

- 可在單一工件上製作出多個複雜的形狀。
- 可運用在多種不同厚度的板材之上。
- 可製作許多精細的形狀而不會發生金屬板材回彈的狀況。

- 除了膜壓成型外，可加工材質都限制在熱塑性高的鋁合金材料。

背壓成型和加壓成型以及直接抽真空成型不同的地方在於，其在軟化鋁膜兩邊都有充氣並且調整壓力，控制住壓力差就等於控制了板材成型的速度，藉此可以均勻緩慢的讓鋁合金充分完成應變。膜壓成型的特色，是藉由一個較容易軟化的金屬板材做成薄膜，在充壓過程中均勻施壓給較堅硬且不易軟化的板材，以輔助我們完成堅硬金屬板材的超成型過程。

產能

目前廠商提供的數據顯示，1,000件左右的加工數量就算大量了。但是更大數量的量產還是有可能達成的。目前，汽車業也開始運用此成型方法來加工鈑件。

單位成本和機具設備投資

需要大量資金以完成製造設備和模具，另外材料本身也不便宜。

加工速度

須依照材質來推算，某些合金可在 3~4 分鐘之內完成成型，但一些較為堅硬、做為飛機結構體的工件，其成型時間可能會超過 1 小時。

加工物件表面粗糙度

優異的表面粗糙度。

外型/形狀複雜程度

依不同工法而有不同結果。一般來說，吹泡成型可製作出形狀最複雜的工件。若要製作立體結構，必須注意拔模角的問題。設計師最好避免內倒角的設計，以免成品無法拔膜。

加工尺寸

不同工法加工尺寸和厚度都不一樣。大件板材若以背壓成型，可加工到 4.5 平方公尺大的面積。但若是採模穴成型法，則可成型板面積會小很多，不過可加工板厚仍可達10mm。

加工精度

一般大件板材加工誤差約為 ±1mm。

可加工材質

此加工方式是為了超熱塑性材料而開發的，故主要還是用於加工鋁合金材料。但為了加工非熱塑性材料，而開發出的膜壓成型，可彌補此工法的缺點，用在較硬的金屬板材。

運用範例

鋁件熱壓超成型主要是被用來生產航太工業、汽車工業所需的零組件和結構體，但也有設計師如 Ron Arad 和 Marc Newson 將它運用在一般消費性產品如家具和腳踏車等。在大型公共建設，如倫敦地下鐵的 Southwark站，設計師 Norman Foster 就採用了超成型來製作隧道內壁拼板。

類似之加工方法

針對塑膠材料，可選用真空熱成型 (p.64)。加工玻璃，可選用熱軟化玻璃重力塌陷成型 (p.52)。若要加工金屬，可採用 Stephen Newby 發明的不鏽鋼充氣成型 (p.76)。

環保議題

此製造方法需要再高溫高壓的環境中進行，因此屬於高耗能的加工方式。另外，成型完成後的工件需要進行去邊的動作，而進一步消耗能量。所幸其廢料可被回收再利用，對原物料的消耗可被降低。此外，鋁合金材質的製品是所有廢棄物中最容易被回收再利用的材料。另外，板材切割加工前，可將欲加工的圖案在板材上做適當的布置，使利用面積最大化。此類產品在運送過程中可被推疊在一起，而能節省大量的運送空間，在單趟貨運的過程中運送更大量的商品，因此而減少了油料的消耗。

相關資訊

www.superform-aluminium.com

無外力內壓鋼材成型

Free Internal Pressure-Formed Steel

產品名稱	**Plopp Stool**
設計師	Oskar Zieta
材質	不鏽鋼
製造廠商	Oskar Zieta
生產國	瑞士
發明年分	2009 首次發表

圖中可愛的小板凳看似是由塑膠材質製成的充氣產品，但是事實上它們是由堅固的不鏽鋼板材製造。

這個可愛又吸睛的產品又是另一個將我們腦中傳統工業技術翻玩、顛覆的好例子。無外力內壓鋼材成型的製造方式，就像是我們在海灘或泳池邊，將充氣玩具、泳圈等灌滿空氣的過程。這個被發明者暱稱為「FIDU」(德文「無外力內壓鋼材成型」的頭文字縮寫)的製程，其成型的過程確實和泳圈充氣一模一樣，只不過這裡的塑膠外皮被瑞士設計師 Oskar Zieta 很有創意的換成了堅固強壯的不鏽鋼鐵皮。

它的製造方式是先將我們設計好外型，藉由雷射切割將兩片鐵皮裁切好，並且重疊在一起。再由 CNC 機械手臂將兩片板材的周圍焊接，以符合一定規格的水密和氣密壓力。經過充氣膨脹之後，整個立體結構就能被完全成型、舒展開來了。利用這個方法所製作出來的產品，其重量非常容易被設計師掌控和修改，其輕量化的結構和具競爭力的生產成本，可以說是極具競爭力的一種新技術。

Oskar 發明了包括此法在內的許多特殊鈑件成型技術，每一種都能激發我們的創意。它大大挑戰了我們對於具有堅固結構產品的既定印象，也讓「堅固等於笨重」，這樣的傳統觀念被徹底打破。

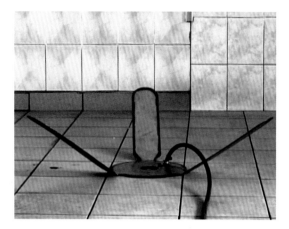

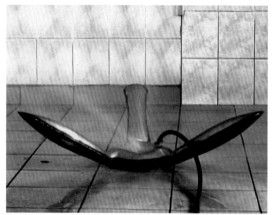

上：設計好的扁平中空材料連接高壓氣體氣嘴。

中：如同氣球一樣，氣體逐漸將材料充氣。

下：注入氣體後，小板凳的椅腳逐漸膨脹成型。

產能

目前只有一家廠商有專利能生產此種產品，因此產能受限於中、小批量生產。Oskar Zieta 也特別重視產品開發過程的打樣及驗證，在量產前一定要讓產品的板型和充氣變型的過程很穩定，在充氣後的產品結構和穩定性也必須經得起考驗。因此，此製程較適合單件工藝品的生產。但因為產品穩定性夠高，故也可進行大型的批量生產。

單位成本和機具設備投資

雷射切割機台本身價格不斐，但隨著科技的進步，近五年來市場已經開始有價格較為人接受的工具母機可供購買。由此可知，在將來這種生產方式必然會更加普及。此技術在量產前所需的打樣和實驗，所需時間和金錢成本非常可觀。但是此種成型方式最大的優點，就是不需模具，因此沒有巨額的開模費用。

加工速度

以製造本節範例中的充氣板凳為例，單件總加工時間約需 21 分鐘。

加工物件表面粗糙度

充氣變型後的產品表面可適用所有常見的表面處理技術，包括拋光、粉體塗裝、鋼琴烤漆、搪瓷、上膠等。

加工尺寸

目前 Oskar 所製作過最大的工藝品，要屬倫敦維多利亞與亞伯特博物館中，長達 30m 的製成品。

加工精度

依不同尺寸和幾何形狀而定。

可加工材質

鋼鐵和塑膠板材。

運用範例

目前運用在實用性商品的範例為，板凳、椅子、和長凳等家具。但目前也被利用於開發風力發電機組的葉扇，以及建築結構如橋樑、園遊會帳篷，其他還包括腳踏車車架等。

類似之加工方法

鋁件熱壓超成型（p.70）、衝擊擠製成型（p.144）、衝壓成型（p.59）等。

環保議題

成品本身為中空結構，因此所消耗原物料少。另外除了焊接過程外，整個製造過程並未消耗大量熱能，故總結起來，是非常環保的生產方式。

相關資訊

www.zieta.pl
www.nadente.com
www.blech.arch.ethz.ch

- 能運用高剛性薄板材，製造出相對輕量化的結構體。
- 產品能高度客製化。

- 開發及製造過程繁瑣 (包括雷射切割、焊接、充壓成型等)，需消耗大量工時。

充氣金屬
Inflating Metal

空氣在容器類製品成型方式中，一直都扮演著很重要的角色。以吹出成型來說，在數千年前就有歷史紀載，人類運用吹出空氣的方式來將玻璃成型。英國設計師 Stephen Newby 打破了傳統觀念，跳脫了塑膠和玻璃，大膽採用了不鏽鋼鋼板做為吹出成型的原材，讓原本堅硬的鋼鐵因為充氣，自然膨脹產生了柔和的摺縫和曲面，在視覺和觸覺的矛盾上，帶給了工業設計一個全新的視野。

這些產品的製造方式，在於將兩塊金屬板材疊合，並且將邊緣密封。最後，充氣讓金屬板因為氣壓而鼓脹變形，並讓每件作品形成獨一無二的不同摺縫線條。此加工方法的產品尺寸，僅受板材原料供應商所提供板材大小限制。另外，由於加工本身是利用充氣，因此不會損壞板材表面。這也讓我們可選用表面經過加工而有不同壓紋、烤漆、花樣等的不同板材做為原材。

產品名稱	充氣不鏽鋼枕頭
設計師	Stephen Newby
材質	不鏽鋼板材
製造廠商	Full Blown Metals
生產國	英國

圖中枕頭獨一無二的摺痕是因為兩片密合的不鏽鋼板材，在充氣過程中自然形成的。

產能

最適用於中小批量生產。

單位成本和機具設備投資

無模具費用，但研發過程中須經過多次打樣驗證。

加工速度

吹出成型（此節中金屬充氣也包括在其中）可在瞬間完成。此過程是採半自動化設備製造，而充氣變形時間依物件大小有所不同。舉例來說，一個約 10cm 見方大小的充氣金屬，大約可以每小時完成 30 件的速度進行生產。

加工物件表面粗糙度

工件表面不受充氣變形影響，因此，我們可將各種想要的花樣、顏色都在板材製造的過程中完成加工，其中包括鏡面加工板材、或蝕刻花紋等。

外型/形狀複雜程度

所有可藉由平面板材接合充氣後成型的產品，都是可製造範圍。其特色在於其所能製造的形狀，可以是類似自然界生物的任何不規則曲面、特殊的立體字體、看起來輕巧柔軟的枕頭或窗簾、當然，也可用於傳統幾何形狀如圓球體等等。

加工尺寸

最小板材單邊長度至少須大於 5cm，大到整張原板材的大小，通常加工尺寸是 3m 長、2m 寬的板材。

加工精度

以 1,000mm 見方的大型板材，其充氣後成品誤差約在每邊 5mm 左右。

可加工材質

各種軟硬金屬板材，硬材如不鏽鋼，軟如低碳鋼、鋁材、黃銅、和紅銅等。

運用範例

建築牆板和窗戶，大型公共藝術、各種室外裝置如噴泉、各種室內裝潢造形等。

類似之加工方法

手工玻璃吹出成型（p.114）、鋁件熱壓超成型（p.70）。

環保議題

充氣金屬成型出來的成品看起來通常都很巨大、堅固，但是其所使用材料只有表面薄薄的一層金屬板材。因此，相較於相同尺寸、其他方法製作的產品而言，非常節省原材料。但在某些板材裁剪拼接的過程中，需要消耗非常大的熱能來進行切割和焊接的製程，在加上充氣時，需以大量高壓氣體長時間灌注，因此在加工所需能源這個項目上，是非常耗能的。

相關資訊

http://fullblownmetals.com/

- 獨一無二的金屬成型方式。
- 超優結構強度/重量比。
- 可被用於高張力抗變形板材的成型。
- 所有表面處理可在原材料階段完成，而不會因為成型發生破壞。
- 其所能成型的特異形狀和尺寸，都不是一般量產成型模具和治具所能製作出來的，因此有其無可取代的特色。

- 目前世界只有一家廠商有能力製作。

合板彎摺成型

Bending Plywood

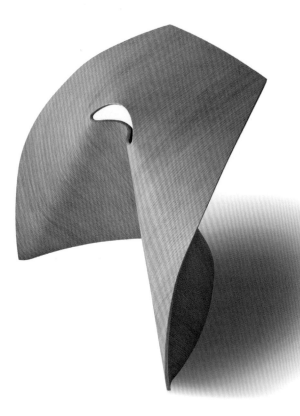

產品名稱	AP Stool 板凳
設計師	Shin Azumi
材質	合板
製造廠商	Lapalma srl
生產國	義大利
發明年分	2010

這件形狀優美、線條曲折的木材板凳，是由一片合板成型出來的。它巧妙的將坐墊和支撐結構包含在一個連續曲面之內，形成視覺上無縫隙的享受。其底座的曲面寬且彎摺的具有剛性，讓整個結構體可以完全支撐成人的體重。

要將一棵樹加工成合板彎摺成型家具，需要至少 35 個工序。將薄片狀的木材單板以讓相鄰木紋兩兩垂直的方式堆疊壓合，稱作直交層積單板，這是種將木材抗撓摺結構強化的改質技術。早在遠古時代的埃及，這種方法就被利用於製作著名的木乃伊石棺。隨著科技的演進，人們又將合板彎摺的成型技術，結合了許多新科技，並將之改良的更具威力。這些改變包括每片層板切割的尺寸更加精準、熱壓成型的過程更均勻、以及膠合的黏著力越強大等。

一般工業的發展，多半會以原料出產地為中心，產生群聚效應。以木材合板產業為例，大部分都集中在北歐、北美、東南亞及日本等地。將整棵木材切成薄片的方式有兩種，一種是直接切片，另一種則是像削蘋果皮一樣的刨切。經過切刨的單板要被送進風箱烘乾，並且在完成乾燥的過程之後，被依照品質的不同分類儲存。

單板的上膠機台通常是以一個類似輸送帶的裝置來移動工件，並且讓其在前進的過程中能被滾輪均勻的塗上一層膠水，藉由膠水塗佈的多寡來控制此複合板材的孔隙率。將多片上完膠的板材重疊在一起，並使相鄰兩片板材木紋兩兩垂直。以奇數層的方式構成，使最上及最下兩面的木紋看起來是同向的。堆疊好的合板會被放置在成型母模上，

並以公模下壓夾持住合板。通常合板的成型模都會讓板材邊緣露出模具之外，以便膠水乾燥定型完的後續修邊處理。依照成型工件的外型，在壓合的過程中需施加數噸重的下壓力，才能將合板定型並且緊密的壓合。垂直下壓力藉由水平壓力的輔助，可將公母模具緊緊壓合在一起，在加以高溫高壓的物理條件，幫助膠水黏合相鄰板材。此過程需耗費約 25 分鐘，並需依照不同的工件形狀而稍做調整。在量產的環境中，會用 CNC 機台為成型好的工件做最後的修邊動作。

產能
單件生產所需的夾治具，可在小型工作間以手工打造。大型量產模具可以應付數十萬件的產能。

單位成本和機具設備投資
單件或小量生產所需的夾治具、模具製作需耗費一定的時間和人力成本，因此成本很高。但若成品的設計簡單，相對的成型模具也可能因容易製作而使成本較為合理。若是真以大型量產為前提，所開發的模具成本可被平均分攤到各個成品。

加工速度
成型所需工時非常長，尤其是等待黏膠乾燥的時間更是無法被縮短的。工件完成成型後，尚需要修邊等後處理工序，甚至噴漆等等，都會造成整體工時的增加。

加工物件表面粗糙度
依木材種類而有所不同。

外型/形狀複雜程度
受限於木材彎摺角度，僅能以單方向彎曲和和緩的曲線製作。由於木材能夠回彈，因此只要能夠成功拔模，成型時可以允許簡單的內倒角結構存在。

加工尺寸
大至家具如書櫃等，都可以被成型製作。基本上，只要木材夠大、模具壓力足夠應付成型需要，合板彎摺成型均可滿足設計需求。

加工精度
木頭回彈量較難控制，故公差大。

可加工材質
合板運用最多的主要材質為樺木 (Birch)，許多家具都是以樺木製作。其它包括橡木、楓木等也是很受歡迎的合板板材。樹枝粗壯的樹種，例如松木，因為形狀和品質難以控制，故並不適合用於製作合板。

運用範例
家具、裝潢、或建築隔間牆板等。此外，兩次世界大戰中的飛機機翼和機身也多是用合板彎摺成型法所製作出來的。

類似之加工方法
充氣木材 (p.182)、和壓製合板 (p.84) 等。

環保議題
若是有完整的植栽計畫，木材可以被稱為再生能源的一種。但是在製作合板的過程中，需要在高溫高壓的條件之下完成，故屬於一種高耗能的工法。但是其優點是，所有合板成品在產品生命週期最後，都可被回收再利用。

相關資訊
www.woodweb.com
www.woodforgood.com
www.artek.fi
www.vitra.com
www.lapalma.it

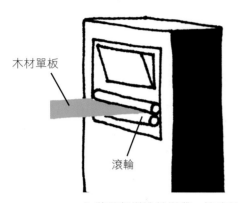

木材單板

滾輪

1 將單板送進輸送帶,讓滾輪均勻的塗佈上一層膠水。

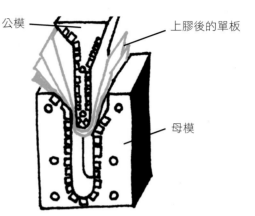

公模

上膠後的單板

母模

2 上膠後的單板被以多層堆疊在一起,並放進母模中。模具的設計會讓板材有多餘的部分延伸出來,以便後續的手工修邊和噴漆。

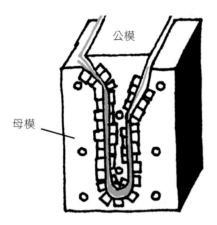

公模

母模

3 藉由垂直壓力和水平壓力互相作用之下,公母模合模而讓多層單板被壓合成為單一合板。

切割刀頭

4 當黏膠乾燥、凝固之後,再針對工件邊緣進行切裁等後處理。

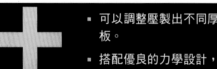

- 可以調整壓製出不同厚度的合板。
- 搭配優良的力學設計,可以製作出輕量化的堅固結構。

- 工序繁多。
- 彎摺曲線和角度必須為同方向。

深度壓製合板成型

Deep Three-Dimensional Forming in Plywood

本書介紹了許多新穎、大膽的合板成型方式，目的是要讓設計師們了解如何利用新的製造技術，讓傳統材料超越極限以製作出更複雜的外形和線條。深度壓製合板成型就是其中一種整合了便於大量生產的成型方式、和材料改質使其更容易被塑形的新方法。將合板材料的塑性提高，並不是件容易的事。但是本節中所舉範例，就成功的將木材纖維舒緩，讓合板能夠更輕易的被彎曲而不會折斷。

這種將合板塑性提高的新技術，是由德國廠商 Reholz 所開發。它能使合板能被以更具深度的線條進行彎摺，而呈現出更誇張的曲線和凹槽。由於此技術的開法，有些以往只能用塑膠材料來製作的形狀，現在已經可以被木質合板取代了。

要將木質合板塑性提高的關鍵，就是在疊合前的單板上密集的切割出許多和木紋平形的刀痕。其切痕的深度，幾乎就像要把單板切斷一般。這樣的做法，讓單板保持一定的抗撓摺性，卻又可降低其在和木紋垂直方向彎摺變形時所可能發生的折斷現象。最後再將切割好的單板，依照傳統合板膠合和成型的過程 (p.78) 來製作出我們要的成品，即可兼顧成型所需的塑性、和成型之後的剛性。

產品名稱	Gubi 座椅
設計師	Komplot
材質	胡桃木單板集成合板
製造廠商	丹麥設計師 Gubi 運用德國 Reholz 的深度壓製合板成型技術
生產國	德國 (木質合板成型)、丹麥 (座椅成品組裝)
發明年分	2003

這個看似簡單的椅子，其實蘊含著非常困難而且先進的板材成型技術。要在單一木板上製作出多個朝不同方向彎折的曲面 (尤其是像椅背呈 90°彎曲的部分)，通常是不可能的。但是經過特殊處理的單板，在壓製成合板後，竟然還能有這麼高的可塑性，這也意味著將來我們能用此技術，製作出更複雜的形狀和曲面，例如壓製合板承盤 (p.84)。

產能
適用於大型量產。

單位成本和機具設備投資
這項技術本身是需要龐大資本投資才能完成的。為了能使合板的可塑性達到接近塑膠材料的水準,所要付出的木材處理設備和刀具、模具等,在在都需要不小的資金。但若是整個產品的需求量是長遠且穩定的,則整個投資可以隨著時間而慢慢的被攤提,讓平均成本降低。

加工速度
Reholz® 的合板製作過程,主要有幾個步驟,單板切縫、膠合並堆疊、壓製成合板、依設計曲面壓製成型、乃至最後的切邊後處理等。這其中和傳統合板壓製的不同之處,在於深度壓製法對於單板的處理,也就是能讓整個合板擁有高可塑性的最大關鍵。因此,此方法會較傳統方法為慢。

加工物件表面粗糙度
和其他擁有細密平行木紋的合板一樣,其表面都可以被上色、塗漆、甚至鍍膜等。

外型/形狀複雜程度
這個加工方法本身就是為了將合板可塑性提高而開發,以便進行深度壓製的成型,製作出一般不可能完成的大角度彎曲木質成品。此處最需注意的地方,就是要為工件預留拔模角,也就是避免有內倒角的幾何形狀出現在模具上。

加工尺寸
依照個別廠商能加工板材大小和模具製作大小而定。

加工精度
由於每片木材的紋路密度不一,其壓製成型後的產品回彈量也不一定,因此會具有很高的製造誤差。但是這種誤差可藉由可調式治具來針對個別工件進行修正。

可加工材質
此方法可適用的木質板材種類很多,但其共通點是單板的木紋必須是長直連續不間斷的,如果木紋中間有節點、或是繞圈等花紋,則在切刀痕的時候會把木材本身抗撓摺的紋路切斷而影響結構強度。根據 Reholz® 的建議,由義大利 Alpi 集團所生產的高品質單板,是最適用於深度壓製成型的木材。

運用範例
椅子、吧台、彎折的家具框架、甚至是更大型的工業用壓合結構。深度壓製成型合板還可用於大型醫療器材的外部飾板例如 MRI(電腦斷層掃描)機台的飾板,也可做為取代 MDF(中密度膠合板)、燈罩、以及汽車內裝飾板等。

類似之加工方法
製造商宣稱此方法可比擬金屬的抽拉成型。但是事實上,比較接近的木質材料加工方法是傳統的合板彎折成型(p.78),雖然傳統方法的木材可塑性和此法有顯著差距。另外,由 Malcolm Jordan 所開發的木材充氣成型(p.182)也可以製作出有大角度不同方向的彎折曲面,但是除了合板之外,它還需要搭配發泡材料。合板壓製成型(p.84),這種被廣泛運用在製作餐盤和汽車儀表板的加工方式也可以達到類似的立體結構,但是其所能成型的深度較淺。

環保議題
在有計畫的植栽復育工作之下,木材可說是再生能源的一種,因此對於環境的負擔較輕微,對原材料的消耗也較少。但是,在合板成型的過程中,會消耗大量的熱能,在單板預先處理和成品切邊處理也需消耗需多人力或工時。

相關資訊
www.reholz.de

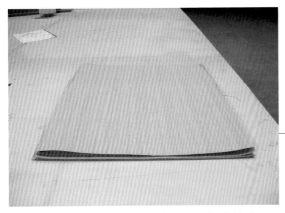

1 將預先切割好並上過膠的單板，兩兩以木紋成直
　角的方式，依序堆疊而達成所需厚度的合板。

2 將堆疊好、尚未壓合的合板放置在公模和母模
　中間。

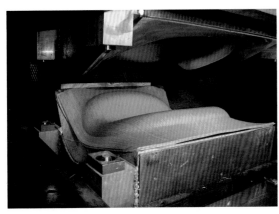

3 經過壓合、定型之後的 Gubi 椅。

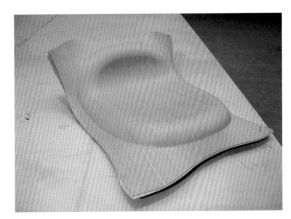

4 座椅邊緣的板材，需要進一步的切除，以完成
　最後的加工步驟。

- 讓合板成型能製作出的造形有更多的可能。
- 讓木製產品在價格和加工速度上能與金屬和塑膠製品競爭，且能做為它們的替代方案。
- 可提升合板製品的結構強度。

- 可成型幾何形狀和塑膠件或金屬件相比，仍然有許多限制，其中曲率半徑太小、或直交角結構都不能以合板彎折製作。
- 木材的模壓成型，其尺寸精度絕對不能和塑膠件及金屬件相比。
- 只有 Reholz® 一家公司有能力製作高可塑性合板。

合板壓製成型

Pressed Plywood

　此種木質板材加工方式，最值得讀者注意的，就是其成型的過程相較於傳統合板成形，其更接近於塑膠板材熱壓成型。當然，和塑膠的延展性比起來，木質板材還是侷限於淺碟型容器的壓製，但是就加工過程來說，確實和塑膠板材真空熱成型 (p.64) 非常相似。

　製作一個形狀最普遍的餐盤，也就是那種你會在咖啡廳、速食店、和自助餐拿到的那種餐盤，第一步是必須將木材單板裁切成正方形。在大多數的情況中，一層單板會是由兩片單板藉由膠水拼接而成，您可以想像是將兩片布車縫起來變成一片面積大兩倍的布，只是這邊的布被換成木片、縫線被換成膠水。第二步就是將上過膠的板材以相鄰板材木紋互成直角的方式，往上堆疊到所需厚度。第三步，是將兩片塗佈過三聚氰胺 (也就是俗稱的美耐皿) 的板材，將之前膠著好的合板夾在中間，此處美耐皿板材就像三明治外面的兩片土司一般。將夾合好的合板放置在公、母模中間，在加壓成型的同時，將溫度升至 135℃ 並靜置 4 分鐘。

　特別注意，在木板烘烤的過程，必須給予適當的濕潤，以避免木板因乾燥而破裂。當成型完成後，餐盤還必須以治具重壓一段時間以避免木板發生翹曲。最後，再用刀具將邊緣多餘的部分切除，甚至依需要噴塗一層亮光漆，即完成餐盤的製作過程。

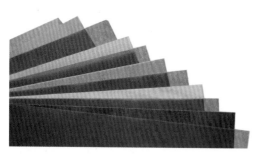

產品名稱	**Delica 托盤**
設計師	ZooCreative - Jaume Ramrez、Gorka Ibargoyen、Josema Carrillo
材質	合板
製造廠商	Nevilles
生產國	西班牙

Delica 托盤以壓縮木材構成符合人體工學的托盤。側面開口設計讓使用者更容易清理托盤上的食物。

整個過程結合了高溫、高壓、以及膠合，將許多層木材薄片壓製成為一個截面積雖薄，但具有高強度的板型結構。英國的 Neville & Sons 是製作合板餐盤的老字號廠商，藉由它們的壓製技術，可製作出深度僅約 15mm 的高強度餐盤。

產能
由於一天平均能製作出 600 木質餐盤，故 Neville & Sons 公司的最小接單量為 50 件餐盤。

單位成本和機具設備投資
由於資本設備並不算高單價，因此不論大量或小量生產，都非常適用此加工法。壓製成型的公、母模，是以鋁合金為主體，搭配不鏽鋼外皮製作，因此可兼顧成本及使用壽命，讓量產成本降到最低。

加工速度
一個餐盤的總加工時間約需 5 分鐘。

加工物件表面粗糙度
表面顏色、花紋、和粗細是由最外層的美耐皿決定的。幾本上各種花色、圖案、或防滑表面，都可適用於壓合製程。

外型/形狀複雜程度
一般外型多屬於平板，上面可以有些線條簡單的壓花或構圖，最厚可達 25mm。

加工尺寸
Neville & Sons 可加工板材尺寸能大至 600mm×400mm。

加工精度
難以估計。

可加工材質
各種材質的單板都適用，但以餐盤來説，主要材料為樺木、櫸木、或桃花心木。

運用範例
淺碟型的結構都可以壓製出來。也因為壓製深度的限制，其產品多以餐盤或車用飾板。若想製作更高級的產品，可選用胡桃木為板材。

類似之加工方法
若想製作更具深度的產品，可採用深度壓製成型 (p.81)。若想製作類似形狀，但可接受不同製程的替代方案，則可選用由 Curvy Composites 開發的木材充氣成型 (p.182)。

環保議題
直交木紋的板材堆疊法，可讓合板在最薄的厚度下，擁有最高強度。在合板壓製的過程中，會消耗大量的熱能，以溶解膠水、並接合一層層的單板。因此，雖然木材本身屬於再生原料，但是成型過程屬於高耗能加工法。

相關資訊
www.nevilleuk.com

+
- 非常耐用，可耐高溫並適用於洗碗機清洗。
- 非常能抵抗化學侵蝕。
- 表面可印製各種花紋、圖案。

- 難以用於製作具有深度的花紋或圖案。

連續板材

連續板材加工製造技術

本章所有的加工方法都聚焦在類似製作香腸所用的連續加工法，換句話説，就是以連續不斷的板材或其他成型材料，周而復始的不停製作出具有同樣截面形狀的產品。我們也會了解連續帶狀木材和塑料、編織金屬網格、彎折鋼鐵等的製作方式。

此類加工方法表彰了如何巧妙運用各種不同的模具，以製作出理論上可達無限長的加工成品，當然，它唯一的限制就是其成品的截面形狀必須是固定的。本章中所有的加工法幾乎都是最有價格競爭力、且成本低廉的，更重要的，它們多半都能在最短的時間內，製作出最大量的成品。

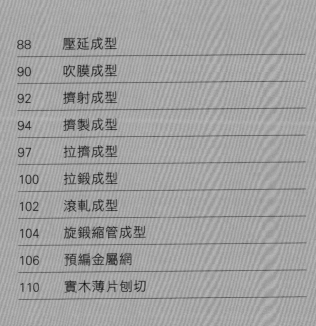

壓延成型

Calendering

傳統上，壓延成型是做為一種表面後處理的主要加工方法。它利用加熱和重壓的方式，可以在紙材上壓花，亦可製作出平整、光滑的工件表面。在十九世紀的時候，此法被改良成為橡膠板材的大量生產方式。搭配數個壓延滾輪，就可以將之擴展成超大型的生產線，進行非常快速的板材表面加工量產（或者是板材成品表面壓花）。

請想像一個巨大機械中，在它的心臟部分裝置了許多鋼製滾輪，就好像老式的乾衣機、或衣物整平機，它可以連續的將一整條的原材壓平或成型成為更薄或者有壓花的新成品。雖然壓延成型最普遍的運用場合仍然為紙張表面後處理如壓花等，或是被用來熱壓塑膠板材，它還有個重要的功能，就是被用來做為 PVC 薄膜的超大型生產線的核心製程。在塑膠工業中，此方法和擠製成型（p.94）在製作軟、硬橡膠板材上是分庭抗禮的兩大製程。

當壓延被用在塑膠工業上，其生產線的設定通常都必須配備四個以上的熱壓滾輪，並且各自以不同的速度旋轉。當然，在板材或薄膜成型前，我們必須將塑料顆粒倒入攪拌機台中加熱至熔融狀態並且攪拌均勻，讓塑膠變成像凝膠的狀態。接著我們會把這凝膠狀的原料送進輸送帶中，讓原料通過熱壓滾輪。仔細調整滾輪壓製的溫度和重力，我們便可以準確的控制成型後的板材或薄膜厚度。接下來，我們可以配製一個壓花滾輪，以便於在板材上增加多元的變化。

完成表面成型後的板材或薄膜必須通過一個冷卻用壓輪，用以將塑膠冷凝回復到安定的固態，最後在捲成一超大捆的成品捲材以利運送及後續使用。

壓延成型的精神可以藉由此張照片傳達給讀者。圖中一條長如緞帶的半透明塑膠薄膜，藉由來回通過表面拋光過的熱壓滾輪之後，便可連續加工出具有亮面的塑膠薄膜。

產能

考量到產線設定成本和試運轉所需時間，壓延成型必須被運用在有超高需求量產品的大型量產上。基本上，開機生產的最小量產捲材長度，依照厚度的不同，需在 2,000 到 5,000 公尺以上，才能符合經濟效益。

單位成本和機具設備投資

通常壓延成型都需要搭配後續的成型加工才會變成消費市場上的終端產品，但若量產的規模夠大，足以滿足其產線設定驚人的開銷及成本，則以整捆為單位販售的捲材其價格是非常有競爭力的。

加工速度

當產品試運轉到各方面成型品質都很穩定的情況之後，其量產速度會是驚人的快。通常一次開線，要將成型品質調整到很穩定的狀態，約需試運轉數個小時之久。

加工物件表面粗糙度

由於熱壓滾輪表面可做鏡面拋光，因此其成型出來的捲材表面也可以同樣的光亮、平整。當然，各種壓花也可藉熱壓滾輪在原本的素面板材上成型。

外型/形狀複雜程度

成品外型被限制在扁平狀板材或薄膜。

加工尺寸

以 PVC 為例，其厚度通常都在約 0.06 到 1.2mm 之間。而寬度可長約 150cm。

加工精度

無法估計。

可加工材質

壓延可運用在多種材料之上，包括織布、複合材料、以及最主要的塑膠 (通常是 PVC) 和紙類上，以將之壓花、整平、或壓薄。

運用範例

紙製品，通常是報紙印刷原材，以及大型塑膠板材或薄膜。它也可被用做紙材和織布的表面壓花後處理製程。

類似之加工方法

以塑膠加工為例，擠製成型 (p.94) 和吹膜成型 (p.90) 算是最接近的一種板材連續加工方法。

環保議題

壓延成型的製造過程是屬於超大型的全自動化連續生產線，在過程中會消耗熱能、下壓所需動能及滾輪的轉動動能等等，因此屬於高耗能製程。但是其優點就是，當產線穩定之後，能夠用飛快的速度，進行大量生產。因此，其所耗能源的效益可被最大化，而讓產品的單位生產耗能降到最低。壓延成型的另一個大優點，就是生產過程中幾乎不會有廢料產生。

相關資訊

www.vinyl.org
www.ecvm.org
www.ipaper.com
www.coruba.co.uk

- 可以無縫生產連續的捲材。
- 當今世界上生產大量連續捲材的最佳方法。

- 產品的需求量必須要夠大且連續不斷，才能滿足其經濟規模。

吹膜成型

Blown Film

要用一個簡單的概念來形容整個吹膜成型的過程,最適當的方式,就是將它和吹泡泡糖的過程聯想在一起。只是,這個泡泡糖是由一座巨大的機械所吹出來的。這類塑化吹膜產品所需的設備非常巨大,其高度可達到數層樓,藉由巨型吹管將塑膠膜以吹泡泡的方式向上吹出,在以鷹架結構搭建的高塔中,通過數到成型關卡,到達塔頂。

吹膜成型的主要過程如下:

(1) 將塑膠原料顆粒在水平的加熱機構中熔融。

(2) 並且由高壓氣體推送到垂直的圓錐狀成型模具中向上吹出。

(3) 其吹出的泡泡會形成一道垂直向上延伸的薄膜圓柱體。

(4) 此薄膜圓柱體向上移動並經過一個控制寬度的成型模具,此時我們可調整氣流量的大小以改變薄膜的寬度和膜厚。

(5) 讓薄膜圓柱在上升的過程中漸漸冷卻、收縮變窄。經過數英呎的高度之後,它會完全凝固而穩定下來,此時薄膜的厚度和寬度就可被完全固定了。

(6) 在塔頂有個將薄膜圓柱壓平的治具,經過壓平的薄膜,在通過數個滾輪以穩定的張力控制之下,被慢慢捲回地面。

(7) 回到地面的薄膜,被捲成一捆超大型的薄膜捲筒,以利運送及後續裁切使用。
我們常見的塑膠袋、購物袋、和垃圾袋,就是以此方式生產的。

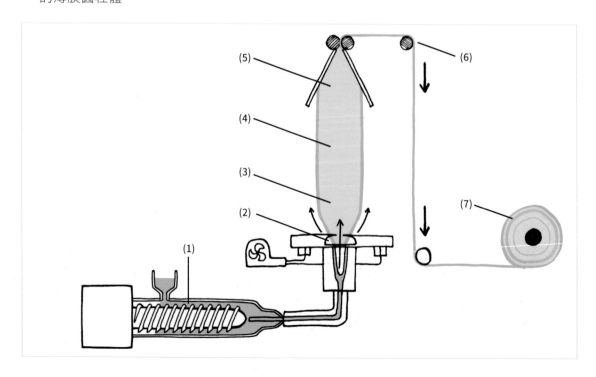

產能

這是一個超大型的量產方式，其產能為每小時可加工 250kg 的塑膠原料。

單位成本和機具設備投資

所需設備和產線設定成本超高，但量產後的穩定性及高能源利用率可讓大量生產的產品將前置成本攤提到可被忽略的地步，故以長遠及大量生產的角度來看，是非常有競爭力的生產方式。

加工速度

每分鐘約可吹出 130m 長的薄膜。

加工物件表面粗糙度

是由許多變數共同決定的，包括原料、產線機具設定等。

外型/形狀複雜程度

僅可產出平面薄膜或管狀薄膜。

加工尺寸

其可吹出薄膜直徑可從 550mm 到 5m，而一捆捲材約可包含數百公尺長的膜材。其膜材厚度可從 10 或 20微米 (10^{-6}m) 到 250微米。

加工精度

吹膜成型的膜厚可被控制的非常精準，但是設計師必須注意，製造廠商對於有無控制膜厚，通常會提供兩種不同製程及報價。

可加工材質

最常見的吹膜原料是高密度或低密度的 PE（聚乙烯），但是其他如 PP（聚丙烯）或是尼龍等都是常用的原料。

運用範例

所有您常見的塑膠膜材，包括垃圾袋、購物袋、塑膠薄板、保鮮膜、各種膠膜，以及其他許多類似產品都是用吹膜成型所生產的。

類似之加工方法

擠製成型（p.94）和壓延成型（p.88）都是被可用來製作塑膠薄板的生產方式。

環保議題

連續生產所需的高壓和高熱，累積起來確實是很可觀的能源消耗，但是其產出速度飛快，因此單位產品所耗的能源，相對於其他加工方法，反而是較少的。此外，在生產的過程中，此法幾乎不會產生廢料，因此，對環境的傷害可被壓低。

相關資訊

www.plasticbag.com
www.plexpack.org
www.reifenhauser.com

- 可高速產出連續且尺寸穩定的薄膜。

- 吹膜並不是對所有膜材都是最理想的方式，舉例來說，需要高透光率和低光學成像變形的薄膜，就必須用壓膜方式生產。

擠射成型

Exjection®

射出成型（p.194）和擠製成型（p.94）是大型量產成型技術中的兩個重要技術，許多塑膠和金屬產品都是靠它們製造出來的。然而，這兩種成型方式都有各自的先天限制，使得產品的外型必須遵守一定的設計規範。

舉例來說，擠製成型最大的特色就是可以製作出不限長度的棒狀或帶狀物體，但是其截面形狀是固定不變的，也就是說，若我們想在整條產品上有粗細或者截面幾何形狀的變化，是辦不到的。

相反的，在射出成型機台上可以輕易完成各種精緻多變的結構或曲面，而不受截面需固定的限制，例如側向突出的肋條，或是瓶蓋等。但是射出成型若要用來製作像擠製成型一般的長條棒狀成品，則容易因為射出距離過長，機台必須以超大射出壓力才能確保整條物體上不會發生縮水或熔融原料無法填滿整個模穴的情況。

為了同時滿足擠製和射出兩大成型方式的優點，一種整合兩者優點的擠射成型就這麼被開發出來了。顧名思義，其最大優點，就是生產出截面可變化的長條棒狀物。

擠射成型的射出原理大致上和傳統射出成型類似，都是用高壓將熔融狀的塑膠原料注入模具之中。最關鍵的不同在於，其模穴是可橫向移動的。當射出塑料的機構由水平長條狀的模穴一端開始注入時，模穴會在同一時間平移，讓整條模穴都能被注滿熔融塑料。和擠製不同的，是由模穴上方開口處注入的塑料是和射出成型一樣，採高壓灌入，這樣可以確保整條工件上沒有縮水或射不飽的情形發生。

當整條模穴都被注滿塑料之後，模具還必須經過保壓、冷卻降溫、凝固等過程，最後才是將成品從模具上取下。之後呢，模具會水平移動，倒回擠射的初始位置，開始下一個物件的成型。影響成型快慢的最大因素，就是截面形狀複雜的程度。若是截面體積越大，形狀越複雜，則要將整個面射飽的時間就越長，相對的整個模穴移動以完成擠射的時間也就會越長。

產品名稱	擠射成型產出樣品
材質	工程塑膠 POM（又名「塑鋼」）
製造廠商	Exjection®
生產國	德國
發明年分	擠射成型最早是在 2007 年公開發表

圖中的擠射成型樣品可以清楚看出，在整個條狀物件的側面上，有一格格的小窗口，窗邊的兩條肋支撐並且拉住上下兩端的長條結構。這可以顯示出擠射成型相對於傳統擠製成型的優點，也就是在長條狀物體的截面上可以有不同的變化。

產能

足以和射出成型比擬，適合大型量產。

單位成本和機具設備投資

和射出成型相當，模具成本可被大量成品攤提，使單位生產成本降低。但由於擠射需要移動模穴的關係，故模具費用會較傳統射出成型模具要高。

加工速度

射出原料的選擇和物件射出肉厚等因素都是影響成型速度和模穴移動快慢，及決定產出速率的關鍵。

加工物件表面粗糙度

其光滑細緻的程度可以做到和傳統射出成型機台一樣的水準。

外型/形狀複雜程度

擠射成型可採多模穴同時射出的方式，在同一個射出程序中，同時完成多個部件。此外，雙料射出或雙色射出也是目前已經可實際運用在擠射成型的方法。

加工尺寸

從很微小到超大尺寸零件，變化極大。

加工精度

± 0.1mm。

可加工材質

大多數的消費性塑料或堅硬的工程塑料都已經成功在擠射機台上完成測試且可成功量產了。另外，用雙料射出搭配金屬或木質材料也是未來可行的量產方式。

運用範例

此成型法適用於長條型，肉厚薄的產品。例如 LED 耶誕燈帶、燈罩、以及整合雙料射出的線材束帶和蓋子等。

類似之加工方法

無。擠射成型是有專利的製造方法，故沒有類似成型方式可以取代它。

環保議題

由於擠射成型可將傳統的多工站、多工序加工整合在一個機台、一到加工程序上，因此可降低工件拆卸、搬運的潛在加工誤差和多餘的生產成本，並且可降低產出所需時間，因此，其整體耗能是較其他塑膠成型方式為低的。

相關資訊

www.exjection.com

- 讓射出可以製作出品質穩定的長條型的棒狀結構。
- 可省去傳統多工站加工方式所多耗費的製造成本。

- 只有少數廠商有能力製作。

擠製成型

Extrusion

擠出這個動作在我們日常生活中是履見不鮮的,包括我們每天刷牙前擠牙膏的動作,到製作長條型義大利麵體等,都是擠出成型精神的一種體現。在工業上,鋁門窗的窗框也是擠製成型的範例。在餐飲業,麥當勞也是以擠製成型的方式,將它們的水煮蛋切片,並且加在沙拉裡面。簡單來説,擠出成型就是將軟化的原料由一個狹窄的洞口擠出來,並且,這個洞口的形狀就是我們的成型模具,可以讓被擠製出來的成品有著和模具洞口一模一樣的截面。

本節範例中的長椅就是以擠出成型的方式生產的,以其切斷長度可製成兩人坐的板凳或長型的長椅。設計師 Thomas Heatherwick 在此展示了他們所設計的超大型長椅,同時,也是擠製成型的大型加工應用實例。在這裡我們可以看到擠製成型如何用一到工序,同時製作出椅子的椅腳和椅背,而且不用多餘的零件和加工步驟。設計師為了完成他腦中的概念,費盡全力找到世界上最大型的擠製成型機台,終於完成了他嘔心瀝血之作。為了讓此處鋁件的表面像鏡子一樣光滑,後續的拋光和後處理也是不可或缺的。

此件作品讓人可以了解到擠製成型成品連綿不斷的特色,也讓我們看到被擠出的成品因擠出內應力而在空間中扭轉的樣子。

擠製成型模具特寫。

工件被擠出成型模具的特寫。

產品	**擠製成型成品**
設計師	Thomas Heatherwick
材質	鋁材
製造廠商	Haunch of Vension
生產國	英國
發表年分	2009

這件作品除了本身長度驚人之外，還有一個最美妙的地方，在於它表現出了擠製成型那種可以使成品綿延不絕、一望無際的特色和效果。

產能

每家廠商所能接的最小生產長度不盡相同，但若是以批量或大量生產，擠製成型是相當具有競爭力的製造方式。當然，它並不適用於單件生產或打樣，除非您的單一件作品長達 150 英呎（約 46m）。

單位成本和機具設備投資

現有的擠製成型技術，其所需要的模具費用和設備成本，要較射出成型低很多。

加工速度

每小時可產出大約 20m 長的物件。

加工物件表面粗糙度

優異。

外型/形狀複雜程度

幾乎所有形狀都可在成形模具上製作，並且將成品順利擠製。唯一的限制就是，擠出物體的截面積從頭到尾都是單一且不會改變的。

加工尺寸

一般機台基本上擠出截面直徑的大小多限制在 250mm 以內。而能擠出的最長長度依每家廠商技術和設備不同，會有不小的變化。

加工精度

由於擠製過程中模具有可能會發生磨耗，因此很難控制工件尺寸的誤差範圍。

可加工材質

擠製成型可使用的原料十分廣泛，包含以木材加塑膠的複合材料、鋁材（如本節範例）、鎂、銅、以及許許多多不同種類的塑膠和陶土原料等。

運用範例

從重工業用的結構體、建築用的鋼骨，到家具、燈具、和其他相關產品，甚至於食品類的義大利麵條，或是英國常見的，截面上寫有文字圖案的星條糖等，都是擠製成型所生產出的產品。

類似之加工方法

拉擠成型 (p.97)、壓延成型 (p.88)、多層共擠成型（將許多層材料同時擠製成一個成品）、多層壓合成型（將雙層或多層材料壓合或膠著在一起）、滾軋成型 (p.102)、以及衝擊擠製成型 (p.144) 等。

環保議題

雖然擠製成型的環境條件有冷擠或熱擠，但總括來說，高壓力和部分高熱能製程必須耗費相當程度的能源。如果成型的溫度和壓力控制不當，被擠製的工件內部有可能會因為溫度或壓力過高而產生破裂，因此如何仔細監控成型工件和成型條件，就是如何提高良率、降低原物料浪費的最關鍵因素。一維直線長條形的成品，意味著產品還需要後處理或切削加工，才能製作成各種外形更多變的產品。

相關資訊

www.heatherwick.com
www.aec.org

- 製作截面形狀固定，長條、帶狀物件的最佳方式。
- 適用於多種不同物質和材料。
- 生產線用途廣泛。

- 成型完成的工件多半必須被切割以截斷，甚至後續組裝、鑽孔等後加工。

拉擠成型

Pultrusion

相較於它的近親、前一節所介紹的擠製成型，拉擠是一種較為稀有的塑膠成型方法。這兩種方法最相似的地方在於，它們所成型出來的產品都屬於長直條狀結構，且其截面的形狀是不能變化的。但是其所能加工的原料材質，是區分兩者的關鍵因素，擠製一般適用於鋁質、木質、及熱塑性塑膠等的複合材料成型，但是拉擠必須被運用在具有長直纖維的複合材料。

從此成型方法的名稱中，我們不難理解，拉擠和擠製不同的地方，在於拉擠是藉由拉力將成型物體拉出模具外，而擠製是用推力將未成型原料擠出成型模。正因原理的不同，讓拉擠能夠製作出讓長直纖維規則排列的高強度結構，並且在如玻璃或碳纖維等材料被拉出模具之前，以半熱熔的樹脂包覆在四周，達成防潮、抗腐蝕等功效。相對於擠製成型在擠出過程中可能造成的纖維結構雜亂無章，拉擠顯然在處理具碳纖或玻纖材質上，更具優勢。為了節省加工步驟，提高產品良率，我們甚至可以把樹脂也最成條狀捲材，和纖維同時被拉進成型模具中，這樣，只需在模具中加熱將樹脂熔化並使之包覆在纖維之外，就可具備保護纖維結構的效果，同時省去樹脂浸泡的工序。

近年來，工業界一直在尋找強度高、重量輕的超強結構材料，以取代傳統的金屬材料，而拉擠成型就是在此動機下誕生的新方法。經過各種實驗室嚴苛的測試之後，業界已經承認拉擠成型所製作出來的複合結構的確能在某些場合，取代傳統金屬結構，並且具有更輕巧、抗腐蝕的優點。相信所有工業設計師們在接觸到此種神奇的複合材料，並且聽到它敲擊時所發出和金屬一樣的噹噹聲時，都會像我一樣感到驚訝的！

產品名稱	拉擠成型樣品
材質	玻璃纖維和樹脂結合而成的複合材料
製造廠商	Exel Composites
生產國	英國

這張圖片可以表現出兩個拉擠成型的重要特色：第一，拉擠成型可以製作出和金屬製品相似的形狀結構。第二，它可將上色的工序融合在成型過程之中。

產能

需依照產品形狀複雜程度和大小來決定。一般來説,其最小生產批量需大於 500m。

單位成本和機具設備投資

其模具成本相對於射出成型 (p.194)、和壓縮成型 (p.172),非常具有競爭力,但會高過手積層成型 (p.150)。

加工速度

需依物件大小來決定,但根據經驗法則,一個截面積在 50×50mm 之內的物件,一分鐘可成型出 0.5m、大型結構體約可達到每分鐘 0.1m、細小的條狀結構約可達每分鐘 1m。

加工物件表面粗糙度

其表面粗糙度可藉由樹脂的選用和熱處理而控制的很細緻。

外型/形狀複雜程度

在不違背截面形狀必須固定的前提之下,幾乎任何形狀都可被製作出來。

加工尺寸

目前可加工最大截面寬可達 1.2m,最細小可至 2.3mm。長度則由製造廠商產線大小來決定。

加工精度

依照不同截面形狀會有很大的差異,但一般説來,肉厚在 4.9mm 左右的工件,其加工精度可被控制在 ±0.35mm 之內。

可加工材質

幾乎所有可熱熔的塑膠材料都可用來搭配玻璃、或碳纖維來做為拉擠的複合材料。

運用範例

可用拉擠成型的產品有很多,包括暫時性或永久性的工廠結構體,室內或室外的耐候公共設施、長凳,博覽會搭棚結構體等等。較小型的產品有絕緣梯、滑雪杖、網球拍、釣魚竿、甚至腳踏車車架等。更讓人意想不到的,由於拉擠成品的纖維結構類似於硬質木材,因此是非常適合製作木琴的材料,其音色極為相似,一般人很難分辨的出來。

類似之加工方法

擠製成型 (p.94)、拉鍛成型 (p.100)。

環保議題

由於纖維可以補強塑料鋼性上的不足,因此拉擠製品可用很薄的肉厚製做出高強度的結構件。然而,在加工的過程中需要全自動生產線,以及不間斷的高熱以軟化塑料,加以考慮到此成型方法的產出速率較擠製慢很多,因此屬於高耗能成型方法。由於此種複合材料將纖維和塑料混合在一起,故非常難用一般的方法進行回收再利用。

相關資訊

www.exelcomposites.com

www.acmanet.org/pic

www.pultruders.com

1 將一綑綑纖維束同時牽引至高溫模具內，經過熱熔塑膠的包覆浸漬之後，通過成型模製作出最後需要的截面形狀。

2 成型後的管材不斷從模具中伸展出來，讓我們可依照需要的長度進行裁切。

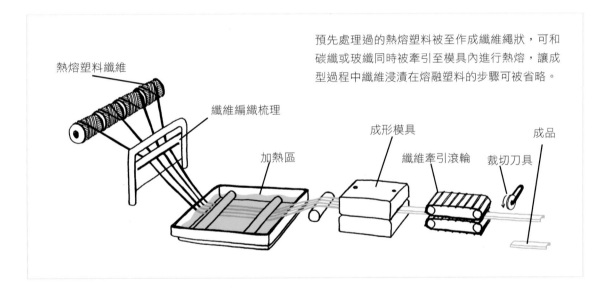

預先處理過的熱熔塑料被至作成纖維繩狀，可和碳纖或玻纖同時被牽引至模具內進行熱熔，讓成型過程中纖維浸漬在熔融塑料的步驟可被省略。

熱熔塑料纖維

纖維編織梳理

成形模具

成品

加熱區

纖維牽引滾輪

裁切刀具

- 相對於同強度的鋼鐵製品，可減輕 75~80% 的重量，相對於鋁製品、也可減輕達 30% 的重量。
- 和金屬製品比起來，尺寸更為穩定，不會因熱漲冷縮而有劇烈變化。
- 由於上色的步驟可整合在塑料中，因此不會有掉漆的不良品產生。
- 表面可進行各種壓花或紋路處理。
- 絕緣、抗腐蝕。

- 截面形狀必須固定。

拉鍛成型

Pulshaping™

拉鍛是最新發展出的複合材料成型方法之一。發明此種加工方式的是一家位於美國的 Pultrusion Dynamics 公司,它直接挑戰了以往擠製或拉出成型的弱點,即加工成品截面形狀不可改變的限制。拉鍛最大的特色,就是容許設計師能根據需求改變強化纖維複合材質物件末端的幾何形狀。

舉例來說,一個截面為圓形棍狀的物件,藉由拉鍛成型,我們可以利用鍛造模具,在物件的末端製作出方型、甚至在另一端製作出橢圓的截面。利用此一特性,我們可以在管件兩端製作出不同變化的工件,例如鍛壓出螺紋、或是擴張或緊縮接合件。

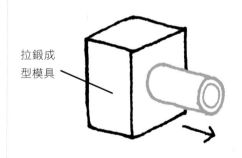

1 標準的圓形截面管狀物件拉鍛模具。

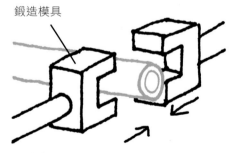

2 此處一個兩件式的鍛造模具可加壓而將原本的圓形截面壓鍛成方形。

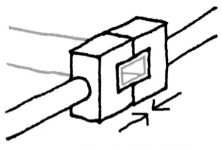

3 藉由壓力產生的形變,可讓圓管變成我們設想的形狀。

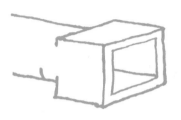

4 拉鍛完成後的工件,已經由圓管蛻變成有方形末端的新工件。

產能

由於此製程尚在開發階段,因此就如傳統的拉擠成型(p.97)一樣,需要大型的量產來攤提其產線設定以及模具成本。

單位成本和機具設備投資

前期投資金額龐大,故不適合小型量產。要想達到一定的經濟規模,其產量至少必須超過 2,000m。

加工速度

前段的拉擠製程產出速度約每分鐘 0.5m 到 1m,後段的鍛造製程約需 1 到 3 分鐘以將圓形管件壓製成方形。

加工物件表面粗糙度

如同拉擠製程,其加工後物件的表面粗糙度可被控制在很精準的範圍之內,至於詳細的數字則依不同的強化纖維和基材的搭配而有所不同。也正由於拉鍛整合了拉製和鍛造兩種不同製程,其工件的兩端可製作出凹槽或凸點等結構

外型/形狀複雜程度

由於鍛造可製作多變的截面形狀,讓拉鍛製程的成品外形可以有很多元的變化。

加工尺寸

通常適用於 1.8m 長或以上的管件。

加工精度

非常高。

可加工材質

熱塑性樹脂搭配玻璃、碳、或芳綸等纖維強化複合材料。

運用範例

大型工具的把手,可讓傳統的多次加工整合在一次拉鍛加工內,在長直的桿狀結構之兩端製作出特殊的形狀。

類似之加工方法

目前並無可完全替代拉鍛成型的加工方式,傳統的擠製(p.94)和拉擠(p.97)都無法製作出截面具變化的工件。

環保議題

正如拉擠成型一般,由於採用複合材料的關係,其成品可在最薄壁厚、最輕量化的情況下,達到最高強度。但是也正因為此強化纖維材料的關係,使得這類產品被回收再利用的可能性極低。

相關資訊

www.pultrusiondynamics.com

- 和拉擠成型擁有同樣的優勢(p.97)。
- 其更大的優勢是可在末端製作出特殊的結構和具變化的截面形狀。

- 雖說拉鍛可製作出變化多端的截面形狀,但也只能製作出固定長度及固定的形狀,若想製作連續變化的曲面或帶狀結構,則此方法並不能達成。

滾軋成型

Roll Forming

滾軋成型特別適用於製作連續性的彎折面，從單一製程可完成的簡單曲面，到需要不同配置的滾輪以多次滾軋成型的複雜形狀，舉凡直角彎折到圓弧角彎折、從波浪摺紋到箱型結構都可以此完成。

簡單來說，滾軋成型的進料需以一連續捲筒板材，其材質可以是金屬、塑膠、甚至玻璃，使板材穿過或壓合在兩個或更多的成型滾輪上。

筆直進入滾輪的板材，因為受擠壓而彎摺成我們所需要的形狀。此彎摺變型的過程可能必須經過多次的滾軋成型才能逐漸達到我們所需要的形狀和彎曲角度，有些較為複雜的製程上，甚至需要多達 25 個不同的成型滾輪才能完成具多樣性的工件。

滾軋的過程可以是冷加工，亦可是熱加工。當加工的板材為玻璃時，我們必須採用熱加工，以便將玻璃加溫到半熱熔狀態來完成形變。

產品名稱	Apple iMac 的鋁合金腳架
設計師	Apple Design Studio
材質	鋁合金
發明年分	2012

iMac 的鋁合金腳架是最具代表性的滾軋成型模範，在這麼一個不顯眼的地方，Apple 展現出了它們對於製造品質和加工精度的要求和成就。這其中最困難的地方在於，要把如此具厚度的鋁合金板材以大角度彎折出優美的弧度而沒有一點裂痕。

產能

適用於大規模量產。

單位成本和機具設備投資

產線設定和模具成本非常高,這也就表示此方法只適用於大型量產。當然,若要用於產品開發的原形打樣,其可行性端視工件形狀複雜度而決定。

加工速度

滾軋的加工速度,以中型製造商的生產能力來說,一般在每分鐘 300m 到 600m,詳細的數字還必須依照工件形狀複雜度和和加工材質及板材厚度而定。規模越大的製造廠商,其生產速率當然會更快,但其最小規模量產數目和最小產出長度的門檻就會更高。

加工物件表面

由於衝壓和壓花製程可以被整合進滾軋過程中,可使此方法產出的成品表面更多元化。

外型/形狀複雜程度

可在長板材上加工出很一致的形狀和圖案,因此可以說相當的縝密。

加工尺寸

大型量產零組件的標準厚度約可達 100mm,其長度可達非常驚人的程度,例如 Richard Serra 的鋼構紀念碑,就表現出了滾軋成型超乎想像的製造極限。理論上,唯一能限制其成品長度的條件,是工廠本身的空間大小。

加工精度

其公差範圍在 ±0.5mm 到 ±1mm 之間,詳細的數字取決於板材的厚度。

可加工材質

滾軋成型最主要被用來加工金屬板材,雖然其也適用於加工玻璃和塑膠,但其產品的大小相對來說就迷你的多了。

運用範例

金屬產品包括汽車零組件、建築物結構件、窗框和畫框、落地窗滑動門、和窗簾吊桿等。其玻璃產品則可用於 U 型建築外觀玻璃。

類似之加工方法

以金屬製品來說,比較接近的加工方法有鈑件加工 (p.50) 和擠製加工 (p.94),此兩種方式均適用於製造超長並具有特殊形狀的工件。

環保議題

滾軋本身可以是很單純的冷加工成型過程,也就是說在形變的過程中可以完全不消耗多餘的熱能,甚至也不會產生大量的廢料。其成型速率高,讓成品的單位產出時間很短,也可讓產出所耗能量最小化。但在彎折的過程中,很可能會造成彎曲點發生微裂痕或薄化等問題,進而影響到整個工件的結構安全性,因此在量產前必須要做足實驗,確保整個製程的穩定性。

相關資訊

www.graphicmetal.com
www.crsauk.com
www.pma.org
www.britishmetalforming.com
www.steelsections.co.uk
www.corusgroup.com

- 成品的長度具有高度彈性。

- 整個工件的厚度必須保持一致,不能有任何變化。

旋鍛縮管成型

又名徑向成型
包含定軸式平頭鍛壓機構加工

Rotary Swaging aka Radial Forming with stationary spindle and flat swaging

若要以簡單的幾句話來表達此種加工方式的精神，我們必須先了解「旋鍛」這種加工方式的目的。

基本上，旋鍛是用來改變工件直徑的加工方式。此處工件可以是金屬管件、棒狀、或是線材等。加工開始時，必須將工件插入旋鍛機構的旋轉軸心，藉由徑向方式的金屬成型模具不斷捶打，將工件成型到我們想要的形狀 (必須是軸對稱和圓形的) 和粗細。

當加工機構轉動時，成型模具會像鐵槌一樣不斷上下槌打工件，其速率可高達每分鐘 1,000 次，而將管件均勻的依我們的需求變薄。

其它旋鍛形式還包含了定軸式平頭鍛壓，其特色在於可加工非圓形的管件。平頭鍛壓機構就是為了能讓板材厚度均勻的變薄而開發的。

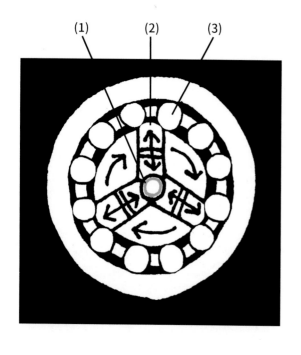

(1) 將原本管徑較粗的管材插入旋鍛機構的軸心。

(2) 藉由圖中三個成型鍛錘不斷的上下槌打管材，可以使其直徑變薄。

(3) 讓錘頭上下槌打的關鍵機構就在於圖中的 12 個轉子，當轉子轉過錘頭上方時，會將錘頭下壓，而形成一股向下錘打的軸向力，而當轉子移開錘頭時，錘頭又會自然的從管件上彈開並等待下一個轉子經過。如此周而復始，即為旋鍛成型的基本作動原理。

產能

適合中或大型量產。

單位成本和機具設備投資

雖然其作動方式乍看之下非常複雜，但事實上旋鍛的模具費用和產線設定成本是非常低廉的。也因此，旋鍛亦可被運用在小型量產品上。

加工速度

一般圓形管材的加工速率約可達每小時500件。

加工物件表面粗糙度

旋鍛加工的成品表面可達到非常光滑、閃亮的程度。由於錘頭表面幾乎都是以鏡面加工的緣故，其在錘打的過程中，也等於同時在將管件進行拋光的動作。經過旋鍛後的管件表面絕對比原材標準品細緻非常多。

外型/形狀複雜程度

由於旋鍛機構的作動限制，此法只能適用於圓形軸對稱管件。也就是說，所有圓形的原材包括管材、棒材、或是線材等都可以用此法進行加工。若要進行非圓形管材的加工，例如平面或方形管，則必須仰賴定軸平頭鍛壓機構。

加工尺寸

依照各個工具機台而有所不同，基本上可加工管材直徑從 0.5mm 到 350mm 不等。

加工精度

內徑和外徑都可被控制的非常精準，其程度端賴模具的設定。

可加工材質

具延展性的金屬是最適合的鍛造材料。有色鐵材或含碳量過高的金屬並不適用於此加工方式。

運用範例

高爾夫球棒、排氣管、螺絲起子、家具桌腳、以及槍管等。

類似之加工方法

切削加工 (p.18)，撞擊擠製成型 (p.144)，和深拉伸板料成型（用以將金屬板材打造成各種中空的形狀，例如圓柱體、半球體、和杯狀等）。

環保議題

旋鍛可說是最普及的一種金屬管件冷加工方式，也就是說，在其成型過程中，並不需要提供熱能來軟化工件，也因此其耗能可被大幅降低。此外，在過程中並不會有廢料的產生，並且經過鍛造後的工件其強度能大幅提高，因此產品的耐用度和生命週期可因而大幅延長，這些都對環保十分有幫助。

相關資訊

www.torrington-machinery.com
www.felss.de
www.elmill.co.uk

- 許多不同的圓形對稱管材皆可以此法進行加工。
- 為非切削式加工，因此用料非常精簡。
- 內徑和外徑尺寸都可被精準的控制。
- 鍛造後金屬強度大幅提升，可增加產品耐用度。

- 旋鍛只適用於圓形軸對稱管件，若要加工三角形或四方形管材，則需改用定軸平頭鍛壓機構。
- 在管件兩端進行縮管會比在管件中央要容易和快速的多。

預編金屬網

Pre-Crimp Weaving

預編金屬網是一個讓設計師能了解如何跳脫傳統思考的最佳例子,將原本不可能的材質用在全新的地方,因而能產生美妙的結果。正如同傳統軟性纖維的編織方法,硬質的金屬線材也可被編織、美化成具有纖維質感的成品並被運用在我們的日常生活之中。其工業產品包括工業用圍籬、及建築物的外牆保護板等。雖然預編金屬網並非主要的金屬加工產品,但其可被運用在大型裝飾或金屬護欄上。

產品名稱	建築物用金屬網
材質	不鏽鋼及黃銅
製造廠商	Potter & Soar
生產國	英國
發明年分	2005

此建築物用金屬網可被用在許多種不同的地方,包括調整物件密度、表面質感或紋路、甚至調整透光度等。藉此金屬網,建築物可達到不同的採光和視覺效果,更進一步,此堅硬的網子還可以運用在天花板或外牆保護上,甚至是具裝飾效果的欄杆或家具上。

這是一個兩步驟的加工製程,第一步是要將許多條金屬線依所需規格彎折成波浪狀。此步驟的成形原理非常簡單,就是將長直金屬線穿過一組上下兩個齒輪,並藉由齒輪夾擊的壓力將線材彎折成波浪狀。

第二個步驟就是要將一整束的波浪狀金屬線集中並投入金屬編織機中,在此金屬線會被穿插編織到與之垂直的另一束預摺過的波浪金屬線中,隨即完成整個編織過程。

1 一整把的金屬線被送進波浪彎折機台中。

2 藉由上下兩個齒輪的齒形,將金屬線彎折成波浪狀。

3 開始在巨型的金屬編織機台上進行編織。

4 隨著一條條的波浪狀金屬線被編織進機台,我們的預編金屬網也漸漸的成形了。

產能

最小網布大小為 1 平方公尺，其價格或許會高的驚人，可編織張數則不受限制。

單位成本和機具設備投資

彎折所用機構非常單純，金屬織布機相較於其他成型機台或模具也相對便宜，因此算是很經濟的加工方式。

加工速度

依照編織方法的不同而會有很大的變化。

加工物件表面粗糙度

非常好，其表面亦可藉由電子拋光(藉由電子束去除金屬表面多餘金屬原子的拋光方式)提升細緻程度。

外型/形狀複雜程度

針對成品的金屬網布，搭配不同的平板材料後加工製程，可變化出各式各樣的產品。

加工尺寸

最大寬度為 2m，其長度則受限於製造廠商工廠空間大小。

加工精度

無法提供。

可加工材質

多半使用 316 L 不鏽鋼線材、鍍鋅鋼材、或其他可編織的合金材料。

運用範例

圍欄、建物外觀立面、樓梯踏階、遮陽棚、可透光或是上面有灑水系統的天花板。

類似之加工方法

金屬網板 (是採整片金屬板材並在上面密集的打洞而製作成的，通常被用在高速公路上的圍欄)，繩結編織圍欄 (藉由金屬線彼此纏繞而製作成的金屬網布，通常用於禁區的安全圍籬)。

環保議題

雖然編織機台為全自動化生產，但藉由預先將金屬線材做波浪狀彎折的過程可確保編織機台的作動更有效率，故其所耗能量相對來說是非常低的。更進一步，在整個製作過程中完全不需要消耗多餘的熱能，因此可以大幅的降低耗能。在彎折的過程中，整個金屬線材的強度也隨之被提高，因此對於使用壽命來說也有正面的幫助，因此也是非常環保的製程。

相關資訊

www.wiremesh.co.uk

- 產能產量可隨時調整，具高度彈性。
- 成品本身具高度剛性，可被加工並且維持住形狀。

- 只能製作固定長度的網布，此點和滾軋正好相反。

實木薄片刨切 包含旋刨和切片

Veneer Cutting including rotary cutting and slicing

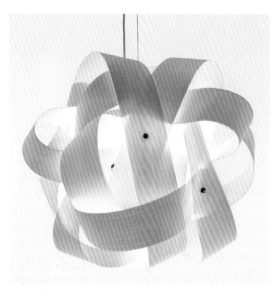

產品名稱	Leonardo 燈罩
設計師	Antoni Arola
材質	加工木材
製造廠商	Santa & Cole
生產國	西班牙
生產年分	2003

這個簡潔、環繞的燈罩運用實木薄片以特殊的方式和弧度纏繞，讓光線透過木片發出溫暖的光亮、而營造出令人驚豔的效果。

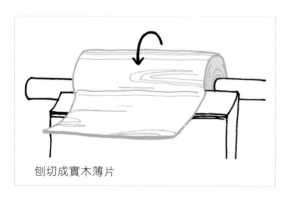

刨切成實木薄片

要說木材是世界上最豐富的天然資源或許太過武斷。但不可否認的，植物確實提供了我們食物、讓我們建造房子，但對我來說，此範例中運用實木薄片的高質感營造出非凡的視覺效果，是更令人興奮的。將樹木刨切成連續不斷的薄片，可說是將木材的使用率提升到極限的一種方式。藉由此方法，使用者更能完全了解此一木材的健康情況和壽命。

製作實木木片的主要方式有兩種，第一種是將木材延著其木頭高度方向切成薄片，另外一種則是像削蘋果一般，將木材從最外皮向內刨削到木材的圓心。目前削蘋果的方式，又被稱為旋轉刨削，是最為普遍的一種方式。剛被砍伐下來的原木，會被依照等級，區分成實木片材料、紙漿材料、或是壓合成合板。依照原木的生長地，它們還必須被檢驗其金屬成分，有些時候還能找到從前打仗時候射進木頭裡的彈頭。

當原木進入切削廠後，會被依需求切成不同的長度，通常各地會有不同的規格去製作實木片或是合板。要切割原木前，需將之浸泡在熱水中經過 24 小時的軟化，之後樹皮會比較容易被剝離，且木材的纖維也會比較舒張開來。

當樹皮被剝離之後，木材需經過緩慢的風乾過程。風乾後的木材，會被緩慢且小心的刨切成實木薄片，之後再被像斷頭台的機構切出所需要的寬度。

產能

無法估計，因為此產品已經是民生必需品，故其生產和需求是不曾間斷的。

單位成本和機具設備投資

無法估計，理由同上，其設備成本早已被產品攤提光了。

加工速度

當進入薄片刨切過程，以一個直徑 3mm 的樺木來説，可在兩分鐘之內被刨切完畢。

加工物件表面粗糙度

相較於其他切削的木材，實木薄片的表面算是相對光滑的。若要達到更光滑的標準，可在薄片上搭配沙紙拋光等打磨製程。

外型/形狀複雜程度

薄板材

加工尺寸

刨刀可切削出的木片厚度從 1mm 到 2mm 不等。薄木片的最大尺寸取決於原木尺寸，一般來説一個直徑 300mm 的原木可切出長 15m 的實木薄片。

加工精度

無法估計。

可加工材質

所有的樹木。

運用範例

所有需要用到合板或薄板的家具、裝潢等。

類似之加工方法

目前沒有別的實木刨切方法。但是若要製作合板，則可參考合板彎折成型 (p.78)

環保議題

旋刨的切削方式能將整塊原木從最外圈完整的利用到最內圈，其唯一的浪費在於要將原木切割成一定單位長度以放置在刨切機上會有少部分原木被浪費掉。然而，只要我們能有規劃的植栽樹木，那麼此種原物料是可以被永續使用的環保材料。

相關資訊

www.ttf.co.uk

www.hpva.org

www.nordictimber.org

www.veneerselector.com

- 能將原物料利用率擴大到極限。
- 雖然這是一種標準化的工業生產技術，但其中還是存在著些許的彈性的，例如木片的厚薄、切削出來薄板的寬度和長度。

- 只能製作平板或帶狀成品。

4

薄殼及中空產品

中空薄殼產品製造方法

此章節為本書最長的一個章節，這是為了要替所有讀者蒐羅目前世界上所有製作中空及薄殼類產品的製造方法。

首先我們要探討傳統的吹模成型，一個以被人類使用數千年的手工玻璃產品製作方法。

並且去了解吹模成型的精神對於現代人日常生活及現代工業的巨大影響，包括人類每天所飲用，用來裝填飲料的無數塑膠寶特瓶，即是將同樣手法進行加工，只不過是利用塑膠取代玻璃以製作更便宜且適合大量生產的容器。

其他內容包括鑄模和模造等，包括廣受歡迎並且被用來製作復活節巧克力彩蛋的旋轉模具，到特殊的離心力鑄模成型等。

其中離心鑄模法可利用模具旋轉所產生的離心力，將加工料件如金屬或玻璃等緊壓住模具內壁，此成型方式可製作的成品小到珠寶、大到工業用管路都可勝任。

玻璃手工吹出成型
Glass Blowing by Hand

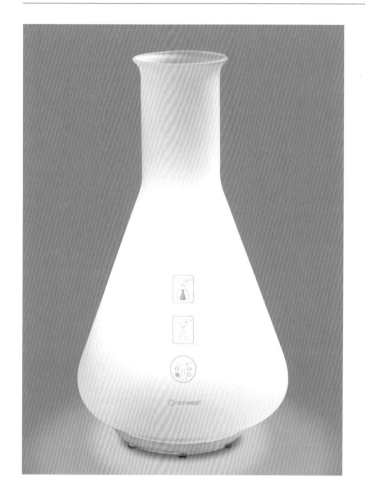

這項技術已經被人類運用至少有兩千年之久了，不論是餐具還是藝術品，它都是人類日常生活中不可或缺的工業技術。其原理就像吹泡泡一樣，藉由將氣體通過一個長直金屬管吹入一坨半熱熔玻璃球，使其膨脹到我們需要的形狀。在其膨脹之前，我們必須利用砂心來扮演類似模仁的角色，將之浸入熱熔玻璃內，等膨脹後再將半成品在一平面上旋轉

1 師傅正在用手工將金屬管另一端，一坨半熔融玻璃球吹成我們需要的形狀。

2 師傅會用多種不同的手工具來調整成品的外型，圖中即是用很厚重的濕布來加速玻璃凝結。

產品名稱	Air Switch 燒杯型燈泡
設計師	Mathmos Design Studio
材質	酸蝕玻璃
發明年分	2004

雖說此燈泡是以手工吹製而成，其筆直的線條和對稱的形狀是利用吹模成型來完成的。通常，吹模成型的成品外形是掌握在師父和他們的手工具上的 (請參見右邊照片)。

以調整其外型至我們需要的尺寸。等到玻璃冷卻之後，再將砂心取出，即可完成此一中空容器。藉由吹模成型的技術，人類將玻璃製品的可能性向外大幅擴張，其開拓的不僅僅是產品的外型，更重要的是對於此種物質所能開發出不同功用的製品。

即使到了今日，手工吹模仍然是玻璃製品中最重要的一項技術，不管是燈泡還是紅酒瓶，都是文明生活中很重要的元素。而手工吹模也是少數通用於單一工藝品和大型量產品的一種製造方式，其生產線設定可以很精簡，也可以很複雜昂貴。

產能
單一工藝品或批量生產。

單位成本和機具設備投資
最大的成本來自於手工師傅的人力成本。倘若產品的需求量達到一定規模，那麼可以考慮製作專用吹模以提高生產速率。其模具材質依不同的需求量，可運用木材、石膏、或是石墨來製作。

加工速度
需依工件外型複雜程度和大小來決定，另外，是否有使用吹模也是影響生產速度的重要關鍵。

加工物件表面粗糙度
優異。

外型/形狀複雜程度
一個厲害的手工師傅可製作出任何您想要的形狀。

加工尺寸
取決於師傅的肺活量，以及師傅能移動多重的半熱熔玻璃原料。

加工精度
手工產品的精度難以用一般工業標準估算。

可加工材質
所有玻璃原料。

運用範例
所以玻璃製品，包括餐具及藝術品。

類似之加工方法
燈工拉絲（p.116）、機械吹模玻璃可採二次吹模法（p.118）、或先壓後吹模造法（p.122）。

環保議題
玻璃吹模成型的過程中需要持續的高溫使玻璃保持在半熱熔狀態，但由於過程中幾乎不會有廢料的產生，因此對原料的節省很有幫助。所有不良品的玻璃都可以完全被熱熔後再次利用，也因此幾乎沒有多餘的原料損耗。

相關資訊
www.nazeing-glass.com
www.kostaboda.se
www.glassblowers.org/
www.handmade-glass.com

- 具高度彈性、可生產出各式各樣的形狀。
- 可適用於單一工藝品、批量生產、或是中型量產。

- 由於人力成本的關係，產品價格較難降低。

玻璃管燈工拉絲成型

Lampworking Glass Tubes

要以手工加工玻璃，人們可以創造出千百種不同的手法，其中包括不需要昂貴模具的冷加工（例如切削加工）或熱加工。本節所介紹的燈工拉絲，即為熱加工的一種，它利用固定熱源，將玻璃管局部加熱軟化成半熱熔狀態，以便讓手藝高超的工匠們，進行各種彎折、推拉等造型變化。此法可被視為在純手工玻璃成型和自動化模具成型之間的第三種玻璃成型法。它也是最適合於小批量生產的玻璃成型法。

此法首先必需將管狀玻璃原材安放於車床軸心，藉由緩慢的轉動讓熱源均勻的將某段玻璃軟化，之後我們即可以木質成型工具慢慢的推壓來讓管子依照我們想像的方式完成成型。根據不同的需求，此方法可製作開管或者密封的閉管成品。

產品名稱	薄壁花瓶
設計師	Olgoj Chorchoj
材質	高硼矽硬質玻璃
生產國	捷克
發明年分	2001

這個線條優雅的玻璃花瓶，正好表現了燈工玻璃成型可製作成品的複雜度。其內部不透明的部分，和外部透明的部分是分別製作出來，再藉由車床後加工結合而成的。

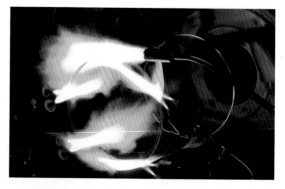

一截透明玻璃管正在車床旋轉軸心上被火焰局部加熱並且等待後續的木模輔助成型。

產能

半手工玻璃管成型的最佳選擇，適用於單件或小量生產。若成品需求量大於 1,000 件，則可以考慮使用半自動生產設備搭配專用成型模具。

單位成本和機具設備投資

以此類可客製化生產的成品來說，其單位成本是相對低廉、且可依需求量身打造的。由於不需開模費用，因此前期資本投資可說幾乎等於零。

加工速度

依照工件形狀複雜度而會有大幅的變化。

加工物件表面粗糙度

優異。

外型/形狀複雜程度

受限於車床機構軸心旋轉的原理，其成品必須是軸對稱的。當然，我們可以藉由後續的手工加工，來讓產品的複雜度和可能性，隨著設計師的想像力無限延伸。實驗室內的精密燒杯和容積量具幾乎都是以此法製作的，因此讀者們可以想見其形狀的多變。其成品幾乎都是薄壁狀的中空容器。

加工尺寸

受限在車床床台大小和工匠能自由加工的大小範圍內。

加工精度

由於產品多半是手工加工並由工匠調整尺寸，故沒辦法準確估算其加工工差。

可加工材質

主要被用來加工高硼矽硬質玻璃。

運用範例

舉凡實驗式容器量杯、到高級餐館中，油、醋一體的玻璃瓶（內部是醋、外部是油的複合式容器）、溫度計、還有燈具等。

類似之加工方法

玻璃手工吹出成型 (p.114)

環保議題

雖然玻璃的原料在地球上是非常豐沛的再生能源，但由於其加工過程需要耗費大量且連續的熱能，因此它並不能被稱為一種很環保的加工方式。但在燈工的過程中，用手工取代機械，因此不需要消耗電能，這個部分可稍微平衡掉其所消耗的熱能。

相關資訊

www.asgs-glass.org
www.bssg.co.uk

- 加工方式具高度彈性。
- 每件成品都可在外型上做不同的變化。
- 加工成本低廉，適合單件打樣或精密實驗器材的手工製作。
- 可製作出非常複雜的形狀。
- 可批量生產玻璃容器製品，而完全不需任何開模費用。

- 若要進行大規模量產，則反而不是那麼經濟。

玻璃二次吹模成型
Glass Blow and Blow Moulding

本書介紹了許多種針對不同材料而開發的吹模、或是抽真空成型,雖然此技術能被廣泛運用在塑膠材料(例如:射出吹模成型,p.127)、或是某些金屬材料(例如:金屬充氣成型,p.76;和鋁合金超成型,p.70),但是其中最主要的吹模成型,還是被運用在玻璃產品的大型量產上。

目前工業界最普遍使用的玻璃吹模成型,包括二次吹模成型、和先壓後吹模造成型(p.122)。此處所討論的二次吹模成型主要被運用在有狹窄瓶口的玻璃瓶、如紅酒瓶等的大型量產上。此處「吹玻璃」一詞,當然會讓人聯想到老師傅手工製作的珍貴工藝品(p.114),但是此處所討論的,是能夠以一天數十萬件的超高速量產品。

產品名稱	Kikkoman 龜甲萬醬油瓶
設計師	久庵 憲司
材質	清玻璃
製造廠商	Kikkoman 公司
生產國	日本
發明年分	1961

這個經典的龜甲萬醬油瓶就是極具代表性的二次吹模成型的玻璃瓶,我們可以用肉眼看到瓶身兩半的分界線。紅色瓶蓋是用射出成型做出的。

要完成二次吹模成型，首先得用沙子、碳酸鈉、和碳酸鈣混合在比客廳還大的熔爐中以高溫 1,550℃ 製作出熔融玻璃，在其末端擠出一條狀似香腸的玻璃膏，因為重力自然垂落到成型機具上。在第一階段，玻璃膏會被吹出瓶口的形狀而形成一個半成品，接著將之倒轉 180°，並將之夾持到第二階段的成型模具之上。(接續 p.121)

產能
從每日數千件到數十萬件不等。最小量產經濟規模約為 50,000 件，其生產速率最重要的關鍵是成品的重量，通常一個工廠一天可製作出 170,000 個瓶子。

單位成本和機具設備投資
此為超大型量產方式，所需的開模費用也較其他玻璃成型方法龐大。產線開始生產後，多需 24 小時不停生產，才能符合經濟效益。

加工速度
依照瓶子的大小，可設計多個不同的模具同時進行吹出。因此，產能可倍增至每小時 15,000 件。

加工物件表面粗糙度
優異，其中範例請見市面上的紅酒瓶。

外型/形狀複雜程度
為符合大型量產模具的拔模，成品形狀較手工品單純的多。任何內倒角、銳角、或是大型平面都不適合以此法製作。我們可以說二次吹模成型是一個非常死板的成型方式，因此在設計瓶身形狀前，最好能先諮詢專業的製造廠商。請別用昂貴香水的瓶身來作為此法的設計參考，因為它們是用完全不同的生產方式來製作的。

加工尺寸
一般人所使用的瓶子容量多在一定的範圍之內，因此廠商所製作的瓶身大多在高 300mm 左右。

可加工材質
幾乎所有玻璃都可適用。

運用範例
瓶口狹窄的紅酒瓶或烈酒瓶，油、醋瓶，或是香檳酒瓶。

類似之加工方法
此法是運用在狹窄瓶口製品上，而先壓後吹模造成型 (p.122) 多被運用在大型開口玻璃容器上。若是製作塑膠容器，則射吹成型 (p.127) 和擠吹成型 (p.130) 是製作同形狀產品的主要加工方法。

環保議題
雖然超高速的生產效率，能夠稍微稀釋掉驚人的能源消耗，但不同階段的大量耗能，仍然讓此方法必須被歸類在高耗能加工法。從正面的角度來看，玻璃是地球資源中相當便宜且容易取得的一種原料，且其成品廢棄後，可被回收再利用，因此可降低對環境的衝擊。

相關資訊
www.vetreriebruni.com
www.saint-gobain-emballage.fr
www.packaging-gateway.com
www.glassassociation.org.uk
www.glasspac.com
www.beatsonclark.co.uk

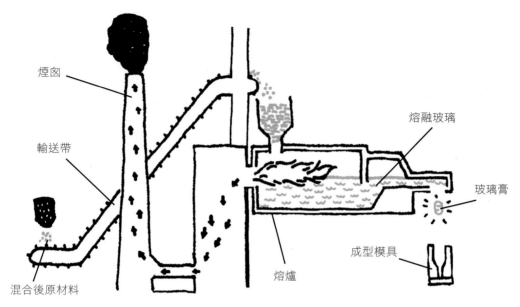

1 將沙子、碳酸鈉、碳酸鈣混合後送入熔爐中,將之以高溫完全融合而形成熔融玻璃。
熔融玻璃藉由重力,會懸吊成一個香腸狀的玻璃膏並下垂至成型模具中。

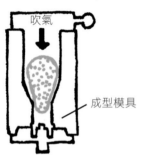

2 充氣將玻璃膏擠壓到成
型模具上。

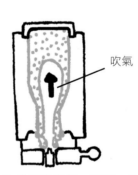

3 從下方充氣,在第一階
段先成型出具較完整瓶
口形狀的半成品。

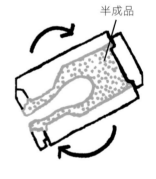

4 將半成品倒轉 180 度,
並且移到第二階段成型
模具上。

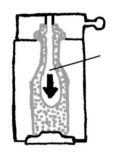

5 從上方充氣到瓶身內。

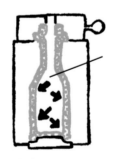

6 持續充氣直到瓶身完全
成型完畢,且壁厚符合
我們的要求。

7 將成型完的瓶身脫出模
具。

在第二階段，吹模會將半熔融的半成品吹成最後的形狀，緊接著將之脫出模具之外，以輸送帶將之送到退火爐內以消除玻璃瓶的內應力，即可完成整個製作過程。

1 香腸狀、半熔融的玻璃膏從高爐中被垂降下來。

2 玻璃膏被裁減成適當長度，並垂落到成型模具之中。

3 成型完的高熱瓶子脫出模具。

4 一個具有八個模穴的模具將成型完成的瓶身脫出模具，準備送至退火爐中。

- 單位生產成本極低。
- 可製作瓶口非常狹窄的玻璃瓶。
- 極度高速的大型量產方式。

- 成品幾何形狀沒辦法做太大的變化。
- 昂貴的開模費用。
- 最小經濟規模量產門檻非常高。
- 僅能製作極單純的中空瓶狀容器。
- 讓瓶身上色的成本非常高，必須用中介色來確保瓶身顏色不會互相參雜。

玻璃先壓後吹模造成型
Glass Press and Blow Moulding

玻璃吹模成型的技術之一,這個業界稱為「先壓後吹」的技術是被用來製造大型開口玻璃容器的重要技術,和之前介紹的二次吹模 (p.118)、用來製作紅酒瓶等窄口容器的技術恰巧相反。其中最主要的差別在於,在第一階段的成型過程中,半熱熔的玻璃膏是被擠壓到一個公模之內,而非被吹到一個母模之內,如此一來才能形成一個大型的開口。

也因為利用擠壓成型的半成品,其壁厚可被控制的更均勻、更薄,且生產速度較吹模更快,使得此法的產出速率較二次吹模來的更快速。同樣的,經過第二階段吹模後的成品,需送進退火爐內烘烤,以消除玻璃內應力。

此方法為大型且高速的量產製程,在玻璃壓吹工廠中,您絕對看不見老師傅精心打造、雕琢工藝品的情境,取而代之的,是充滿黑色潤滑油、全自動化設備、吵雜、高熱蒸氣等的現代化工廠,以每天數十萬件的速度進行衝量,並且只需要少數作業員來看顧成型機台。

相較於二次吹模每日可生產超過 350,000 件的高速過程,此法更勝一籌,而能以每日超過 400,000 件的速度生產像果醬罐等較大型的玻璃容器,或是以超過 900,000 件的驚人速度,生產如藥罐子的較小型容器。某些生產食品瓶罐的工廠,甚至可以一天 24小時、日以繼夜的連續生產六個月而不用將產線暫停。

產品名稱	密封罐
材質	青板玻璃瓶身/蓋、熱塑性塑膠封口
製造廠商	Vetrerie Bruni
生產國	義大利

此大型開口密封罐是一個典型的先壓後吹玻璃成品,我們可由其產品的外觀差異,明白它和二次吹模之間的不同。

產能

從每日數千到數十萬件不等。由於此法生產速度很快，通常我們必須考量的不是每小時的產出能力，而是滿足總需求所需的時間。因為全自動化的產線從開始熱機到能穩定量產至少需要八個小時，故最小加工時間需大於三天整，才不會浪費生產線前置熱機時間。

單位成本和機具設備投資

和二次吹模成型（p.118）一樣，只適用於超大型量產。開模費用驚人，以至於必須量產超過數萬件才能滿足經濟效益。

加工速度

此法較二次吹模成型快上一些，但決定其生產速度的關鍵因素都是成品的重量。一般醬料瓶子的生產速度都在每天 250,000 件左右。

加工物件表面粗糙度

優異。但和二次吹模一樣，其外觀都有清晰可見的合模線。

外型/形狀複雜程度

只能製作大型開口玻璃容器，而不能做大幅的外型變化。由於成品必須脫模的關係，任何內倒角、銳角或大型平面都不適合以此法製作。其成品壁厚均勻度會較二次吹模來得好。

加工尺寸

因人類使用方便的關係，和二次吹模成型一樣，其成品大小多半在 300mm 高以內。

可加工材質

幾乎所有的玻璃材料皆可適用。

運用範例

大瓶口的果醬罐子或是烈酒瓶、藥罐子、其它容器以及食品包裝罐等。

類似之加工方法

玻璃瓶的類似加工法即為二次吹模成型（p.118）和燈工拉絲成型（p.116）及手工吹出成型（p.114）。在塑膠產品上，類似的方法有塑膠吹出成型（p.125）和擠吹成型（p.130）。

環保議題

和二次吹模成型一般，需要大量且連續不間斷的熱能，故其製造過程不能算環保。但由於生產速度極高，因此單位產品所消耗的能量可被最小化。成品廢棄後可被完全回收再利用，而能減少對環境的二次傷害。

相關資訊

www.vetreriebruni.com
www.britglass.org.uk
www.saint-gobain-conditionnement.com
www.beatsonclark.co.uk

玻璃膏

成型模具

1 機台將熔爐內的玻璃膏擠出，並截取適當長度使其墜落在成型模具之中。

公模

2 利用公模向上擠壓，使瓶口形狀被塑造出來。

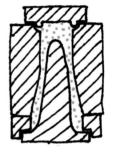

3 模具完全壓合，讓壁厚被更均勻的控制。

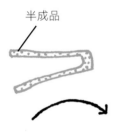

半成品

4 將半成品倒轉 180 度

第二階段
吹出模具

5 將半成品移至第二個成型模具之內。

充氣

6 充氣使之成型到最終形狀。

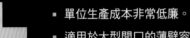

- 單位生產成本非常低廉。
- 適用於大型開口的薄壁容器。
- 驚人的高速生產效率。
- 極短的生產週期。

- 昂貴的模具費用。
- 只能製作形狀簡單的中空容器。
- 上色成本高且製作困難，很容易發生顏色互相參雜的不均勻情況。
- 需極大需求量才能達到經濟規模生產。

塑膠吹出成型

Plastic Blow Moulding

「吹出成型」是一個統稱，它代表了目前工業界最主流的中空產品量產方式。直觀上來說，這個方法的奧妙在於，它可同時適用於塑膠和玻璃兩種不同材質的成型量產（見玻璃二次吹模成型 p.118 和先壓後吹玻璃模造成型 p.122）。

以吹出成型為基本原理所衍生的塑膠成型方式主要有射吹成型和射拉成型（p.127），和擠吹成型（p.130）。

其成型步驟和形態都有些許差異，但基本上都可以被想像成在一個模具內吹氣球的動作，讓氣球充氣成模具的形狀。

一開始，我們要先將預先成型好的標準管材送入成型模具之中，並將藉著模具一端鎖模的同時，順道將管材截斷至適當長度，同時也可將管材一端密封起來。第二個步驟是從管材的開口端吹氣，將塑膠充氣以和模具密合，待成型完成後，即可將成品脫模，完成整個過程。

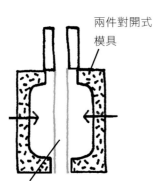

兩件對開式模具

預先成型標準管材

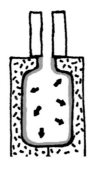

充氣

1 將管狀的預先成型材料送入兩件對開式模具內。

2 模具密合靠緊，並將模具下端管材截斷成適當長度，並在同時將之密封。

3 充氣進入預先成型的管材內，使塑膠殼膨脹到和模具完全密合，即可完成成型。

4 模具打開後，將成品取下。

產能
依照成品尺寸和材質,其生產速率可達極高速,目前可從每小時 500 件或每日近百萬件的速度進行生產。為了讓吹出成型的優勢發揮到最大,並且將成本稀釋,建議最小產量需在數十萬件以上。

單位成本和機具設備投資
單位成本可被數十萬件以上的成品攤提稀釋掉,這點我們可從超商內琳瑯滿目的瓶裝飲料,看出以此方式生產的成品,其市場需求有多驚人。也正因為其產品的需求量極大,可將前期耗費巨資的模具費用分攤掉。

加工速度
小型容器類產品可以一模多穴方式進行吹出成型,因此其速度可達每小時 60,000瓶以上(此處以小於 23 液盎司,約 653.5ml 的 PET 瓶身為例)。

加工物件表面粗糙度
極優異,但瓶身上會有清晰可見的縱向合模線。

外型/形狀複雜程度
一般非特殊情況下,吹出成型的產品形狀大多非常簡單、外型也多半呈圓弧狀。雖然成品並沒有硬性規定要有拔模角,但業界都習慣預留些許的拔模角以利生產及模具使用壽命。

加工尺寸
從小化妝品塑膠瓶到重達55磅的大型容器都可用此法生產。

可加工材質
最常被業界使用的材料為蠟狀的高密度聚乙烯 (HDPE)。其他如 PP、PET 或 PVC 等,都是可進行大量生產的材料。

運用範例
現代人生活中,您起碼可在家裡廚房找到至少一整櫃的瓶瓶罐罐,這些大多都是以吹出成型所加工出來的。舉凡牛奶瓶、洗髮乳、玩具、牙膏、洗潔精、澆花水筒、或是汽車內的油箱等多為吹出成型所製造而成。

類似之加工方法
拉伸成型、擠吹成型 (p.130)、射吹成型、和共擠成型等 (p.130)。

環保議題
藉由超高速的全自動化生產設備和製程,所耗費的電能和熱能都能被準確的估算、並且完全利用,讓節能程度達到最佳化。吹出成型最常用的材料 PET,也是最容易被回收再利用的塑膠料之一。

相關資訊
www.rpc-group.com
www.bpf.co.uk

- 極低的單位生產成本。
- 極快的生產速率。
- 細節如寶特瓶飲料,其瓶口的螺紋均可被製作在模具上,而不用再耗時進行二次加工。

- 極高的模具成本。
- 需要生產極大的數量,以滿足模具及設備成本。
- 僅限於外觀簡單的中空容器。

射吹成型

Injection Blow Moulding with injection stretch moulding

射吹成型最容易被理解的方式，就是把它想成是吹出成型（p.125）的一個分支，也就是像吹氣球動作一樣，將中空原材吹成模具的形狀。

由它的名稱，我們可以猜出它是一個兩階段的成型過程。也因此，它具有其他吹出成型所沒有的優點。其中最大的優點，就是其成品在瓶口的部份能有更多的變化和複雜的形狀。第一步，我們必須先用射出成型（p.194）機台製作出試管狀的預先成型管材，其中包括必須以高壓射出成型的寶特瓶

口螺紋。緊接著，將半成品放入吹出模具中，利用充氣的方式，使塑膠料和模具緊密貼合，而完成成型。

運用射出成型來製作預先成型半成品的好處在於，其尺寸和形狀的穩定度能被我們更精確的掌控。但相對於擠吹成型（p.130），其材料的選擇性會比較少。

射拉成型是屬於此方法中，利用 PET 來製造高級瓶狀產品的衍生方法。它會利用一個棒狀機構來將預先成型好的塑膠材料拉伸進入模具深處，以利後續的吹出成型。

射出成型
預製管材

1 將射出成型完成的預製管材製入模具之內。

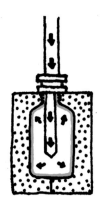

2 將高壓空氣注入預製管材內，使之和模具密合，以完成我們想要的形狀。

3 成品完成脫模，並從開啟的模具上取下。

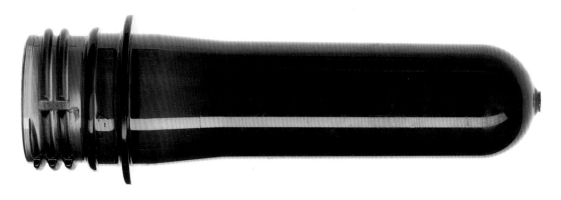

產品名稱	射出成型的預製管材
材質	PET
生產國	德國

圖中為寶特瓶預製管材的形狀。讀者們可了解現代人每天日常生活中無數的瓶瓶罐罐是怎樣被成型出來的。尤其是製作螺紋和瓶身，必須要藉由兩個階段的成型來確保品質的穩定。

產品名稱	Sparkling Chair
設計師	Marcel Wanders
使用材料	PET
製造廠商	Magis
生產國	義大利
發明年分	2010

此張小板凳說明了如何利用傳統的材料和技術，以嶄新的創意製作出超乎想像的產品。

產能

射吹成型適用於超大型量產品，其產量常可高達數百萬件。

單位成本和機具設備投資

射出成型和吹出成型都各需要驚人的開模費用，更別提將兩種成型串連的產線設定開銷。然而，其產品的單位生產成本可藉由數百萬件的成品而將模具成本稀釋掉，而使得消費者能享有低廉的成品。

加工速度

由於吹模成型的部分需要考量產品形狀的複雜度、和大小，來決定一個模具可製作幾個模穴，因此其生產速度可能因形狀較小、較單純，而能加倍提升。一個標準的 150ml 小瓶子，可運用一模八穴的方式，以每小時 2,400 件的速度進行生產。

加工物件表面粗糙度

極優異

外型/形狀複雜程度

雖然射吹成型有射出的部分，可製作出複雜的瓶口螺紋結構，但受限於後段吹模的部分，其最終成品的形狀還是以圓柱形窄瓶口，曲律變化不大、且壁厚固定的容器為主。

加工尺寸

通常用於容量小於 250ml 的容器上。

可加工材質

相較於擠吹成型（p.130），等適用於高硬度塑料如 PC、PET 的成型方法，此法更適合運用於較軟性的塑料，如 PE。

運用範例

小型洗髮精罐、清潔劑罐、和其他瓶類容器。

類似之加工方法

用於塑膠的擠吹成型（p.130），用於玻璃的先壓後吹成型（p.122）。

環保議題

相對於其他吹出成型方式來說，此法必須將塑料加熱兩次，分別是預製時的射出過程，以及之後的吹出過程。因此，其能源的消耗是加倍的。所幸在其生產過程中，並沒有廢料的產生，其極其快速的生產循環時間（cycle time）也可將能源的消耗和產出的成品數量最佳化，因此其單位成品的耗能其實並不算太高。而其原料 PET 也試作容易被回收的塑料之一。

相關資訊

www.rpc-group.com

www.bpf.co.uk

- 極低的單位生產成本。
- 極快的生產速率。
- 適用於小型瓶狀容器。
- 相較於其他吹出成型技術，其可讓瓶口、外形、重量、以及壁厚能被更有效的控制。

- 開模費用高過擠吹成型（p.130）。
- 最小量產數極高。
- 僅適用於簡單外型的中空容器。

擠吹成型及共擠成型

Extrusion Blow Moulding with co-extrusion blow moulding

擠吹成型是塑膠吹出成型法（p.125）的其中之一，此法的特殊之處在於，被加熱後的塑膠料是以熱熔狀被擠出至模具內（p.94），以進行成型。被擠出的熔融原料會像條狀牙膏一般，進到成型模具內，在被依適當長度截斷後才開始進行吹模。其吹模的過程就如同其他吹出成型一般，需將塑膠充氣到和模具完全密合以完成我們所要的形狀。由於此方法會在瓶子下方留下一截狀似尾巴的多餘塑料，因此需要後加工處理來將之剪斷或去除，此現象可在洗髮精的瓶子底部觀察到。

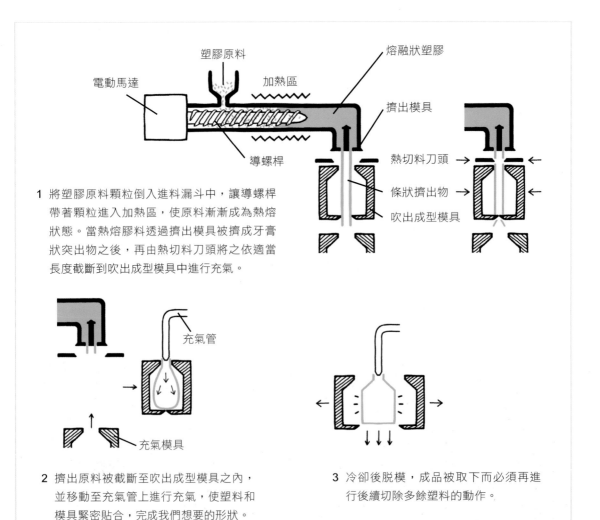

1 將塑膠原料顆粒倒入進料漏斗中，讓導螺桿帶著顆粒進入加熱區，使原料漸漸成為熱熔狀態。當熱熔膠料透過擠出模具被擠成牙膏狀突出物之後，再由熱切料刀頭將之依適當長度截斷到吹出成型模具中進行充氣。

2 擠出原料被截斷至吹出成型模具之內，並移動至充氣管上進行充氣，使塑料和模具緊密貼合，完成我們想要的形狀。

3 冷卻後脫模，成品被取下而必須再進行後續切除多餘塑料的動作。

產能

其速度不如射吹成型（p.127）那般可達到數百萬件的驚人數量，擠吹成型一般被用在總需求量 20,000 件左右的中型需求量產品。

單位成本和機具設備投資

雖然其模具費用較射吹成型模具為低（約低 1/3），但其產線設定和模具成本仍然算是很昂貴的一種生產方式。

加工速度

和其他類似的吹出成型方法一樣，其生產速度取決於物件重量。一般一加侖容量的容器，其生產速度約可達每小時 1,000 件（單一機台、四套模具同時進行生產）。超市中常見的吹出成型產品，牛奶瓶的生產速率約為每小時 2,000 件。

加工物件表面粗糙度

極優異

外型/形狀複雜程度

擠吹成型適用於製作比射吹成型更大型且更複雜的容器，我們可以從牛奶瓶的把手或是加油站的大型油品容器看出其產品特色。

加工尺寸

雖說擠吹成型可用於生產洗髮精瓶子，但它也可用於更大型容器（可大過 500ml）的小量生產。

可加工材質

PP、PE、PET、和 PVC 等。

運用範例

擠吹成型較適用於大型容器的量產，包括玩具、油桶、和汽車油箱、及大型洗潔劑的大瓶子等。

類似之加工方法

射吹成型（p.127）和迴轉成型（p.135）。

環保議題

在其成型澆口處和流道會有少量廢料產生，而且必須用後加工剪除。這些廢料可再行熱熔後進行二次使用，因此可減少廢料所造成的環境汙染。此外，這類產品在丟棄後幾乎都可被百分之百回收再利用，也就是說，只要我們回收機制做的好，理論上此法幾乎不會造成塑化原料的浪費和對地球的負擔。

相關資訊

www.rpc-group.com
www.bpf.co.uk
www.weltonhurst.co.uk

+
- 產品單位生產成本極低。
- 超快生產速率。
- 適合生產容量大於 500ml 的容器。
- 相較於射吹成型（p.127），擠射成型能製作出更複雜的容器形狀。
- 模具費用較射吹成型為低。

- 最小經濟規模產量高。

浸漬成型

Dip Moulding

將一個成型模具浸漬在融熔狀態的成型原料中（或在液態原料中），可能是最古老的成型方法之一。它也是最直觀和簡單的成型方法，就模具和成型工具的角度來說，它也是花費最低廉的一種塑膠成型方式。

浸漬成型最令人驚嘆的地方，存在於一個毫不起眼的陶瓷成型模具上（圖左），這正是從浩瀚的工業設計領域中，探索出一抹耀眼的光芒的最好寫照。藝術家（代表人物為 Rachel Whiteread 和她在 1993 年的雕塑作品 House）就經常在挖掘我們生活的環境中，不為人所注意的那一面，並從中創造出您意想不到的作品。

產品名稱	氣球成型模 (左圖) 及氣球 (右圖)
設計師	世界第一個氣球是由 Michael Faraday 於 1824 年發明的
材質	陶瓷 (左圖) 和乳膠 (右圖)
製造廠商	Wade Ceramics Limited (左圖成型模)

這個簡單的成型模完美的表達了浸漬成型的奧秘，也讓人用最淺顯的方式了解此一彈性材質的中空產品是如何製作出來的。

從這一抹光芒中，讓我們能從前人從未開發的角度，去思考產品設計的可能性。就像這個燈泡狀的小成型模所帶給我們的耀眼閃光，讓我們獲得全新的啟發與提升，雖然您可能在第一時間猜不出來這個小燈泡狀的陶瓷物體，是一個氣球的成型模具。

原則上，浸漬成型的過程是非常直觀的。顧名思義，您可以想像我們就直接將成形模具浸泡在塑膠原料的熔融液體中，然後將之緩慢提起、晾乾，再將之由成型模中撥離即算完成。由此大原則可衍生出許多變化多端的設計和產品，包括不同的模具、原料、和產線設定等。

此為全自動的乳膠手套生產線，由圖可看到許多手狀的陶瓷成型模具。

許多天藍色的乳膠氣球已經被浸漬完成，並等待乾燥。

- 極低廉的小量生產方式。
- 一組簡單的樣品模可以用來做數日的連續生產。

- 僅限於簡單的形狀。

產能
從小批量生產到大型量產均可。

單位成本和機具設備投資
可說是模具成本最低廉的塑膠成型方式,從開模費用到單純的製程、更別説具價格競爭力的零組件。

加工速度
若從成型模具預熱、到浸漬、到乾燥、到最後的脫模撥離,若要以全手工的方式完成,會是一個非常耗時的工程。若是一個複雜的模具,其成型所需的時間可能會超過 45 分鐘,反之,若是成品的外形很單純,如腳踏車的把手,若以全自動化生產,可在 30 秒內完成成型。

加工物件表面粗糙度
外表面取決於材料本身的化學鍵結,很可能有些小突起,很有可能是聚合物從成型模滴落的形狀。

外型/形狀複雜程度
軟質、具高度彈性、外型簡單的橡膠產品。其外型必須能從模具上被剝離才行。

加工尺寸
理論上,有多大的浸漬池,就能製作出多大的成品。但一般來説,其相關產品大小約從直徑 1mm 的小蓋子到 600mm 大的工業用管線蓋。

加工精度
雖然內部尺寸會較準確,但其外部卻無法獲得很精密的尺寸控制。

可加工材質
由於最後成品需由成型模具上剝離,而必須經過一個類似脫衣服的動作,所以其材質必須是具有高度彈性、可被拉伸且不易被撕破的材料,包括 PVC、乳膠、PU、彈性體或矽膠等。

運用範例
所有具彈性或半剛性的物品,從廚房用品到醫療用品等,從氣球到小朋友腳踏車上柔軟油亮的把手等。

類似之加工方法
是塑膠吹出成型 (p.125) 的一種非常經濟的替代方案,其他還有迴旋成型 (p.135)

環保議題
為了讓整鍋的熔融原料保持在這種狀態,必須提供持續不間斷的高熱,也因此這個方法是屬於高耗能的製程。另外,乳膠和矽膠都是不容易被回收再利用的材料,故其廢棄物對地球的傷害較可回收塑膠產品來的大。但乳膠製作的產品,是可在自然界中分解的,因此其傷害並非永久性的。

相關資訊
www.wjc.co.uk
www.uptechnology.com
www.wade.co.uk
www.qualatex.com

迴轉成型 又名 旋轉成型或迴轉鑄造

Rotational Moulding aka Roto Moulding and Rotational Casting

迴轉成型的所有產品都必須是中空結構的，此成型方式最廣為人知的產品，就是萬聖節的空心巧克力蛋。有趣的是，此方法所製作出的產品，具有優雅和柔和的曲線和外型，這項特色其實是由於此方法本身的物理限制。舉例來說，利用高壓的射出成型（p.194）可製作出具有許多細節和尖角的產品，這和通常只利用熱烘和模具轉動來製作產品的迴轉成型，其兩者的產品外型是完全不同的。

就成型方式來說，迴轉成型和陶瓷注漿成型（p.138）是屬於類似的方式。這兩者的成型原料都是以液態的形式存在，並且被灌注進模具之內，藉由在模具內壁附著以完成中空物品的成型。

成型的步驟有四個，第一是將粉末狀聚合物倒入室溫的模具之中，注意粉末的量和模具大小會決定成品的壁厚。第二是要將模具在烤箱中均勻的加熱，同時在兩軸慢慢轉動，這個動作可讓熔融的塑料沿著模具的內壁翻滾並且附著，最後形成一個壁厚均勻的中空產品。最後，在利用空氣或水讓模具冷卻的過程中，我們必須持續不斷的旋轉模具以讓塑料均勻的凝結。待完成冷卻之後，再將成品從模具內取下。

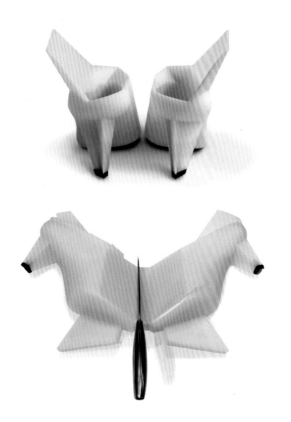

產品名稱	**Rotationalmoldedshoe**
設計師	Marloes ten Bhmer
材質	PU（聚氨酯）和不鏽鋼
製造廠商	Marloes ten Bhmer
生產國	英國
發明年分	2009

圖中的產品讓人清楚的看出一個傳統的製造方法如何被改良，從而製作出全新的產品。圖中從模具取下的半成品，須經過鋼刀切割開來，才能變成一雙鞋子。

半個迴轉成型模具。

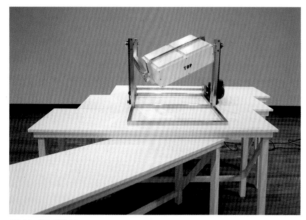

迴轉成型模具。

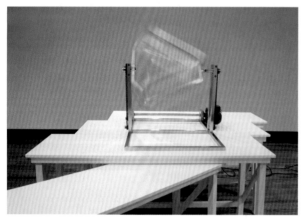

正在轉動的成型模具。

- 製作中空產品的理想方法。
- 最適合用於小量生產。
- 步驟簡單。
- 是一種具經濟效益的大型中空產品生產方式。

- 不適用於製作小型、形狀精細的產品。

產能

從批量生產到大型量產皆可。

單位成本和機具設備投資

和射出成型（p.194）相比是較為經濟的生產方式。由於成型過程無需高壓灌注和鎖模壓力，因此生產設備和模具都相對便宜。

加工速度

取決於產品大小和壁厚，也會影響模具加溫和冷卻所需要的時間。有些用來裝載液體的容器，會需要藉由手工來切割出開口和出口。

加工物件表面粗糙度

其成品的內壁表面可能呈現出半熔融液體原料的流動形狀，就像我們在巧克力做的復活節彩蛋上看到的漩渦那樣。但在成品外壁，也就是和模具內壁接觸的那個面，是可以達到非常細緻的。雖說其成品不能達到鏡面般的光滑，但反之，我們可在模具上製作出各種花紋或消光圖案，讓表面具各種變化。

外型/形狀複雜程度

可製作出具多種變化的產品外型，甚至連有內倒角的產品都可以。唯其壁厚必須維持一定，通常需在 2mm 到 15mm 之間。其最特殊的地方在於，成品轉角處可堆積最多的塑料，而使其成為整個產品中結構最強的地方。

加工尺寸

小到復活節彩蛋，到大至 7m×4m 的大型結構體，例如建築工人用的暫時性帳篷。

加工精度

無法估算，由於塑料縮水和冷卻過程難以控制，導致產品肉厚也會發生變化。

可加工材質

PE，這種在熱熔狀態下呈現乳酪狀的塑料，是迴轉成型最常用的材質。其它可用的塑料包括 ABS、PC、nylon、PP 和 PS等。強化纖維亦可在成型過程中被導入使用。

運用範例

復活節巧克力蛋、施工警示用塑膠角錐、流動廁所、工具盒、超大型玩具以及其他許多的中空物品。

類似之加工方法

離心鑄造成型（p.159）是最接近的塑膠成型方式，但並沒有那麼普及，且僅適用於製作小型元件。其它還包括所有吹出成型方式（p.118-131）和浸漬成型（p.132）。

環保議題

和所有塑料成型一樣，需要持續的高熱來將塑料熔融，因此算是高耗能的製程。但此法不需高壓，引此可讓製造設備和模具費用降低。由於產品壁厚很難掌控，因此材料的需求量較難估算。幾乎所有不良品都可被熔融再利用。

相關資訊

www.bpf.co.uk
www.rotomolding.org

注漿成型
Slip Casting

注漿成型是種同時適用於美術專科學校實作教學和工藝大廠如 Wedgwood 或 Royal Doulton 等的經典陶瓷容器製作方式。一開始,我們需將濃稠的陶瓷懸浮溶液(此處稱為「漿」,其顏色和黏稠度近似熱熔巧克力漿)注入由石膏所製作而成的模具中,由於模具內壁會將「漿」的水分吸收,而會使之凝結硬化成一類似皮膜的硬質陶瓷壁。

當此壁厚隨著時間而累積到一定程度之後,我們便可將多餘的陶瓷「漿」倒出。此時需以手工將石膏模周邊多餘的陶瓷壁切除,以製作出平整美觀的切口。之後,便可將半成品由模具上取下,此時的工件被稱為「素坯」,並將之置入烤爐之中,等待被燒製。

加壓注漿成型(p.232)是種被用來製作更大型中空陶瓷容器的新製程。

產品名稱	Wedgwood 茶壺素坯
材質	陶瓷
製造廠商	Wedgwood
生產國	英國

通常半成品都是最適合用來說明一個製作過程的最佳範例。此茶壺素坯的壺頂多餘坯料尚未被切除,且陶瓷內部也還沒完全乾燥,兩部分石膏模的合模線也還清晰可見,等到師父用手工把這些部分美化過後,就可將之放入烤爐進行燒結了。

產能

小型工藝品量產，或是中大型工廠量產皆可適用。

單位成本和機具設備投資

由於其模具製作簡單且便宜，故此法為一種經濟的生產方式。但相對來說，若要以石膏模具進行大型量產的話，則必須考慮其模具損耗週期約為每一百澆鑄要進行更換的生產限制。

加工速度

一句老師父的行話是這麼描述澆鑄成型的，「時間取決於厚度」。當產品厚度增加時，我們就必須耗更多時間來進行澆鑄和乾燥。工程師必須謹記在心的是，就算工業的發展已經一日千里，但澆鑄成型仍然牽涉到大量的手工和勞力，因此不算適合高速生產的方式。

加工物件表面粗糙度

澆鑄成型的成品特色不在表面有多光滑，而是在我們能在模具內壁上刻劃出需多圖案或紋路，而轉置到成品外壁之上。當然，幾乎所有瓷器在上釉之後，都能獲得非常光滑的表面。

外型/形狀複雜程度

其成品可製作範圍從很小件、單純，到大型、複雜的物件，且能容許有內倒角的設計。因此，不論浴廁產品、藝術品、或是餐具等都可藉由此法來成型。

加工尺寸

由於大型模具的重量不適合人員手工操作，而且其所需注入的陶漿容量也非常可觀，加上燒結所需的窯也必須能均勻加熱素坯，因此通常太大型的陶瓷容器並不會以此法來成型。一般說來，餐具等容器就是此成型法所能製作的最適當大小。

加工精度

由於燒結的過程中，陶土縮水的比率難以掌握，也因此很難推算其公差。

可加工材質

所有陶土。

運用範例

注漿成型適用於各種中空產品，包括手工茶具、花瓶、或其他雕塑等單件或少量生產的產品，或是大型量產的衛浴用品等。

類似之加工方法

加壓注漿成型法（p.232）和帶狀鑄造成型（在電子產業中用以製造多層電容產品的方法，可將陶瓷薄板和高分子聚合物或其他物質疊合生產成帶狀捲材）。

環保議題

澆注口附近被切除掉的陶土由於未經燒結，因此可被回收再利用以將原物料使用降到最低。此製程需仰賴密集的勞力，也因此可省卻大量的電能，並且平衡掉其燒結過程中所必需消耗的大量熱能。

相關資訊

www.ceramfed.co.uk
www.cerameunie.net

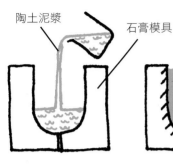
陶土泥漿
石膏模具

1 將陶土泥漿注入石膏所製作的模具中，讓模具內壁吸收泥漿水分使之凝固，讓表層硬化成固態類似皮膜狀的薄殼。

2 泥漿留置在模具中，直到陶土所結成的壁厚滿足我們的需求。

3 漿模具內的多餘泥漿倒出。

4 將開口處的多餘陶土用手工切除，將成品從模具中取下，並送入窯中燒結。

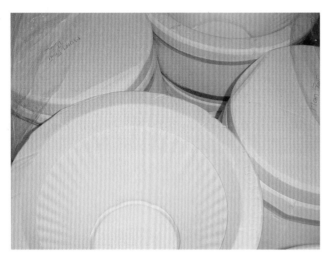

空的石膏製成型模具。

注入泥漿的模具。

- 適合製作中空容器。
- 可製作出複雜的幾何形狀。
- 非常節省原料。
- 模具和設備費用平易近人，適合極少量生產。

- 為勞力密集製程。
- 公差和尺寸控制不易。
- 生產速率低。
- 大規模量產需要耗費大量模具，因此也需要很多空間來存放這些未使用的模具。

金屬液壓成型

Hydroforming Metal aka Fluid Forming

利用液壓來成型鋼鐵和其他金屬，是一種新開發的技術。其原理是利用水或油類液體，灌注進入圓柱狀的待加工件，或是其他封閉式的中空元件，經過加壓後而膨脹貼附於模具內壁上，以完成成型。簡單來說，此過程類似於將金屬以類似吹氣球的方式使之膨脹，讓金屬件貼附於模具的內壁，以形成我們所設計的形狀。通常其注入的水壓可高達 15,000 psi，以滿足將金屬永久形變所需的壓力。

要進行液壓成型，其金屬工件的原型最好是管狀或是中空圓柱狀，其他較特殊的加工件形狀是以兩片周圍密封接合的金屬平板，經過高壓液體灌注膨脹後，形成類似枕頭的形狀。

利用液壓來成型金屬件有許多優點，包括節省材料的使用，增強結構同時減輕重量，並且讓多個工件可融合成一件，因此可提高加工效率，其主要方法包括鋁件超成型（p.70）和充氣金屬成型（p.76）。為了能完全發揮液壓成型的潛在優勢，設計師必須思考如何設計出能將原本的分散零件整合成單件的產品，才能完全發揮此加工方法的特色。

產品名稱	T-型結構扶手
設計師	Amelie Bunte, Anette Strh, Andr Saloga, and Robert Franzheld, students at the Bauhaus University in Weimar; engineering by Kristof Zientz and Karsten Naunheim, students at Darmstadt University of Technology
材質	液壓粉末表面塗裝鋼鐵；不鏽鋼管
製造廠商	大學學生專題
生產國	德國
發明年分	2005

這個看似簡單，有著白色粉末塗裝的 T 型轉接結構扶手，是由一群大學生在他們的專題中創造出來的。我們可從中看出液壓成型可製作出具有優美弧線的 T 型結構的單件式成品，這個在傳統加工中必須採用三件對接或是焊接的產品，在液壓金屬成型的製程中，可被整合成單一工件。

液壓金屬成型的模具和模穴。

液壓成型後的半成品。

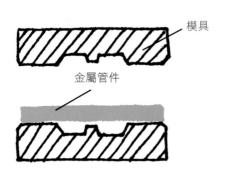

模具

金屬管件

1 以金屬管件成型為例,我們預先
　將管材置入模具的模穴之中。

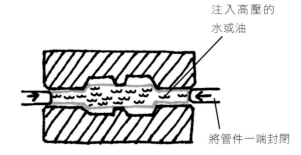

注入高壓的
水或油

將管件一端封閉

2 將金屬管材的一端封閉,並在另一
　端開始注入高壓的水或油等液體,
　利用液壓將管材膨脹,並推送使之
　緊貼在金屬模具的內壁之上。

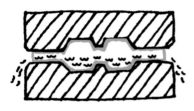

3 將高壓液體排出。

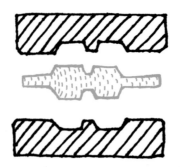

4 將成品從模具中取下。

產能
適合大型量產。

單位成本和機具設備投資
產線設定和模具成本很可觀，但其所節省下的拆件式設計後續組裝成本，能夠大幅降低勞力需求和產品單位生產成本。

加工速度
以全自動設定的產線來說，其全速生產小件產品時，可達到每件 20~30 秒，並且可在模內同時完成工件的組裝和定位。

加工物件表面粗糙度
液壓成型後的金屬表面並不會特別光滑，在末端夾持處會留下小壓痕或夾持痕跡，但多半會在後加工的時候切除。

外型/形狀複雜程度
可將原本單純的管材加工成具複雜線條的特殊工件，正如本節所舉的 T 型扶手為例，就是一個利用此製程達成將多個拆件整合成單一工件的最佳範例。

加工尺寸
由於加工過程需要高壓液體，同時會需要很大的鎖模壓力，因此，當工件越大時，所需產線設定和模具成本也會以倍數成長。有些大型的汽車零件，例如子等，即是以液壓金屬成型。當然，我們還可以加工更大型的工件，但相對的必須付出更多的心力和成本。

加工精度
只要模具設計的好，我們可以將可能發生的縮水和破裂的機率降到最低。

可加工材質
具一定彈性係數的金屬材料，均可利用此高張力的方法進行加工而不發生破裂，例如不銹鋼和可熱處理的鋁合金等。

運用範例
腳踏車架、波紋管、和 T 型樑，以及其他汽車的結構件，如底盤、車門、和車頂等。

類似之加工方法
金屬充氣成型（p.76）和鋁合金加熱超成型（p.70）等。

環保議題
金屬液壓成型的優點在於可使用壁厚更薄的管材進行加工，並且能在單一工件上，製作出以往需要以拆件方式完成的幾何形狀，也因此可降低原料的消耗和成品重量，同時維持住工件的強度。以液壓成型的金屬並不會具有過高的內應力，也因此無須以後續的退火過程來消除金屬的內應力，這也有助於節省退火烤爐所需的大量熱能。

相關資訊
www.hydroforming.net
http://salzgitter.westsachsen.de

- 由於省略了橋接結構，因此在轉接處可以有較完成、強健的結構和較複雜的形狀。
- 成品相較於以拆件設計完成的相似產品，其重量較輕，且結構較強。
- 可將多個拆件式設計整合成單一工件，並容許我們設計出更複雜的形狀。

- 高額的產線設定和模具成本。
- 僅有少數廠商有能力製作這類型的產品。

逆向衝擊擠製成型 又稱間接擠製

Backward Impact Extrusion aka Indirect Extrusion

衝擊擠製成型是一種媒合了鍛造（p.185）和擠製（p.94）兩種方式而成的金屬冷成型技術。一言以蔽之，逆向衝擊擠製成型是製作中空金屬工件的成型方式，它必須以衝頭衝撞鋼坯（或稱鋼餅），將鋼材擠到成型模的內壁之上。衝頭和模具內壁的間隙是決定成品壁厚的關鍵因素。

衝擊擠製成型以擠製方向而可分為兩種，逆向擠製和順向擠製。本節介紹的逆向擠製是製作中空容器的方式，衝頭在擠製的過程中，鋼材會在衝頭和成形模具的內壁間的縫隙被沿著衝頭行進方向的反向擠出，而形成一個中空容器。

產品名稱	Sigg 水瓶
材質	鋁合金
製造廠商	Sigg
生產國	瑞士
發明年分	約莫在 1998 年間

這個被頗開的水瓶可讓我們清楚的看出其壁厚有多薄，也讓我們了解衝擊擠製成型所能製作的產品形態。

另一種衝擊擠製成型是順向（或直接）擠製，它適用於製作非中空的實心物件。此種成型方式的衝頭和模具內壁間隙很小，所以不容許原材料被逆向擠出。因此，金屬材料僅能被迫順著衝頭移動方向往成形模上擠去而形成一個實心物體。設計師們要注意的，是以上這兩種方式可被整合在同一個機台上，也就是說我們可以在一次加工中完成中空部分的製作，和實心部分的製作。

以本節範例，金屬水瓶來說，它在瓶身中間有一個環狀凹槽和一個瓶口，這就需要後加工來完成其內縮的過程。

1 將鋁質鋼坯置入成型模具內。

2 經過逆向衝擊擠製成型完成的工件。

3 利用後加工將瓶身上半部內縮。

4 隨著瓶口的加工完成，現在我們已經可以認出 Sigg 金屬水瓶的經典外形了。

- 可大量且經濟的製作出多變化的長方型或圓柱型中空容器。
- 可不需要焊接或其他接合加工即可完成一個無縫隙、且肉厚一致的中空容器。
- 模具成本和其他量產模來比相對低廉。

- 成品的長度會受到衝頭長度的限制。
- 僅適用於成品長度大於截面直徑四倍的工件。
- 製作內縮凹槽或瓶口需要另外以後加工完成。
- 成品形狀也會受限於成型模具。

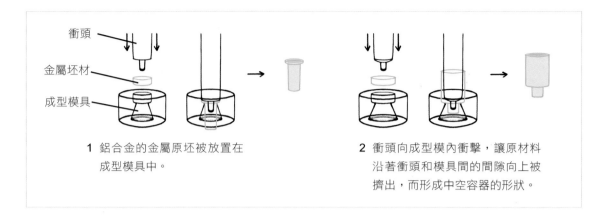

衝頭
金屬坯材
成型模具

1 鋁合金的金屬原坯被放置在成型模具中。

2 衝頭向成型模內衝擊，讓原材料沿著衝頭和模具間的間隙向上被擠出，而形成中空容器的形狀。

產能

衝擊擠製是一種大型的量產方式，依照成品的不同，其最小經濟規模產量約為 3,000 件以上。

單位成本和機具設備投資

令人驚訝的，此法的模具成本並不像其他大型量產模具那麼的昂貴。但其產線設定和模具製作的時間，讓其最小經濟規模仍需一定的數量來壓低單位生產成本。若能大量生產，其單位生產成本可被壓縮到極低。

加工速度

以此節所介紹的一公升 Sigg 水瓶為例，每分鐘約可製作 28 個。

加工物件表面粗糙度

其擠製後的工件表面稱的上細緻。

外型/形狀複雜程度

逆向衝擊擠製可製作厚壁或薄壁容器，其形狀包括長方型或者是圓柱型。(順向衝擊擠製可製作各種不同大小和形狀的實心物件。)這兩種擠製方式都適用於外形對稱的產品。成品的長寬比也需依照一定的經驗法則來加以設計，已達到最大生產良率。詳細的情形可諮詢製造廠商，它們會依照原料材質給您適當的建議。

加工尺寸

可衝擊原坯重量可從約 28.35 公克到高達 1 公斤左右。

加工精度

逆向衝擊擠製可得到不錯的加工精度，但順向擠製能得到更高的加工精度 (由於其成品是實心物體，因此公差比較好控制)。

可加工材質

鋁合金、鎂合金、鋅、鉛、銅或是低合金鋼。

運用範例

逆向衝擊擠製是製作飲料罐、食品罐和噴霧罐等的主流加工方式之一。順向和逆向衝擊擠製常被整合在一起用以製作如棘輪等的特殊機構件。

類似之加工方法

鍛造 (p.185) 和擠製 (p.94)。

環保議題

衝擊擠製能增加成品的強度和剛性，讓成品在肉厚較薄的情況下，就能滿足產品的結構強度要求，這不僅能減低原料的使用量，也可以降低成品的重量。由於金屬冷壓的過程不需要持續的高熱，因此算是低耗能的加工方式。其加工原料如鋁材等是可被 100% 回收再利用的。

相關資訊

www.mpma.org.uk
www.sigg.ch
www.aluminium.org

紙漿成型

Moulding Pulp including rough pulp moulding and thermoforming

紙是當今世界上最容易取得，也最好被回收的材質之一。大多數的紙漿原料都經過製造而轉化成各種產品，包括最普遍的紙張或包裝材料等。但是此處要介紹的，卻是將這種最平凡的材質，透過最不平凡的量產方式，製作成讓各位讀者意想不到的紙製產品。

紙漿成型基本上有兩種方式：傳統的粗壓（或「工業」）成型以及熱壓成型。這兩種方法的第一步都是將紙的原料浸入水缸中，依適當的比例將水還有紙攪拌均勻（通常紙所佔的比率約低於 1%）。經過攪拌機的刀鋒將兩者均勻混合之後，即為我們進行模造成型所需要的紙漿。

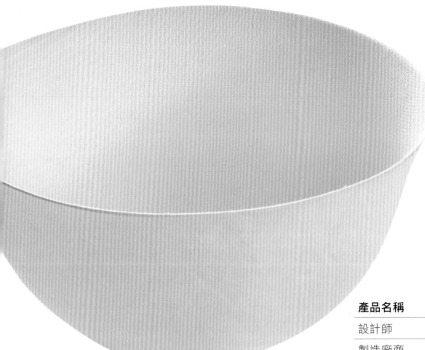

產品名稱	Wasara 碗
設計師	Wasara
製造廠商	Wasara
材質	竹與甘蔗渣漿
生產國	日本
發明年份	2012

有別於使用紙漿，Wasara 專注於開發無樹材材料製造餐具。由此方法所製造的產品表面粗細交錯，這樣的質感展現日式美學。

不像大多數的成型模具，需要封閉且獨立的成型空間，紙漿模造成型所需的鋁質或塑膠製模具（上面會佈滿小孔，以便讓水能被擠出）會被浸泡在充滿紙漿的大水缸中。模具內面需用紗布或網布覆蓋，以便讓水分容易被瀝乾，這種網布壓紋可以在紙製雞蛋盒上看見。當母模內填滿了紙漿後，我們要將公模合上，以將水分壓出。同時，我們也會用幫浦將水分抽出模具之內，讓紙的纖維能更平整的貼附在模具表面上。當整個模具內的水分都被抽乾之後，我們的紙製模造品便完成了。

熱壓成型的過程和傳統擠壓方式不同之處，在於運送和熱壓的過程。當半乾燥的半成品被裝在一個類似模具的載具上運送到熱壓爐內，此載具的中空部分就是成品的形狀，因此在熱壓的過程中，能發揮類似模具的功用。熱壓過後的成品有著更細緻的表面，但其產線設定成本較為昂貴。

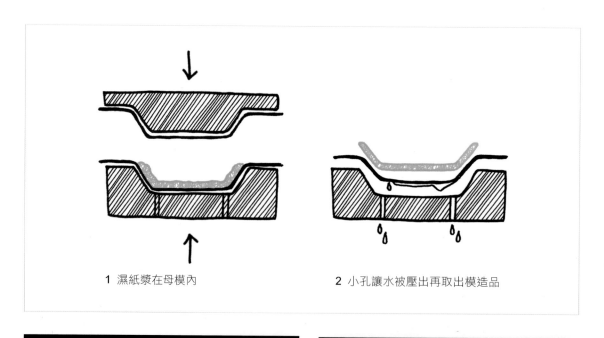

1 濕紙漿在母模內　　　　　　　2 小孔讓水被壓出再取出模造品

- 原料來自於可回收的環保物質。
- 可製作出輕量化的產品。

- 最小經濟生產規模極大。
- 只適用非常少數的原物料成型。

產能

由於其產線設定成本高昂，生產速度又極為快速，因此傳統粗壓成型和熱壓成型都需要極大的最小量產規模。基本上一開機就必須要生產超過兩天才能符合成本（約 50,000 件以上）。

單位成本和機具設備投資

模具成本和產線設定費用昂貴，但兩種成型方法的費用相差近兩倍，熱壓成型由於需要較高的技術門檻，因此其設備費用較傳統粗壓法更為高昂。

加工速度

成品厚度，也可以說是需要乾燥的紙製品體積是決定生產速度的關鍵。舉例來說，可放置手機的四個盒子需要一分鐘來完成成型。換句話說，我們可藉由一模多穴的方式，同時製作出四個手機放置盒。因此，此一模四穴的紙漿成型模具可在一小時內生產超過 960 個手機盒。

加工物件表面粗糙度

成品表面差異極大，我們可從超市的紙製蛋盒觀察出來。靠著紗布或網布的那一面，由於需要瀝乾水分的關係，會非常的粗糙。但另一面，靠近鋁製模具或塑膠模具的那面，可以製作的非常光滑。

外型/形狀複雜程度

許多形狀複雜的產品都可藉由模造壓製成型，但需預留較大的拔模角。也由於拔模的關係，許多立體的倒型狀都不適合用此法製作。

加工尺寸

傳統的製作方法可做出長 × 寬為 1500mm×400mm 的成品，但有些具特殊技術的廠商可製作出 2.4m 長的巨大產品。

加工精度

由於製程的差異會有很大的變化，但是基本上用熱壓成型是可以達到 ±0.5~1mm 公差的高精度的。若以傳統的粗壓法來說，其公差範圍約在 ±2~3mm 左右。

可加工材質

基本上此產品的原料來源有兩種，舊報紙和回收紙箱。材料的選擇取決於我們成品所需的強度。有些包材類產品會被用來保護電子產品如手機、數位相機等，必須通過落擇測試，舊紙箱中具長、粗纖維的原料就會是比較好的選擇。

運用範例

傳統粗壓製品多被用來做為紅酒或其他工業用的包材。熱壓成型產品多被用來製作更精密的包裝盒如手機或數位相機等的包材。

類似之加工方法

無。

環保議題

回收紙漿的原料是人類文明生活中的日常廢棄物如報紙等，因此並不會造成地球的負擔，而且其使用後的產品也可被再次回收再製。傳統的粗壓成型幾乎沒有甚麼熱能消耗，因此是最節能環保的製造方式。熱壓成型會消耗較大量的熱能，因此會對環境造成一些負擔。此兩方法的共同缺點在於軟化紙漿會需要耗費大量的水，這點是較為不環保的地方。

相關資訊

www.huhtamaki.com
www.mouldedpaper.com
www.paperpulpsolutions.co.uk
www.vaccari.co.uk
www.vernacare.co.uk

觸壓成型

包括手工堆疊、噴塗堆疊、真空袋或壓力袋成型

Contact Moulding including hand lay-up and spray lay-up moulding, vacuum-bag and pressure-bag forming

觸壓成型是一種用來製作複合材料的方法，它的特色在於可將強化纖維夾在塑化材料之中，藉以提升材料整體的抗拉力和強度，同時可藉由塑膠材料保護纖維不因為經常性的使用磨損而斷裂。其中最傳統的成型方法，就是以手工將強化纖維鋪在模具之內，然後再灌注或噴塗上基材或其他保護層。如果您曾經修理過家裡的老舊汽車，或是小船上的凹痕或破孔，其實您所做的就是觸壓成型的最經典型式。在工業界，這是專門用來成型大型複合材料的方法，也是將強化纖維和熱固性塑膠整合在一起的最普遍加工方式。

手工觸壓成型所需的開放式模具可用如木材、塑膠、或是水泥等材料來製作。強化纖維通常是玻璃或碳纖維，但我們亦可採用各種天然纖維做為替代。基材通常用刷塗或噴塗的方式使之均勻包覆於強化纖維之外，然後再用滾輪將之壓平。噴塗堆疊通常是被用以製作超大面積的複合材料時，我們會預先將以被切斷的、較短的纖維預拌進基材中，並將之均勻噴塗在模具表面上，成品的厚度可藉由噴塗的層數來決定。

真空袋和壓力袋成型是手工堆疊和噴塗堆疊的衍生方式，但是它們能製作出強度更高的成品。這兩種方法頗為類似，壓力袋是用一個大型的橡膠袋子將工件罩住，並用夾具將之加壓，讓強化纖維和基材能更緊密的結合在一起；真空袋成型是將整個被袋子罩住的工件，利用抽真空的方式來讓基材與纖維結合，以達到和壓力袋相同的目的。

真空袋成型所得的成品，其型態會和真空

- 強化纖維可大幅提高產品強度
- 可增加許多功能，例如提高防火等級等。
- 形狀和大小可隨時更改。
- 可製作出較具厚度的結構。

- 高勞力密集的工法。
- 因為基材有毒性，故需要在通風良好的地方進行加工。
- 其他複合材料成型方法可得到更高密度和高強度的成品，如纏繞成型(p.156)。

熱壓罐（p.154）成型類似，但利用真空袋則可讓成型過程不需在大型真空密室內進行。和傳統的手工和噴塗方式相比，真空和壓力袋都是在密閉環境下，將基材基材和強化纖維加壓密合在一起，而能得到高密度、高強度、體積小的成品，更重要的是，由於不會直接與人接觸，而可以避免有和氣體或物質逸散出來，危害到作業人員的健康。

產能
由於整個過程需要大量的人工，因此算是非常耗時且緩慢的生產方式。但是藉由噴塗堆疊的方式，其速度可較手工堆疊有明顯的提升。

單位成本和機具設備投資
模具成本並不貴，但成型所需要的長時間，會是大型量產的主要問題。

加工速度
和成品大小以及堆疊的技術有關，噴塗堆疊的速度雖然較快，但由於其經常使用在大面積的產品上，因此時間總花費並不會較少。

加工物件表面粗糙度
物體表面常會有纖維的痕跡，若用膠膜保護，可讓成品表面較為光滑。若加上某些熱處理製程，可得到非常細緻的表面。真空袋和壓力袋可製作出更多的表面花紋或變化。

外型/形狀複雜程度
多為開放式、非容器、大型板狀，或是截面不大的產品。僅能容許些微的內倒角存在，而且必須取決於能否成功脫膜。

加工尺寸
要多大有多大，手工堆疊相較於噴塗堆疊，可疊出可觀的厚度，最後可達15mm。利用袋子來成型的兩種方式則會受袋子本身的大小而被限制。

加工精度
由於會縮水的關係，成品精度很難掌握。

可加工材質
所有強化纖維材料包括碳纖、芳綸、玻纖等和其他天然纖維如黃麻、棉花等。搭配的基材主要為熱固性基材，其他包括環氧樹酯、酚醛樹酯、和矽膠等。熱塑性塑膠由於較高耗能，生產成本較高而不建議被使用。

運用範例
多種需要纖維強化的產品都適用，包括船殼、汽車保險桿、家具、浴缸、淋浴間等。

類似之加工方法
轉注成型（p.174）能達到相同的強度，氣體輔助射出成型（p.199）和反應式射出成型（p.197）能製作出相仿大小、但強度較差的大型成品。其他包括真空灌注成型（VIP）（p.152）和纏繞成型（p.156）還有熱壓罐成型（p.154）等。

環保議題
製作過程由於耗費大量人力，所以幾乎不會耗費熱能或電能。但所有纖維強化複合材料的通病，就是很難被回收再利用。但相對的，其高強度也能確保產品使用壽命較其他未強化產品長很多。

相關資訊
www.compositetek.com
www.netcomposites.com
www.compositesone.com
www.composites-by-design.com
www.fiberset.com

真空灌注成型

Vacuum Infusion Process (VIP)

真空灌注成型是種可以製作高密度、高強度複合材料的方法，它利用真空吸力將基材和強化纖維緊密的結合在一起，而能形成一個堅固的結構體。簡言之，它可以説是一種觸壓堆疊成型（p.150）的進階版，再更進一步説，此方法是比相似的複合材料製作法更有效率的製程，因為它能在一個步驟中將兩個材料緊緊的結合在一起。

在傳統的手工堆疊觸壓成型中，強化纖維會被預先鋪置或噴塗在模具上。但在 VIP 成型中，這些乾燥的纖維會被堆疊在模具上，接著再用具延展性的膠膜覆蓋在上面並且密封。

因此，當我們將膠膜內部抽真空的同時，用基材灌注進膠膜內，當基材隨著強化纖維滲透並佈滿整個膠膜內部後，便可同時完成成型和將強化纖維及基材壓實、壓密的動作，從而形成一個高密度、高強度的部件。

1 工作人員正在用膠膜將船身模板上堆疊的黑色強化纖維密封起來。

2 在抽真空前必須詳細檢查膠膜是否已經完全密封。

3 用幫浦來抽真空，同時利用壓力差將基材吸入強化纖維之間，完成成型。

產能
這項浩大且緩慢的工程，需花費驚人的工時才能完成一件成品。

單位成本和機具設備投資
VIP 是一種適合小量生產的製造方法，並且僅需基本設備和工具即可完成。但其困難處在於手工過程需要很成熟的經驗，在一個師父能成功駕馭 VIP 成型前，可能會經過無數次的失敗才能累積足夠的智慧來面對各種不同外型、尺寸的成品。

加工速度
超級慢。

加工物件表面粗糙度
可在模具表面先上一層脫模膠以獲得光滑的成品表面。

外型/形狀複雜程度
目前 VIP 最主要的產品為船殼，因此各位讀者應該不難想像其成品的尺寸有多巨大、外型有多複雜了。

加工尺寸
非常適合製作超大尺寸的產品，相對來說，由於強化纖維長度不適合在模具內彎折堆疊，故難以加工小於 300×300mm 英吋的工件。

加工精度
很難被控制得非常精準。

可加工材質
一般塑膠複合材料所使用的基材多為聚酯纖維、乙烯基酯和環氧樹酯，而可以搭配的強化材料如玻璃纖維、芳綸和石墨纖維等。

運用範例
螺旋槳、船身或是擔架（以鋁合金為骨架的 VIP 雙料成型產品）等。

類似之加工方法
觸壓成型（p.150）、置換成型（p.174）及熱壓罐成型（p.154）。

環保議題
此種工法的產品尺寸都非常巨大，而且手工製作過程中失敗的機率很高，因此可能產生大量的廢料。但單就製造過程的純手工來說，並不用耗費大量的能源，此點讓這項製作過程和環保貼近了一些。此外，抽真空的製程能確保我們用最少量的基材而能完全覆蓋住所有的強化纖維，而能節省原料的消耗、提高產品的強度和生命週期。

相關資訊
www.resininfusion.com
www.reichhold.com
www.epoxi.com

- 極為節省基材用量，且能最有效率的包圍住強化纖維。
- 不會汙染環境，真空能去除毒氣外洩的疑慮。
- 成品內幾乎不會有氣泡，所以結構比較完整而強健。
- 和傳統觸壓成型相比，其成品有著高強度/重量比。

- 製作過程需很小心。
- 需要很有經驗的師傅。
- 失敗率極高。

熱壓罐成型

Autoclave Moulding

複合材料這種先進的發明，已經開始被廣泛運用在包括專業極的體育用品，乃至於許多工程用的零組件等。這些產品的特色就是高密度、高強度，讓成品在最小的體積之下，擁有最強健的結構體。

然而，要將強化纖維和高分子基材這兩種完全不同的材料整合，對所有製造廠都是很大的挑戰。如何能開發出適當的製程，有效率且經濟的完成基材和強化纖維的整合，並且快速的量產，是所有複合材料廠的最大難題。若能將高溫高壓的加工環境導入，則能將複合材料的製作效率以倍速提升，這也就是熱壓罐成型這種方法的誕生原因。

熱壓罐成型是改良式的真空袋觸壓成型(p.150)，複合材料必須被放置在一個類似壓力鍋的裝置裡完成成型。藉由鍋內的高壓力，讓以此方式完成成型的部件能夠有超越以往複合材料的高強度和高密度。其加工的過程類似觸壓成型（p.150），必須先將強化纖維鋪置在成型模具上，接著在澆注或噴塗上樹脂等基材。

再來將一個具彈性的袋子，以類似被套的方式套住整個工件表面，然後放入高溫高壓（壓力約 50 到 200psi）的鍋爐內，迫使袋子或模具向內擠壓，讓基材和強化纖維緊密結合。

這種方式可以有效減低材料內可能結合不完全的間隙，也就是降低了讓材料結構不完整、強度降低的重要缺陷發生機率，更同時提高了基材的流動速度、提高了和強化纖維結合的效率。因此，由此方法所製作的部件，擁有超高密度和超高強度。

- 高溫高壓能縮短成型時間、完全消除結構內空隙、大幅提升產品強度T。
- 可在成型過程中完成模內上色。

- 僅適用於厚壁、高強度的中空產品。

產能
適合小批量生產或中型量產。

單位成本和機具設備投資
模具的製作可使用材料非常廣泛，包括黏土等。也因此其適合小規模生產的模具成本非常低廉。

加工速度
雖然基材和強化纖維結合的過程不需人工，但在兩者鋪設在模具上需要大量的勞力和經驗，故整體加工時間非常緩慢，單件產品的成型時間總共可高達 15 小時以上。

加工物件表面粗糙度
和觸壓成型（p.150）一樣，若想得到較細緻的表面，需在模具內壁上一層保護膠以避免長直纖維所造成的粗糙表面。

外型/形狀複雜程度
雖說此法需要大量的手工且適用於各種不同形狀的模具，但產品外型必須儘量簡單。

加工尺寸
工件尺寸受限於壓力鍋尺寸。

加工精度
縮水量很難精確估算。

可加工材質
各種強化纖維如碳纖維，以及熱固性塑膠基材。

運用範例
主要被運用在航太工業，甚至國防工業的飛彈頭製作。

類似之加工方法
觸壓成型（p.150）、真空灌注VIP成型（p.152）和纏繞成型（p.156）。

環保議題
過程中需要高溫高壓，故屬於高耗能的製程。而在高溫的過程中，塑膠基材會釋放更多有毒物質，也是對環境的另一種傷害。但從另一個角度來說，高強度的產品，表示更耐用、使用壽命更長，因此能減少產品損壞被丟棄的機率。但是一旦複合材料被丟棄，多半沒辦法被回收再利用，所以最終還是會對環境再一次的造成傷害。

相關資訊
www.netcomposites.com

纏繞成型

Filament Winding

請想像我們將棉線拉過樹脂或其它基材，使棉線表面被沾濕後，在將線纏繞在成型模具上，最後固化形成一個堅硬的結構體，這就是纏繞成型的整個過程。

纏繞成型最關鍵的就是採用將纖維外表完全覆蓋上一層基材，以此複合線材纏繞出高強度的中空結構體。由於強化纖維本身必須能不間斷的被捲軸牽扯而以編織的方式纏繞於成型模具上，因此纖維的形態必須向一捲連續線材，並且被不斷的牽引過液態的樹脂基材以完成類似鍍膜的過程。將被基材包覆的黏稠纖維纏繞在預先製作好的成型模具中，以模具為軸心不斷旋轉，最後即可製作出我們想要的成品。位於轉動軸心的成型模具決定了此中空產品的內徑和內部空間，但若是此產品需要強健的支柱以應付較大的壓力，則我們可將軸心留在產品內，作為結構的一部分，已提升其強度。

纏繞成型有許多不同的形式，其差別在於繞線的手法。第一種是最普通的圓周式纏繞，就是將線圈沿著和軸心垂直的方向，以每圈互相平行的最基本方式纏繞住成型模具；第二種稱為螺旋式纏繞，此時線圈纏繞的角度會和軸心呈非直角，也因此成品表面會有比較特殊的紋路；第三種端點式纏繞則需以幾乎和軸心垂直的方式來繞線。

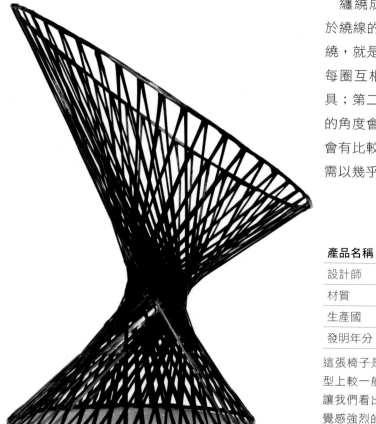

產品名稱	碳纖維編織椅
設計師	Mathias Bengtsson
材質	碳纖維和聚合物基材
生產國	英國
發明年分	2003

這張椅子是採用螺旋編織法纏繞而成，雖然它在外型上較一般纏繞成型產品來的疏鬆，但這反而更能讓我們看出纖維的走法和其結構體的細節。這個視覺感強烈的產品，正是複合材料和設計結合的最佳範例。

1 此機台具有三個轉動軸心，因此可以同時纏繞出三支複合材料製作的管子。

2 黃色的移動床台正在將包覆好基材的強化纖維纏繞在管狀軸心上。

3 此處工件表面的螺旋式纏繞痕跡非常清晰可見。

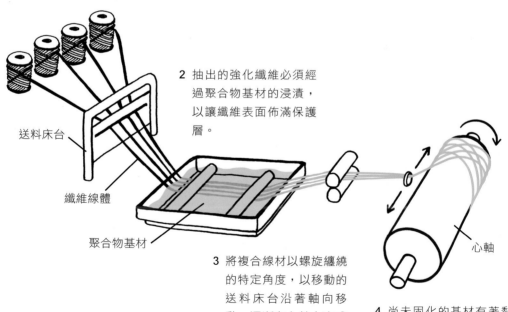

1 強化纖維正被從數捆捲線中被抽取出來。

送料床台

纖維線體

聚合物基材

2 抽出的強化纖維必須經過聚合物基材的浸漬，以讓纖維表面佈滿保護層。

3 將複合線材以螺旋纏繞的特定角度，以移動的送料床台沿著軸向移動，逐漸在心軸上完成成型。

心軸

4 尚未固化的基材有著黏膠的作用，能將複合線材牢牢的固定在成型模上。等到工件經過加熱固化後，就可以把成型模取出了。

產能
可進行單件生產，也適合大型量產。若要達到經濟規模，則最小生產量最好大於 5,000 件以上，甚至到數十萬件。

單位成本和機具設備投資
可用泡棉模具進行小量或單件生產，加上鋁合金軸心做為支撐，因此可把模具成本有效降低。

加工速度
纏繞成型時間取決於成品外型和纏繞厚度。提高生產效率的其中一個辦法是用預先塗佈好聚合物基材的預置複合線材，如此可省略將強化纖維浸漬的時間。另一個方法，就是將複合線材預先編織成繩狀，這樣就可以減少纏繞的圈數，在短時間內就將產品纏繞完成。

加工物件表面粗糙度
成品內壁表面粗糙度取決於成型軸心表面，而纏繞線圈的外壁可在完成成型後以後加工進行拋亮等不同處理。

外型/形狀複雜程度
可以製作出結構強健的厚壁或薄壁中空產品，甚至可做非對稱的變化。

加工尺寸
若特別設計製造工作母機，則此成型方式可製作出無比巨大的產品。例如美國太空總署（NASA）在 1960 年代所製作，長達396m、直徑 53m 的全塑膠火箭引擎蓋。

加工精度
其公差可利用成型心軸的直徑來控制。

可加工材質
通常用熱固性塑膠基材搭配玻璃纖維或碳纖維進行生產。

運用範例
此加工方法通常被用來製作封閉式的耐高壓缸體，例如航太工業的零組件、氣缸、火箭引擎室等。由於它可製作超輕量的高強度零件，因此被用來製作隱形戰機等最尖端的國防武器。

當然，此種工法也常用於製作高單價的精品或家俱，如鋼筆筆身、或是您在這節範例的圖示上看到的椅子等。

類似之加工方法
拉擠成型（p.97）或是手工及噴塗等觸壓成型（p.150）。

環保議題
由於纏繞的過程需要全自動化設備，因此會耗費許多電能。然而機械能以超快的速度進行加工，因此能將單位產品所需耗能壓到極低。此種超輕的材質也能降低運送成本，而其超強的結構也能大幅延伸產品使用壽命，間接減低廢棄物數量。

相關資訊
www.ctgltd.co.uk
www.vetrotexeurope.com
www.composites-proc-assoc.co.uk
www.acmanet.org

- 能製造出超高 強度/重量比 的部件。

- 成品外表面永遠看的見繞線的紋路，除非經過後處理。

離心鑄造成型

包括真離心、半離心和
離心加壓鑄造法

Centrifugal Casting including true- and semi-centrifugal casting, and centrifuging

離心鑄造法是一種利用重力和離心力的製造方法。在西方社會中，最常見的類似動作，就是在廚房中利用旋轉盒將清洗過的生菜脫水的過程，其它還包括在遊樂場中的咖啡杯等。而利用離心力來鑄造，就是要讓液態金屬受力而在成型過程中貼緊在成型模具的內壁上。經過成型和冷卻的過程之後，便可將金屬取下了。在工業界，此方法常被利用來製作需要特殊表面要求的大型金屬圓柱件。

真離心鑄造是製作管狀或條狀等中空部件的重要方法，其成品表面取決於成型模具的內面。成型模具通常為圓柱狀，並且以圓心為軸心不斷轉動，當熱熔金屬被澆注在模具內後，會因為離心力而緊貼在模具內壁之上，而整個部品的厚度是由澆注的金屬量多寡來決定的。

這種方式和傳統非離心澆鑄最大的不同在於，其雜質會被分離出來，故在成品外壁上會因結晶顆粒較細緻且無雜質而比較抗腐蝕，反之其內壁的雜質會較多、且表面較粗糙。

半離心澆鑄則被用來製作如輪圈、噴嘴等軸對稱的零組件。它可用大型量產的重複使用模具，亦可用僅能使用一次的拋棄式模具。它的轉動軸心通常是直立的，並且採比真離心慢的轉速，和可堆疊如漢堡的多層模具結構，容許我們在同一時間完成多個成品。由於靠近圓心的物質轉動速率較慢，因此在中心處會有氣泡存在，通常中心部分需要靠後加工來切除。

離心加壓和半離心方法類似，其轉軸都是直立的，且其模具裝置類似於遊樂場的幅射椅，但不同的是其成品的模穴是被安排在如椅子上，而非半離心法的軸心上。這樣的好處是它可以完成一模多穴的加工，但相對的，其成品的尺寸就必須是比較小型的部件。因為離心力的關係，熱熔金屬可更深入的壓在模具內壁之上，並且完成較細緻的表面結構。

產能

從相對簡單的珠寶工藝生產模具，到大型的工業零組件生產，此方法適用於小型生產更甚於大型量產。

單位成本和機具設備投資

依照產量需求可做調整，一般價格低廉的石墨模具可生產約 60 件成品，而大型的量產模具可生產超過數十萬件的成品。

加工速度

緩慢，但隨著工件外型、尺寸、材質、厚度而會有不同的變化。

加工物件表面粗糙度

真離心鑄造的成品外表面非常細緻；半離心鑄造由於轉速較低的緣故，其中心雜質和氣孔較多，需要靠後加工來切除；離心加壓鑄造由於離心力大的關係，可製作出更結構更細微的工件。

外型/形狀複雜程度

真離心僅能製作管狀產品；半離心成品必須是軸對稱的；離心加壓的產品外型相對來說比較彈性，且更多變，但尺寸比較小。

加工尺寸

真離心可製作出管徑達 3m、長 15m 的超大型管材，其管壁厚度從 3~125mm 皆可。半離心和離心加壓法能製作的產品尺寸就小多了。

加工精度

若使用金屬模具，則其外徑尺寸公差可被控制在 0.5mm 之內。

可加工材質

幾乎所有可用來澆鑄的金屬材質皆可，包括鋼鐵、碳鋼、不鏽鋼、青銅、黃銅、鋁合金、紅銅和鎳金屬等。可採雙料澆鑄，亦可用玻璃或塑膠進行灌注。

運用範例

這項加工方式最早被用在大管徑重工業管件的量產，真離心鑄造的管件被用在油管或化學原料的輸送上。也可製作路燈燈柱和其它大型公共設施等。半離心鑄造的產品則必須是軸對稱的，如牛奶或紅酒槽、壓力鍋爐、飛輪和氣缸套等。珠寶工業則會利用離心加壓鑄造出更精細的金屬或塑膠首飾產品。

類似之加工方法

迴轉成型（p.135），但離心加壓法的轉速要遠高於它。

環保議題

離心鑄造的過程中需要不斷的轉動和持續的熱能。但其優點是所有澆鑄料都可被利用，就算軸心雜質被後處理切除後的廢料還是可以進行回收再利用，因此可說沒有多餘的原料消耗。被離心後細緻的產品外表面更可以因為抗腐蝕而提高產品壽命。

相關資訊

www.sgva.com/fabrication_processes/
    rna_centrif.htm
www.acipco.com
www.jtprice.fsnet.co.uk

1 熱熔金屬被澆注進密閉模具中。　　2 模具以 300 到 3,000 rpm 的速度轉動。

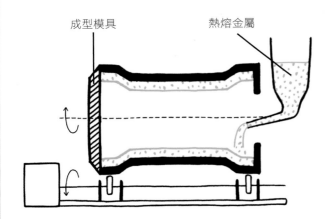

成型模具　　熱熔金屬

3 轉動產生的離心力讓金屬緊貼在
　模具內壁上。產品的壁厚可藉由
　注入金屬的量來控制。

4 將成品從模具中取下。

- 成品結晶無特定方向，因此其機械特
  性會比較沒有特定弱點。
- 離心鑄造的產品強度可媲美鍛造金
  屬。
- 真離心鑄造的產品外表面結晶細緻，
  故具有更好的抗腐蝕能力。
- 即使非常小量生產，也可符合產線設
  定和模具成本的經濟規模。

- 製造廠商有限。
- 產品外型有一定限
  制。

電鑄成型

Electroforming

這個古老的方法源自十九世紀初期，當時是被英國科學家 Humphry Davy 用來做表面電鍍，也就是利用金屬的氯化物經過電解之後，被電子吸引附著在工件上，在表面形成一層金屬。但要將此種表面處理技術運用在成型上，卻是工業界上非常新穎的。

用一個比較容易理解的方式來說明，就是不斷的在電極模具上「長」出新的皮，當皮一層一層的變厚，就形成一個堅硬的結構體了。也由於此種製造方式等於是不斷的重覆電鍍過程，其成型出來的產品形狀也會和原本電極上的模具相吻合。

電鑄的過程需要不斷的提供電能以將陽極的金屬棒電解，當電解液中充斥著帶正電的金屬離子被吸引到陰極的成型模具上時，會不斷的像皮膚生長一樣的變厚。當厚度達到我們的需求時，便可將電鑄件從模具上取下，這點和電鍍不同，因為電鍍的金屬層是要留在電極上的。電鑄成型模具不需要是導電材質製作的，我們只要在模具外頭事先塗佈上一層導電薄膜即可開始整個電鑄過程。

電鑄成型最美妙的地方在於，只要成型模具製作的出來，各種複雜的外型和圖案都可輕易被電鍍上去了，不需要任何昂貴的模具或切削工具。以此種方法製作出來的成品厚度也具有高度的一致性，相對於沖壓成型 (p.59) 和板材成型 (p.50) 這些會將金屬壓到變形的加工方式，對於某些要求高精度的產品來說，電鑄是它們的最佳選擇。

陽極

陰極

＋　　－

電解溶液

1 將附掛在陰極的成型模具浸泡到電解溶液中。當電流開通後，從陽極被電解出的金屬基材離子便會被負電吸引到陰極的模具上，並且慢慢的增厚。

電鑄成品

2 當成型出的金屬層達到我們需要的厚度時，即可將之從模具上取出。

成型模具

產能

考慮到整個電鑄過程所需耗費的大量時間，此方法並不適用於快速的大量生產。

單位成本和機具設備投資

由於不需要特殊的切削刀具，電鑄對於具精細表面特徵的工件來說，是一種非常經濟的生產方式。其主要成本決定於金屬基材的價格、成品所需金屬層厚度和總面積。

加工速度

慢，但還需考慮電鑄金屬層的厚度。

加工物件表面粗糙度

由於電鑄的金屬成型方式是從極細微的離子開始結晶累積，因此其表面可達到極其細緻光滑的程度。

外型/形狀複雜程度

其成品的幾何形狀和表面圖案可複製出精心雕琢的藝術品。若是用蠟做為成型模具，可在電鑄後以熱熔移除，那麼成品形狀就可以有倒角等傳統模具無法製作出的各種複雜變化。

加工尺寸

盛裝電解溶液的池子有多大，其成品的尺寸就可以有多大。

加工精度

相較於切削或沖壓等金屬加工方式，電鑄是極為精密的，並且可在整個工件的每一處都保持相同的厚度。

可加工材質

鎳、金、銅，鈷鎳合金以及其它可被電解的合金等。

運用範例

許多精美的維多利亞式銀製餐具就是以此法製作的。直到今天還有許多高級的餐具是利用此法來加工的，另外包括實驗室內的精密儀器、其他等級較高的樂器如法國號也會採用此方式製作。

類似之加工方法

電鍍，以及微機件電鑄成型 (p.248) 的一部分。

環保議題

電鑄成型最嚴重的問題就是電解液中的有毒物質。但是以今天的工業技術，我們已經可以將電解液中的有毒物質從水中分離出來並且回收再利用，所以可將廢棄物和汙染物減到最低。不過其所耗費的持續且大量電力，還有緩慢的成型時間，讓這個方法還是得被歸類為高耗能的製造過程之一。

相關資訊

www.aesf.org
www.drc.com
www.ajtuckco.com
www.finishing.com
www.precisionmicro.com

- 能表現出很細微的花紋和構造。
- 可製作出完全一致的工件厚度。
- 極低的刀、模具成本。
- 可輕鬆複製出既有的產品。
- 尺寸精準。

- 加工過程耗時且緩慢，因此製造成本昂貴。

實心物件成型

將非固態原料轉變成固態實心成品

本章最傳統的說法稱為「粉末冶金」，但目前此名詞已經無法涵蓋其所衍生出來的各種成型方法和使用原料。而原料的型態也早已不再侷限在粉末狀，並且包括陶瓷、塑膠等非金屬物質。

粉末冶金的原理是利用將金屬粉末壓實在成型模具之內，形成未燒結的毛坯，接著經過高溫燒結定型後，即完成所有成型過程。在本章所介紹的各個方法中，雖然使用原料和壓製手法略有不同，但主要都是依照此流程和原理來做變化。

唯一的例外要算是鍛造，這是唯一一種將物體由固態經過高壓而轉變成另一種形狀的製造方式。

Solid

燒結　包括常壓、加壓及放電燒結、及乾壓燒結

Sintering, including pressure-less, pressure and
spark sintering, die-pressing and sintering

一說到燒結，人們第一個聯想到的應該是陶藝品的製作過程。但是在本節中，這項技術可被運用在以粉末冶金為原則而變化出的各種粉狀材料的固化成型過程。基本上，燒結必須在高溫的環境下，以低於原料熔點一些些的溫度，讓分子有足夠的時間完成結晶而固化。

為了能讓金屬、塑膠、玻璃、和陶瓷等各種不同材料能進行燒結，工業界開發出了許多不同的製造技術。

常壓燒結是將成型模具中的粉末邊加熱邊振動來完成燒結。

加壓燒結是在常壓燒結的條件下，在加上機械壓力或液壓來讓粉末更密合。

在放電燒結中，熱能是藉由高壓電弧直接穿透模具、打進粉末中以釋放出高熱來進行燒結，此點和其它由模具外傳熱的燒結方式恰巧相反。

乾壓燒結主要則是被運用在陶瓷和金屬粉末原料，此處，粉末狀原料會先被壓實成固態毛坯，然後才被從模具上取下並送進烤箱進行燒結。

利用燒結法來製作物件的目的在於其成品的高密度和高熔點，例如鎢或鐵氟龍等表面幾乎沒有孔隙的材料製作。燒結最重要的一項特色，也就是其成品表面孔隙可被控制，例如黃銅，這個常被用來做為軸承的材料，當表面孔隙較多時，反而有利於潤滑劑的滲透和分布。另外一種能有效降低孔隙的製造方法被稱作「熱均壓成型」(HIP) (p.168)。

另一種先進的燒結技術稱為選擇性雷射燒結 (SLS) (p.250)，其熱能功率和範圍能被精準的控制，也因此被運用在快速原型打樣上。

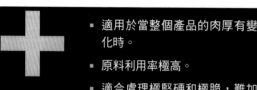

- 適用於當整個產品的肉厚有變化時。
- 原料利用率極高。
- 適合處理極堅硬和極脆，難加工的金屬材料。
- 成品的結晶沒有固定方向，故整體強度高、沒有應力集中的弱點。
- 可製作複雜的形狀。

- 各個加工步驟都必須很小心謹慎。
- 由於燒結後產品的尺寸會有很大變化，因此精密度很難被掌控。

產能

一般單純燒結僅適合用於小量生產，但若能結合射出成型來製作粉末冶金的金屬件，則反而更適合用於最小產量大於 10,000 件的大型量產。

單位成本和機具設備投資

產線設定及開模費用由低至高不等，需依照不同製程和需求而定。一般來說，燒結產品的製作過程之中幾乎不會有廢料的產生，故原料的利用率極高的。

加工速度

需考慮材質和不同製作方法。舉例來說，當一件以常壓製作的工件被放置在輸送帶被送入烤爐內，若其材質為青銅，則燒結的時間約需 5 到 10 分鐘；但若其材質為不鏽鋼的話，那麼燒結時間至少需 30 分鐘。

加工物件表面粗糙度

雖然成品表面可能有些孔隙，但肉眼幾乎無法分辨。舉例來說，一個標準的高壓模造 (p.217) 或金屬射出成型等成品的表面和燒結法製作出來的成品表面看起來就幾乎是一模一樣的。其它可外加的表面處理如電鍍、油料或化學原料消光處理、和上亮光漆等。

外型/形狀複雜程度

成品壁厚需達一定標準，並且結構上不能有內倒角。

加工尺寸

由於粉狀原料需要加壓的關係，成品最大應小於 700×580×380mm。大型的壓頭約可提供 2,000 噸的壓力，而將粉末壓密所需的壓力為 50 噸/平方英吋。

加工精度

由於燒結的過程中，工件的密度是不斷上升的，也因此其體積會一直縮小，這也就表示尺寸的精度很難被掌握。若想得到精準的尺寸，則必須仰賴後加工。

可加工材質

各種可被燒結的陶瓷、玻璃、金屬和塑膠等。

運用範例

最有趣的例子當初我們提過的軸承了，燒結後產品表面的孔隙正好提供了潤滑劑附著的最佳表面。其它產品包括手工具、手術用具、牙齒矯正拖架和高爾夫球桿等。

類似之加工方法

熱均壓成型（HIP）(p.168) 和冷均壓成型 (p.170)。

環保議題

燒結成型包括了幾個主要的加工程序，其中最重要的就是以高熱進行燒結的動作，尤其當使用原料的熔點非常高的時後，爐內所需的溫度和耗能會非常驚人。但其整個製作過程中所用剩的原料，如鋼鐵等，都可以被完全回收再利用。

相關資訊

www.mpif.org

www.cisp.psu.edu

熱均壓成型 (HIP)

Hot Isostatic Pressing (HIP)

產品名稱	京瓷 Kyotop 系列菜刀
設計師	Yoshiyuki Matsui
使用材質	氧化鋯陶瓷
製造廠商	京瓷 Kyocera
生產國	日本
發明年分	2000

這把高級的陶瓷菜刀標榜永遠能維持在最鋒利的狀態，且陶瓷不會將多餘的味道沾染在食材上。其表面的和式枯山水庭園風花紋，是由雷射雕刻在後處理階段刻劃上去的。

熱均壓成型（HIP）是所有以粉末冶金為骨幹的技術下，其中的一個分支。此法的熱源和壓力來源通常為氫氣和氮氣，以此法製作出的產品具有極高密度，且表面不會有孔隙，也不必再另行燒結（p.166）。「均壓」兩字所代表的意義，在於工件在加工時所受的各方壓力是一致的。

- 可製作出高密度、無孔隙的產品。
- 由於環繞在工件週邊的壓製力道是一致的，因此產品不會有應力集中的問題。
- 相對於其它粉末冶金類的技術，此法能製作出較大尺寸的物件。
- 可製作形狀複雜的產品。
- 用料極為有效率。
- 可改善陶瓷產品的強度和抗破裂能力。
- 可省略燒結（p.166）的步驟，不需再另外進入烤箱一次。

- 產線設定成本高。
- 產品體積縮水率難以掌控，會是個大問題。

基本上，此法最特殊的地方在於，我們必須將粉末原料置入具有高溫和真空的密閉容器內，藉以將空氣和濕度除去。以此法所製作出的產品在密度和強度上都是一流的。

此方法不只能將粉末製作成固體產品，還能把現有的成品拿來再加強。以後者來說，其成型的過程中根本不需要模具。HIP 通常被用來製作超高密度、無孔隙的產品。

產能
HIP 通常僅適合中、少量生產，基本上產量會小於 10,000 件。

單位成本和機具設備投資
整個產線需要昂貴的設定費用和昂貴的加工器具。

加工速度
緩慢。

加工物件表面粗糙度
陶瓷類產品可擁有光滑的表面，但其他材質的產品則必須透過後加工來確保表面的細緻。

外型/形狀複雜程度
從簡單到複雜都可以製作。

加工尺寸
HIP 適用於各種尺寸的產品，小到數公釐、大可到數公尺。

加工精度
低。

可加工材質
幾乎所有材料都可使用，包括塑膠。但其中最主流的還是陶瓷和金屬，如鈦、各種鋼鐵、以及鈹等。

運用範例
受到高額的生產成本限制，此方法多半被運用在需要優異機械結構、精密或昂貴的器材製作上，例如渦輪引擎的組件、骨科用人工關節等。或是我們在這一節看到的陶瓷菜刀，以及氮化矽滾珠軸承，甚至油井鑽探用的鑽頭鎢鋼等。

類似之加工方法
冷均壓成型 (CIP) (p.170)。其它還有陶瓷射出成型等。

環保議題
結晶的過程中可能有微收縮的問題，可能會導致內部結構的脆裂，讓整個工件報廢。但不良品可被完全回收再利用，以減少原物料的消耗。再說，這種高強度、高密度的材料，其產品使用材料少、壽命也比其它一般產品長的多，因此能減少廢棄物的產生。

相關資訊
www.mpif.org
www.ceramics.org
www.aiphip.com
www.bodycote.com
http://hip.bodycote.com

冷均壓成型(CIP)

Cold Isostatic Pressing (CIP)

用最淺顯易懂的方式說明此方法，就是把它想像成將一坨濕沙被握在手中，當我們將手握緊後，沙中的水分就會被擠出，最後剩下一坨狀似我們手掌內壁形狀的硬塊。

雖說多數粉末加壓成型是在高溫的環境下完成，但此種方法卻是在常溫之下，能將陶瓷和金屬原料成型的特殊方法。它必須將粉末原料放入可變形的橡膠袋中，當開始加壓時，袋子會從四面八方壓向成型模具，利用均等的壓力讓工件受壓而凝聚成硬塊。此方法成型模具不像傳統壓縮成型（p.172）方式，需要採兩件式模具，因此沒有拔模角的問題。

此方法可歸納為濕式和乾式兩種袋壓法。濕式袋壓成型法是將橡膠袋模置入液體中，利用液體傳遞壓力，從各個方向達成加壓密合的目的。乾式袋壓成型法則是將流體加壓打入模具之中，以達成加壓的目的。

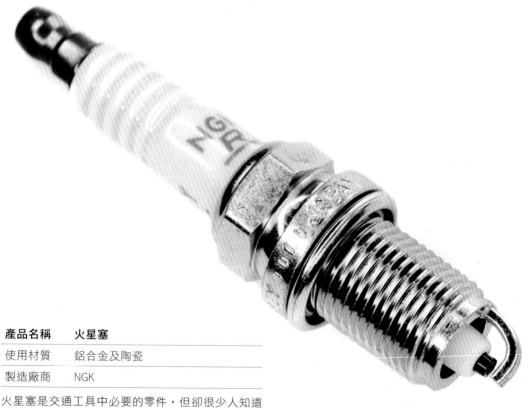

產品名稱	火星塞
使用材質	鋁合金及陶瓷
製造廠商	NGK

火星塞是交通工具中必要的零件，但卻很少人知道這個陶瓷和鋁製程的產品，其成型是以如此特殊的CIP 來完成的。

產能

乾式成型是一種高度自動化的生產方式，從粉料填充到成型完成後取件的動作，都可用機械執行。但是此方法僅適用於小型量產，製作數量在數千件左右的產品，而非數萬件的大型量產品。

單位成本和機具設備投資

若要進行大型量產，則整套模具和產線會非常昂貴。若能用既存模具進行修改，可適用於小型量產。

加工速度

依照不同加工方式而有顯著的差異。舉例來說，濕式橡膠袋模必須在完成後被取出並且填充進新的粉末原料；而乾式由於是將袋模整合成模具的一部分，因此不需被取出且能重複加工多個工件。

加工物件表面粗糙度

依照個別工件決定，一般成品是不需要經過後加工的表面處理的。

外型/形狀複雜程度

濕式和乾式各適用於不同形狀和尺寸的產品。乾式袋模適用於形狀複雜的產品，因為模具外型具有彈性，成型後的工件較容易被取出。也正因此，它可以容許成品外型有內倒角、限位縮套或螺紋等機構存在。

加工尺寸

濕式加工適用於較大型元件的生產，而乾式加工適用於小型元件生產。

加工精度

±0.25mm 或 2%，取兩者間較大的。

可加工材質

陶瓷粉末或其它耐火原料如鈦合金或工具鋼等。

運用範例

此方法被用來製作可在極端環境下使用的產品，如切削加工用刀具、精密陶瓷零件包括高碳和耐火產品。其它的應用還包括陶瓷和金屬材質製作的引擎零件包括氣缸套、船艦的渦輪引擎、抗腐蝕的石化廠設備零件或核能反應爐零件，或是醫療用植入人體的部件等。但是，人們日常生活中最常接觸到的要算是這裡介紹的火星塞了。

類似之加工方法

熱均壓成型 HIP (p.168)。陶瓷原料可使用射出成型完成加工。

環保議題

不論是乾式或濕式，冷均壓成型所使用的能源遠較熱加工類的製造模式要低的多。其成型的高良率和生產設備的耐用程度都能降低產線耗能以及維修成本。加壓和降壓的過程也可減低產品內部應力和裂縫，減少不良品產生並延長成品使用壽命。

相關資訊

www.dynacer.com

www.mpif.org

- CIP 最主要的優勢在於，相較於其它粉末冶金，它能製作出密度一致性高、縮水率控制精準的大型產品。

- 生產速率低。

壓縮成型

Compression Moulding

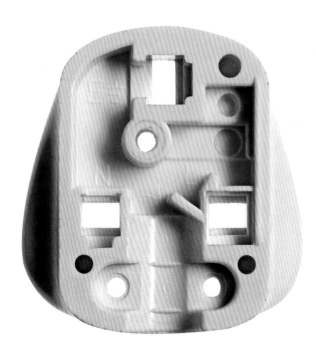

這項成型方式目前已被廣泛運用在各種不同材料上。其中最常見的是陶瓷材料，其它還包括熱固性塑膠材料（也就是我們俗稱的「電木」），甚至於是有纖維強化後的塑膠複合材料等。

產品名稱	插座
使用材質	苯酚甲醛塑膠，又稱作酚醛樹脂或電木
製造廠商	NGK

這個最普及的產品，常讓人忽略或低估了它背後獨特的工藝技術。

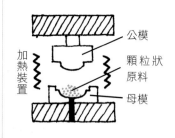

1 一套兩件式的模具被加熱，而在母模內放置了顆粒狀（預先加工過）的原料。

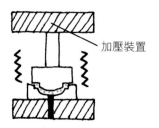

2 加壓裝置將公模下壓，迫使原料依照模具的曲面而改變形狀，其厚度可由公、母模具間隙來決定。

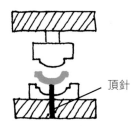

3 成型完成後，模具分開並且利用頂針將成品頂出。

最容易理解壓縮成型的方式，就是把它想像成小朋友在廚房把拳頭壓進媽媽的麵糰裡，然後形成一個小拳頭的拓印。只不過在工業界中，我們會把麵糰換成顆粒狀原料，而把拳頭改成加熱過的成型模具。利用不同的公母模變化，可製作出具厚度的實心固體，也可製作出薄壁的中空容器。

產能
可適用於批量或大量生產。

單位成本和機具設備投資
相較於其他塑膠材料成型（例如 p.194 的射出成型），模具和產線設定成本約在中間程度，但仍能讓物件單位產出成本維持較低廉的價格。

加工物件表面粗糙度
相當不錯。

外型/形狀複雜程度
適合製作較大型且具厚度的物件，相對於射出成型來說會更經濟。由於模具採公、母兩件式，因此成品必須是形狀單純、沒有內倒角結構的物件，但這也意味著成品的壁厚可有不同的變化。

加工尺寸
通常製作的物件大小其長、寬、高，都在300mm 左右。

加工精度
中等。

可加工材質
陶瓷和熱固性塑膠，如三聚氰胺或電木，另外還有強化纖維塑膠複合材或軟木等。

運用範例
三聚氰胺製作的廚房用具（包括碗、杯子等物件）通常都是壓縮成型製作的。其產品還包括電子產品的外殼、開關、和把手等。

類似之加工方法
手工堆疊成型（p.150）或轉注成型（p.174）。以及成本更高的塑膠射出成型（p.194）都是可行的替代方案。

環保議題
依照使用材料而有所不同。若原料為熱固性塑膠，則其產品沒辦法被回收再利用。由於模具上必須被固定的部分很多，因此其生產過程中所產生的廢料量很多。

相關資訊
www.bpf.co.uk
www.corkmasters.com
www.amorimsolutions.com

- 適用於熱固性塑膠原料的製作。
- 特別適合製作大型、具厚度的實心物件。
- 容許工件上有不同的壁厚。

- 由於採用公、母模具的關係，成品外型必需簡單而不能有內倒角，但其長處本來就是製作大型平板如晚餐餐盤等。

轉注成型

Transfer Moulding

產品名稱	倫敦公車的車身板材
使用材質	玻璃纖維和熱固性塑膠

這部公車的大型板材是由轉注成型製作而成的。由於加熱後的原料流動性高，因此可用在製作更大型的工件，同時維持住良好的尺寸精度和壁厚。

轉注是壓縮成型（p.172）的替代方案，但又具有射出成型（p.194）的某些特性。它被用於製作厚度可變化的大型板件，並且能製作出精緻的成品表面。

轉注成型的第一步是將高分子樹脂基材加熱並且填充到預備槽內，當加熱過的原料被壓頭壓縮後，會被「轉注」到一個封閉的模具內。這樣能讓材料更容易在模穴內流動，也能使成品壁厚更容易被掌握，這也代表了此法更能準確製作出更精緻的表面細節。要製作複合材料的轉注成型，需先將短纖維和基材混合，或是將長纖維鋪在模具內。

將高分子樹脂加熱並且填充到預備槽中，利用壓頭將原料轉注到封閉模穴內以完成成型。

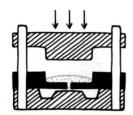 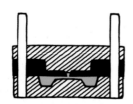 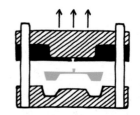 

產能

雖然從前此方法只被用在小量生產，但隨著科技的發展，目前已可進行全自動的大型量產了。

單位成本和機具設備投資

由於以自動化生產的話，產出速率可以大幅提高，這也代表單位生產成本的降低。相對的，生產設備和模具成本也非常昂貴。

加工速度

由於工件的大小，以及有無強化纖維都會影響加工速度，在此提供的數據僅供參考。一般小件的產品其成型週期約為 3 分鐘，但是當製作超大型工件時，成型時間可能會超過兩小時。

加工物件表面粗糙度

可製作出和射出成型 (p.194) 近似的光滑表面。

外型/形狀複雜程度

類似於射出成型，但切記越複雜的形狀其所需成型時間也會大幅增加。

加工尺寸

和射出成型將比，可製作出非常大型的產品。例如 Ford 車廠所生產的 Escort 就準備將原本需 90 個零組件結合而成的車體外板改成兩件式轉注成型產品。

加工精度

由於成型過程使用封閉式模具，因此其精密度較壓縮成型 (p.172) 高。

可加工材質

最常用的材料為熱固性塑膠和強化纖維的複合材料。

運用範例

馬桶蓋、螺旋槳以及其他運輸工具的零組件 (如公車的車身側板)。

類似之加工方法

壓縮成型 (p.172)，雖然它的缺點比轉置成型多很多。另外還有較不適合製作複合材料的射出成型 (p.194)。若要製作複合材料，可行的替代方案為 VIP 真空灌注成型 (p.152)。

環保議題

轉注成型最大的特色在於可製作超大型的工件，它讓設計師不必去考慮拆件的問題，也因此可減低次組立和許多後加工的問題。其所使用的封閉式模具也可避免苯乙烯的排放。

相關資訊

www.hexcel.com
www.raytheonaircraft.com

+
- 較快速的大型板件生產速率。
- 可製作出較複雜的形狀和較精緻的表面圖案。
- 適用於大型薄、厚板件的生產。

−
- 由於澆道中會殘留許多原料並且沒辦法被回收再利用，因此會增加許多不必要的原物料損耗。
- 生產設備和模具費用高昂。

發泡成型
Foam Moulding

相較於其他塑料成型，發泡成型需要將材料預先膨脹，如此節中所介紹小椅子所用的發泡聚丙烯 EPP（俗稱「拿普龍」），才能被灌注在成型模具之內。這有點像是在做菜前，必須先將食材準備好、清洗、切丁，然後才能下鍋一樣。

發泡成型的原料長的像一顆一顆的小珠子，在成型前的預處理階段，藉由戊烷和熱蒸氣，會膨脹到原來的 40 倍大。經過沸騰膨脹後，再進行降溫冷卻的動作，便能讓材料穩定下來。在以半真空狀態將材料靜置約12 小時後，其內部溫度和壓力會和外界平衡。在材料穩定之後，我們必須將之再加熱並且利用蒸氣將之注入成型模具內，藉由高溫讓顆粒彼此融合在一起以完成整個結構。（當然，也有一種做法是將膨脹階段直接在成型模具內完成，這樣可省去一個步驟。）發泡成型的模具基本上很類似於射出成型的模具（p.194），是將材料注入模穴中以完成成型的。以這樣的方式製作出來的成品，其材料中有 98% 是由空氣構成的。

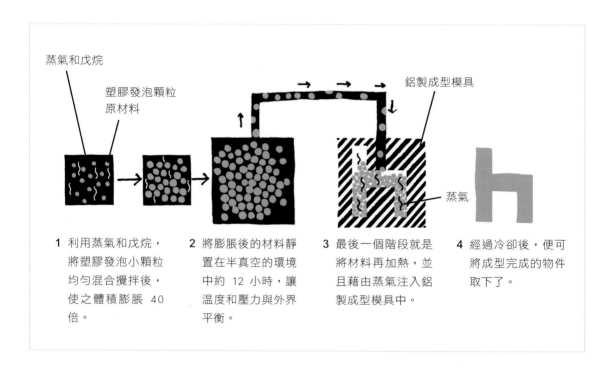

蒸氣和戊烷

塑膠發泡顆粒原材料

鋁製成型模具

蒸氣

1 利用蒸氣和戊烷，將塑膠發泡小顆粒均勻混合攪拌後，使之體積膨脹 40 倍。

2 將膨脹後的材料靜置在半真空的環境中約 12 小時，讓溫度和壓力與外界平衡。

3 最後一個階段就是將材料再加熱，並且藉由蒸氣注入鋁製成型模具中。

4 經過冷卻後，便可將成型完成的物件取下了。

設計師 Enzo Mari 為 Seggiolina POP 開發的兒童座椅，將發泡材料完全赤裸裸的展現在人們眼前。這點和傳統將 EPS（保麗龍）用做包裝材料並裝在厚紙箱內的做法，是很前衛且截然不同的。

相對於直接以 EPP 作為單一成型材料，製作出一件商品，有些比較聰明的廠商會將之灌注在其他材料上，變成一個複合材料，這樣可再省去組裝的人力和時間成本。

產品名稱	Seggiolina POP小椅子
設計師	Enzo Mari
使用材料	發泡聚丙烯（EPP，拿普龍）
製造廠商	Magis
生產國	義大利
發明年分	2004

這些由 Seggiolina 所設計，具有亮麗色彩的小椅子將傳統毫不起眼的製程和產品轉化為最前衛、最有設計感的孩童座椅，並且利用材料輕巧的特性讓小孩在搬動上更容易且更安全。

產能
適合大型量產。

單位成本和機具設備投資
鋁製模具成本高昂，但可藉由大量且快速的生產來降低單位生產成本。

加工速度
模具成型時間每次約 1 到 2 分鐘，依照各別材料性質而定。

加工物件表面粗糙度
材料可事先上色，模具表面可製作花紋或圖案來轉置到成品上。成品表面粗糙度取決於使用發泡材料的密度，但所有發泡材料的表面都會有其特有的顆粒狀紋路。雙色或多色成型也是可行的，甚至我們可以製作出混色的迷幻效果。

外型/形狀複雜程度
其外型限制基本上和射出成型類似（見 p.194），但必須具有更厚實的牆壁和結構。

加工尺寸
非常具有彈性，小至 20mm^3、大到 1×2m，都是發泡成型的可加工範圍。

加工精度
各種材質的發泡材料，其精度會有些微的變化，但大致上，其公差約可被控制在總長度的 2% 以內，在壁厚控制上會稍微高一些。

可加工材質
發泡聚苯乙烯（EPS, 保麗龍）、發泡聚丙烯（EPP, 拿普龍），或發泡聚乙烯（EPE, 伊比龍）。

運用範例
衝浪板、單車安全帽，或是水果或蔬菜的包裝材料、隔熱板、汽車駕駛座頭靠枕、汽車保險桿、方向盤轉柱底板和隔音防振結構等。

類似之加工方法
射出成型（p.194）和反應式射出成型（RIM）（p.197）。

環保議題
發泡材料可大幅降低材料的使用，因為在其結構內部大部分是空氣。然而，在預先發泡的過程中，需消耗大量的熱能和蒸氣，並且在半真空環境中靜置需要很長的時間。其產品非常輕巧，因此可大幅減低運送所需的燃料。但大多數的發泡材料都是不可回收再利用的。

相關資訊
www.magisdesign.com
www.tuscarora.com
www.epsmolders.org
www.besto.nl

- 可加工產品尺寸和應用範圍非常廣。
- 產品結構強健。
- 可大幅減輕重量。

- 生產設備和模具花費高昂。

合板發泡複合成型
Foam Moulding into Plywood Shell

　　合板材料能減低木質產品的重量，並同時維持很高的結構強度，這早已不算秘密。在早期這種材料被飛機製造商 Mosquito 等用來製作機身，也早就是許多家具設計師心中最理想的材料。但我們今日要將焦點放在更具創造性的家具生產方式。

　　Laleggera 的椅子就是利用此種新穎的方式，讓這個結構強健的複合結構家具得以面世，也揭露了這項和裁縫顛倒的生產模式。這張椅子的製作過程有如小朋友在製作塑膠模型一樣，將一片片的木片邊緣膠合在一起，形成一個中空狀的「殼」。因為這個「殼」的本身並沒有內部結構，因此我們必須灌注發泡材料進入「殼」內，以提供此張椅子所需要的高強度。

　　經過回火的過程後，發泡材料會硬化成非常堅硬、但質地輕穎的複合材料結構體。和傳統的發泡成型（p.176）相比，此處將發泡材料灌注到木材製作的「殼」內，而非鋁製模具內，算是跳脫傳統思維、極富巧思的新製程。

　　這些由 Alias 製作的 Laleggera 系列家具最特殊的地方在於將兩種您完全不能想像會被運用在椅子上的材料，以意想不到的方式結合，最後誕生出這個結構強壯、但重量輕巧的驚人產品。

產品名稱	**Laleggera系列家具中的椅子**
設計師	Riccardo Blumer
使用材質	Polyeurethane (聚氨酯, PU) 發泡材料以及木質合板
製造商	Alias
生產國	義大利
發明年分	1996

「Laleggera」照字面上翻譯，是「輕巧的」的意思。這個詞彙適切的表達了此項產品最大的特色。這項特殊的製造技術，也讓兩種材料開啟了前所未有的結合方式。

產能

由於這是項獨特的生產技術，因此較難評估產出的速度，但是根據廠商資料，他們在 2005 年總共製作了 8,000 件椅子。

單位成本和機具設備投資

廠商並未透露。不過我們可以推斷出此項製程開發和實驗的花費並不便宜。但是其生產材料，木材合板和發泡材料都算是相對價廉的材質。

加工速度

從無到有，一件椅子約需四週的生產時間。

加工物件表面粗糙度

完全取決於木質合板的表面，而非發泡材料。而木板表面粗糙度和紋路取決於木材種類。

外型/形狀複雜程度

只要是木材合板能被裁剪、拼接出的形狀都是可行的。

加工尺寸

在這個系列中最大件的加工品是桌子，其大小約為 240×120×73cm。

加工精度

無法提供，不過我們可依照合板裁切和發泡材料成型的公差來估算。

可加工材質

此處椅子的外皮為合板木材、內部結構是發泡材料。故我們可針對不同工件需求，替換不同的合板和發泡材料。

運用範例

目前這項獨一無二的生產技術僅僅被用來製作桌椅。但是按照常理，此項技術應可被運用在所有需要強健結構但又需要非常輕巧的產品上。

類似之加工方法

此法是由 Alias 公司的設計師 Riccardo Blumer 所開發，他們並宣稱世界上目前並無可替代的生產方式。本書中最接近的製程，是木板填充膨脹成型 (p.182)。

環保議題

這是項勞力密集的製程。發泡結構體本身和外皮合板所耗費的材料成本和用量不高，且合板可被回收再利用。在後續的成品運送上，由於物件重量很輕，故所需的油料成本也不高。

相關資訊

www.aliasdesign.it

1 桌子的框架是由一對公母模壓製而成。

2 成型後的零組件必須藉由人力完成組裝。

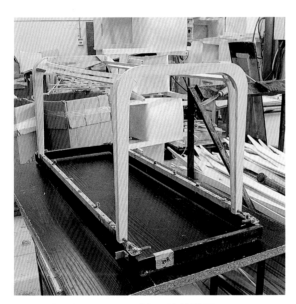

3 將合板膠合後，可得到桌子的結構體。

4 將大片桌面合板壓合於餐桌結構上。

- 結合兩種材料特性，可製作出高強度但質輕的成品。

- 生產技術的開發需要大量的經驗和嘗試，才能達到量產的要求。
- 有能力製作的廠商有限。

木板填充膨脹成型

Inflated Wood

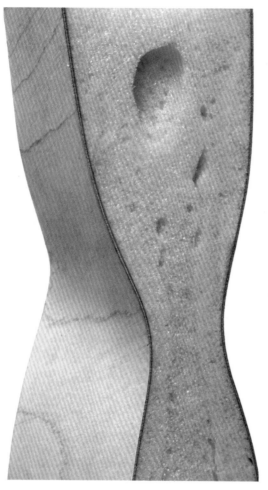

產品名稱	門板
設計師	Malcolm Jordan
材質	外部為木質合板、內部為發泡材料
製造商	Curvy Composites
生產國	英國
發明年分	2005

圖中波動、複雜、極富生命力的曲面就是以填充膨脹成型而成的產品。我們可以感受到這件作品如何給人帶來視覺上的驚艷，並且完美的表現出木材紋路溫暖的質感。

木材很可能是人類發展史上第一個被用來製作工具的材料，但這種老材料卻隨著科技的進度而不斷超越極限，發展出各種新穎的加工方式。大多數的木材加工方式，都是以切削或刨鋸的方式進行，但本節所介紹的成型法卻是以溫柔和緩的手法，將木板膨脹撐開而形成曲面，最後達到我們想要的形狀。

合板的發明可追朔到史前時代的埃及；將合板彎曲撓折卻是較近代的技術；而利用膨脹的材料將木板撐開，形成連續彎折的曲面，則是一種全新的發明和嘗試。傳統上，想將木材彎折，可採行的作法成本都非常昂貴、且需消耗大量人力，但藉由設計師 Malcolm Jordan 所發明的獨特方式，可以輕易且快速的將木材成型成連續封閉且彎折的曲面。

這個獨一無二的製造方法源自於英國南岸美麗的 Brighton University，他們開發了許多優秀 3D 設計計畫，而此處的木材填充膨脹成型就是其中之一。Malcolm Jordan 說「我本身是學航太工程出身的，我的世界充斥著許多極度輕量化的複合材料，加上我擁有直升機駕照，我想這些因素綜合起來，啟發了我用複合材料的觀念創造出視覺藝術品的衝動。」最後的成品，是以木材合板為

皮、發泡材料為內餡所結合出的複合材料。在製作的過程中，合板的某些部分是以夾具固定住的。當會膨脹的發泡材料被灌注在其中，會將沒被固定住的合板向外撐開形成一個凸出的曲面。其成品不一定要是由兩塊平板製作而成的，只要合板的原材料能製作出的形狀，都可以適用此一加工方法。

產能

較適用於小批量生產，而非大型量產。

單位成本和機具設備投資相對於下述其他相似成型方式來說，其產線設定資金需求較低、單位生產成本也屬於中間價位。

加工速度

依照工件形狀或特殊產品而有所不同，以生產一批牆面飾板來說，其表面合板和框架可事先組裝完成，因此其成型步驟就只剩下發泡材料的灌注，這樣的加工速度就很精簡、有效率。不過在人工裝設夾治具和等待發泡材料穩定的過程，可能會消耗到八個小時左右。但是這個步驟可藉由複合式夾治具的設計來提高速率。

外型/形狀複雜程度

成品可以是一面平坦、一面曲折，或是兩面都曲折。由於板材可以預先被橈折，故不一定要用兩片平坦的合板做為灌注發泡材料的初始形狀。實心填充可被特別運用在如轉折點、支撐腳、或是其他零組件接合處的結構強化上。

加工尺寸

取決於合板原材料的尺寸大小。未來可能被運用在家具上，但目前已經能被大量運用在裝置藝術、雕像、或室內裝潢上。

加工精度

利用壓力將天然的木材彎折成非自然的立體曲面基本上就不容易衡量準確性，有時甚至會發生超乎預期的變形。然而，透過夾治具定位、溫度和壓力的控制、以及發泡材料的灌注量，我們可以在不同工件上複製出極相似的曲面。

可加工材質

聚氨酯 PU 的發泡材料（依防火等級和有無異氰酸酯有不同區別）。樺木表皮、厚度在 0.8mm 到 3mm 之間的航太用合板材料。

類似之加工方法

深度 3D 立體合板成型 (p.81) 和合板發泡複合成型 (p.179)

環保議題

合板是由原木刨切成非常薄的木片堆疊而成，是一種永續再生的原料。其內部的發泡材料原料本身的體積也非常小，這意味著此大型成品製造方式的原料消耗並不算高。唯一可能產生原物料浪費的情況，在於若發泡材料填充過頭，導致合板被撐破，則整個工件就會報廢，且不能進行重工的動作。

相關資訊

www.curvycomposites.co.uk

1 架設夾治具以固定合板外表面。

2 合板封閉區面灌注發泡材料前的最後加工和檢查。

3 將成型後的工件表面合板進行最後的拋光處理。

4 複合材料的截面。

- 成品結合了輕量化、高強度的優勢，並可藉由合板表面分散荷重造成的壓力。

- 耐衝擊、隔音、隔熱。

- 無需複雜的模具、也不用依賴木匠巧奪天工的手藝、更不需微電腦數控加工機台。

- 膨脹壓力需要被控制。發泡材料的灌注量和其所造成的壓力需要被嚴格控制，否則封閉的合板有可能會爆炸破裂。

- 某些在製作過程中有切削或彎折裂痕的合板會在膨脹的過程中破裂，因此合板必須經過篩選，或是在外表面再加上一層保護膜來克服這些缺陷。

- 目前只有一家廠商有能力製作。

鍛造

手工開放鍛造及封閉式模鍛、壓鍛、鍛粗等

Forging with open- and closed-die (drop), press and upset forging

　　鍛造可説是金屬成型最主流的方法之一，在重工業中會運用超大型的機台錘打金屬塊以製作出我們想要的形狀。用此方法成型出的金屬工件，不僅僅是外型改變了，甚至於它的分子結構、晶粒排列，以致於其強度和延展性也都會發生劇變。

　　以最單純的手工方式鍛造為例，我們必須先將一塊金屬加熱到它的在結晶溫度左右，接著用錘子等工具將之搥打出我們要的形狀，這就是古代鐵匠的工作模式。而這個錘打的動作，就是後續衍生出各種鍛造方法的原始精神。進入了工業時代，我們能運用的鍛造手法就多了，包括冷鍛和熱鍛等。

產品名稱	表面無上漆的板手半成品
使用材質	不鏽鋼
製造廠商	原製造廠商不詳，但最後出貨廠商為英國 King Dick Tools
生產國	德國和英國

此一表面未上漆的板手是以封閉式模鍛成型的半成品。它還需經過鑽孔和在孔內壁壓上鋸齒紋才能獲得最後的成品。

封閉式模鍛和手工開放式非常類似，兩者都需要重複搥打金屬工件以完成加工變形，只不過此處的搥子和底座被換成了一對模具。

模鍛可以是冷鍛，也能是熱鍛，當我們採用熱鍛，而將金屬塊加溫再搥打，其成品的晶粒排列較整齊，也因此其抗脆裂的能力會較好。

壓鍛是將加熱後的連續條狀或板狀原材送進由一對滾輪構成的成型機構，將之壓出我們要的厚度和形狀。

鍛粗是用來將棒狀物的兩端加壓變形，成為較粗的結構，例如釘子或螺栓等。

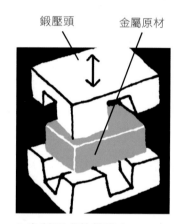

鍛壓頭　　金屬原材

1　在封閉式熱模鍛中，一個金屬原材被放置在模具上並且加熱。

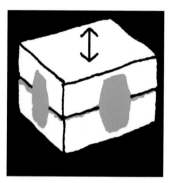

2　當公母模下壓後，會將原材擠壓變形，從而鍛造成模具的形狀。

毛邊

3　工件從模具中被取下後，還需要經過後處理來去除上面的毛邊。

- 採用鍛造製作金屬製品的主因是我們可以掌控成品內部金屬分子的排列和結構。這可以讓金屬內部的結晶走向和產品外型一致，也就是讓產品結構更強、延展性更好。

- 金屬內部不會有如鑄模 (p.217) 或砂模 (p.226) 產品的間隙或空孔問題。

- 沒有流道和澆口殘留廢料的問題。

- 鍛造品通常需要後處理來去除殘留在兩模具間的毛邊。

產能

從極小量手工生產的開放式鍛造，到可生產 10,000 件以上的自動化設備都有。

單位成本和機具設備投資

手工熱鍛造的成本取決於鐵匠的工資。自動化鍛造設備和其模具成本花費很高。

加工速度

非常慢，尤其是需要將工件加熱到再結晶溫度的熱鍛。也因此工件通常在加工前就已經要進行預熱了。

加工物件表面粗糙度

鍛造品的表面通常都需經過後處理才能比較光滑、無毛邊。

外型/形狀複雜程度

用公母模鍛造的產品，必須注意拔模角、分模線等。其中拔模角的大小需依使用金屬來決定。

加工尺寸

小從總重數公克的成品到重達 0.5 公噸的大型產品均可以鍛造成型。

加工精度

由於模具損耗的問題，成品尺寸較難被控制的非常精準。不同材質的金屬會有不同的加工精度。

可加工材質

若採用熱鍛，則大部分的金屬或合金都能被加工。而在其他材料中，可用鍛造加工的有非常非常多種。

運用範例

由於鍛造可以增加成品強度（相較於鑄造），多半用於航空工具的機體結構或引擎。其他還包括手工具如錘子、板手、劍等，甚至是武士刀。

類似之加工方法

粉末冶金（p.188）、擠製（p.144）和迴旋鍛造（p.104）等。

環保議題

鍛造產品的高強度和高延展性可提高產品平均使用年限。但是熱鍛所需要的持續性熱能和其造成的環境負擔都是很巨大的。此外，毛邊的產生和其成品需經過後處理等都會造成多餘的能量消耗。所幸毛邊可以被回收再利用。

相關資訊

www.forging.org
www.iiftec.co.uk
www.key-to-steel.com
www.kingdicktools.co.uk
www.britishmetalforming.com

粉末冶金 又名燒結鍛造
Powder Forging aka Sinter Forging

粉狀金屬鍛造是將粉末冶金（p.166）和鍛造（p.185）巧妙結合的一種方法。就如其他金屬粉末燒結過程一樣，金屬粉末都需經過壓實後在模具中呈現一種名為青坯的半成品。在這個階段中，此半成品的形狀和最後的成品有些許不同。當青坯被燒結完成後，會被從爐具中取出，並且塗佈上一層潤滑劑，例如石墨，以便後續的鍛造作業。此處，最後成品是以封閉式模具進行鍛造，這會迫使金屬粒子更緊密結合、糾結在一起，最後密度變的非常高且質地堅硬的物體。

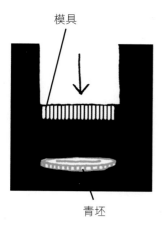

模具

青坯

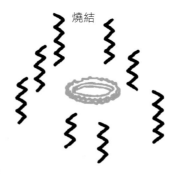

燒結

1 金屬粉末經過高壓後變成青坯。

2 將青坯經過高溫燒結後會變成固體金屬，從火爐中取出並且塗上如石墨等的潤滑劑，就可進行接下來的鍛造了。

3 經過鍛造後的成品內部金屬晶粒會交錯糾結，讓整體結構強度更為提升、且密度更高。

產能
高，多半會超過 25,000 件。

單位成本和機具設備投資
貴，由於需要兩套模具及生產設備，因此前期投資大。但是若產品需求量夠大，則單位生產成本還是有機會被降低到人們可負擔的程度的。

加工速度
取決於產線設定、產品尺寸，整個流程穩定後的生產速度是很高的。

加工物件表面粗糙度
佳，成品不需後續加工，如熱處理，便可有光滑的表面。

外型/形狀複雜程度
成品形狀可以很複雜，粉末冶金的產品壁厚可有大幅度的變化，最薄可到 1mm 以下，但不容許有內倒角存在。

加工尺寸
和一般鍛造物件 (p.185) 尺寸相似，請想像板手或齒輪（直徑可達 200mm）。

加工精度
燒結鍛造的產品特性之一就是精度很高，甚至較其他鍛造都高的多。

可加工材質
大多數鐵金屬和非鐵金屬均可。目前燒結鍛造的主材料都是以鋼鐵為主，或是少量的銅或碳。

運用範例
許多工業用零組件，包括汽車零件、汽缸連桿、凸輪、手工具、傳動系統零件等。

類似之加工方法
開放或封閉式鍛造 (p.185) 和壓縮成型 (p.172)。

環保議題
相較於傳統鍛造，燒結鍛造能降低廢料、提升加工精度，因此幾乎不需二次加工，這能節省需多能源的消耗。但在其燒結的過程中，難免的需要大量的熱能和高壓，不可否認，這是非常不環保的。另外，長期在高壓環境中被使用的模具也需要經常性的維護，其維修成本和模具替換也會較其他製造方法為高。

相關資訊
www.mpif.org
www.gknsintermetals.com
www.ascosintering.com

- 金屬中不會有小孔或細縫，這相對於砂模鑄造 (p.226) 來說，是一大優勢。
- 和其他粉末冶金相比，燒結鍛造可提供產品更大的延展性和強度。
- 相對於純鍛造 (p.185) 來說，能更有效運用金屬，將廢料量降低到極少。
- 不像傳統鍛造，燒結鍛造後的產品幾乎不需後需加工。

- 生產設備和模具費用驚人，需要靠大量生產來攤提成本。

精密原型銑鑄加工(pcPRO®)

Precise-Cast Prototyping (pcPRO®)

德國的 Fraunhofer 專業學校是世界上最大的材料科學和製程研發中心之一。它們最新開發出的技術，就是本節所介紹的 pcPRO® 精密原型銑鑄加工。

精密原型銑鑄是一種用來快速翻製產品原型的加工方法，它結合了鑄造和銑工在同一個機台上，以兩個步驟完成整個快速翻製的過程。第一個步驟是利用 CNC 銑床 (p.20) 將模具的形狀以 3D 立體電腦輔助製圖的 CAD 檔案，在塊狀鋁合金工件上切削出來，完成後再將此切出的凹槽注滿樹脂。待其硬化之後再用同一組 CNC 銑床於已硬化的樹脂上依照 CAD 檔精密的依尺寸切削出形狀。此方法的精神和特色在於原型的其中一面（模造面）可維持不變，而另一面（CNC 加工面）可依不同的設計需求而作出各種變化。

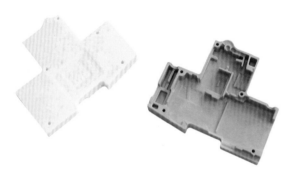

產品名稱	零組件打樣
使用材料	高分子樹脂
製造廠商	Fraunhofer Institute
生產國	德國
發明年分	2004

此產品的正面和內面可以清楚的反映出數控機台的切削精緻程度。

電腦數值控制銑床工作母機　　高分子樹脂

1 將由電腦繪製完成的 3D 模型匯入數控銑床機台，以便再鋁塊上刻製出工件的模具。

2 將高分子樹脂注入刻製好的模具內。

3 當樹脂硬化後，在原本的銑床機台上，以銑刀進行產品刻製。

4 將刻製完成的產品移出模具外。

由於一項產品從原型打樣到最後的成品，往往會經過許多的設計變更，為了在製作最終量產模具前，能讓研發人員進行產品的最佳化，且能兼顧生產端的模具維修和變更成本，精密原型銑鑄顯然是最適當的方法。採用此方法之後，不論電子產品的機殼開發或是其他產品的內部結構調整，都可以因為此方法省去模具修改可能造成的風險和成本。

產能

由於銑削的過程可由 CNC 機台載入 CAD 檔案來完成，因此不但適用於單件原型打樣，亦可用於小型批量生產。當然，此處能針對原型進行大幅度修改的僅限於銑削面，而非模鑄面。

單位成本和機具設備投資

此處翻模澆鑄用的鋁合金模具正是用來銑削樹脂原型的同一套 CNC 機具，因此模具成本是具備高度經濟效益的。

加工速度

模具切削時間基本上約需 1.5 到 2 個小時；澆鑄和樹脂靜置穩定，再到樹脂完成銑削的總時間約需 1 小時以上，依工件形狀複雜程度會略有不同。

加工物件表面粗糙度

和一般銑削加工的工件表面相似。

外型/形狀複雜程度

唯二的限制是 CAD 圖檔和 CNC 銑削加工機台，某些複雜的內倒角結構必須以五軸加工機才能完成，而澆鑄面的內倒角必須借助特殊模具如矽膠材質才能達成。

加工尺寸

CNC 銑削機台所能加工的標準尺寸約為 250×250×150mm。

加工精度

依照各別加工機台的加工能力而決定，一般約在 10^{-6} m 左右。

可加工材質

二液型樹脂 (a two-component resin)。

運用範例

本法適用於形狀複雜的工件，尤其是外表面不需太高的精度、但內表面的精度要求極高的產品。此方法最常被用於手機機殼原型快速打樣、相機機殼、個人電腦等電子產品及其相關配件。

類似之加工方法

傳統銑床 (p.20) 和鑄造。其他快速原型打樣方法還有 3D 立體印刷 (SLA, p.244)。

環保議題

將銑工、鑄工和模造結合在一個機台上完成，能夠讓整個生產方式超乎想像的環保。光銑工能節省下來的廢料就能幫助地球省下不少資源和再加工所需要的耗能，而結合模造和 CNC 銑工更能將半成品在工廠間搬運所需的時間、人力、甚至油料等浪費完全省略。再者，研發人員進行設計變更所需的高昂修模費用，也能因此而被壓到最低。

相關資訊

www.fraunhofer.de

+ ▪ 結合高度自動化的便利性及可隨時更改設計的製造彈性。
  ▪ 時間和金錢的利用非常有效率。
  ▪ 成品表面非常高品質。

- ▪ 具備此技術的廠商十分有限。

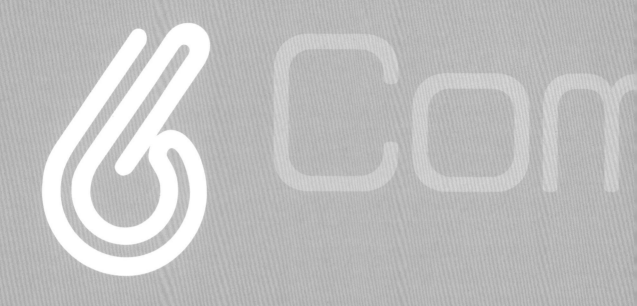

外型複雜產品
製作方法

說明具有複雜外型或表面特性的
工件和產品加工方式

本章更貼切的說法,應該是「融熔狀態成型法」。也正因為其所處理的
材料大多為軟化的狀態,以便用模造的方式生產,因此最適用於大規模
的量產品。但在單位生產成本低廉的背後,必須以高額的前期投資,例
如模具設備等為前提。我們除了為讀者介紹具代表性的射出成型和鑄造
成型之外,也會進一步探索用於複雜外形的表面處理技術。

射出成型

及液體輔助射出成型 (WIT)

Injection Moulding with water injection technology (WIT)

射出成型是否可被稱為所有塑膠加工方法之母呢？確實，透過這種技術，我們可以將塑膠轉化成大量的包裝盒、玩具、或是電子產品的外殼等。法國的哲學家羅蘭、巴特在「神話學」中的一段話，正好可做為最適切的描述，「…一個形狀完美的機台，以將原料通過一管狀延伸的機構（這恰巧是一種最適合表達一段秘密旅程的形狀）毫不費力的製作出一串碧綠清澈的水晶，或閃亮又柔軟的更衣室護套。在機台的一端，進入的是礦物狀的原料，但是從另一端出來的成品，卻是巧奪天工的藝術品，美的甚至必須請一位頭戴扁帽的侍衛來專門看顧它，這個由上帝和機械共同製作出來的東西。」

射出成型的步驟，是從進料開始。我們必須先將顆粒狀的塑膠原料倒入料斗中，緊接著藉由加熱螺桿將之一邊運送一邊熔化，最後以高壓注射進成型模具之內。當不鏽鋼模具以水冷式降溫，使得塑件凝固後，頂針便可接著將工件自模具中頂出。

液體輔助射出成型（WIT）是一種利用水或其他液體來幫助高壓射出 成型的新技術。WIT 擁有許多優勢，是傳統射出成型和氣體輔助成型 (p.199) 所沒有的。它有幾種變化，包括使用高壓水將熔化的塑料沖入模具之內，或是在模具內將塑料向外膨脹、使之緊貼住成型模具內壁以形成中空形狀的工件。這點可避免氣體輔助成型中，高壓氣體可能充填進入塑料之中、造

產品名稱	BIC® Cristal® 鋼珠筆
設計師	Marcel Bich
材質	PS聚苯乙烯（握柄）PP聚丙烯（筆蓋和筆頭、筆尾塞子）
製造商	BIC
生產國	法國
發明年分	1950

每天，在世界上有數百萬的 BIC Cristal 鋼珠筆被銷售出去。這個具有高度象徵意義的產品，除了墨水條和金屬筆尖之外，全部都是以射出成型製作完成的。

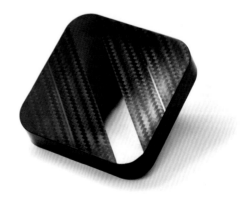

動態加熱是透過加熱模具，在局部區域快速升溫與降溫，以便更精準控制塑膠成型。以圖中 Roctool 為例，這種方法可以產生非常細微的表面紋路樣式。

成結構損壞的缺點。其次，由於液體被壓縮的體積比率相對於氣體來說很小，因此可承受更大的壓力，也就是說，其可被用來製作形狀更複雜或表面更多變化的工件。最後，由於注入液體的冷卻效應，可讓塑料凝固的時間縮短，而提高生產效率。

產能

某些小型製造商可提供 5,000 件或以下的產品製造服務。但基本上，射出成型的最小經濟產量需大過 10,000 件。

單位成本和機具設備投資

若生產數量較低，則考慮到數十萬美金的模具費用，其單位生產成本可能高的嚇人。若能提高產量，則模具成本可被單位生產成本攤提到消費者可接受的範圍內。

加工速度

加工速度依照材質、壁厚、和產品外型而會有所不同。以原子筆來說，其生產效率最高的為筆蓋，速度是 5~10 秒一件。更複雜的工件每件可能必須耗時 30~40 秒。

加工物件表面粗糙度

依鋼模內壁決定，可以是放電雕花紋路，也可以是有光澤的鏡面。在設計模具時，需將頂針位置考慮進來，因為此處會留下一個小圓形凹痕。另外，合模線的位置也必須被一併考慮。

外型/形狀複雜程度

若是物品的產量越大，則外形可以有越多的變化。但設計師須切記，若設計中有內導角、劇烈變化的壁厚、凹孔、或是螺紋等結構，則模具複雜度和開模費用會大幅提高。一般射出成型最適合的產品為薄壁形的中空工件。

加工尺寸

某些微射出成型機台可製作出小至 1mm 的工件。至於大型產品，例如公園的椅子，可考慮使用氣體輔助射出成型 (p.199) 製作。若是有厚壁工件要製作，則可考慮化學反應式射出成型 (RIM) (p.197)。

加工精度

±0.1mm。

可加工材質

幾乎所有的熱塑性塑膠原料。或是某些熱固性塑料或合成橡膠皆可。

運用範例

由於使用的範圍太廣，因此很難界定其標準的運用範疇為何。從常見的 tic tac™ 薄荷糖罐、到醫療用義肢等，都是射出成型可製作的產品範圍。

類似之加工方法

製作金屬工件的射出成型法為金屬粉末射出成型 MIM (p.214) 或是金屬高壓注鑄成型 (p.217)。

環保議題

此方法的成品尺寸和其所使用的原物料和能源是可被精確控制的。透過液體輔助快速冷卻，更可以提升生產速率。其所使用的液體，由於是在一個封閉迴路之中，因此並不會有耗損或浪費的問題產生。但是，辦隨著其快速且大量的製造，目前並沒有一個能鼓勵廠商回收澆道中廢料的機制，因此，射出成型的廢料問題經常為人所詬病。另一個被批評的地方是，其在加熱的過程中所排放的有毒氣體和消耗的熱能，長期累積下來，都會對環境造成很大的傷害。

相關資訊

www.bpf.co.uk
www.injection-molding-resource.org

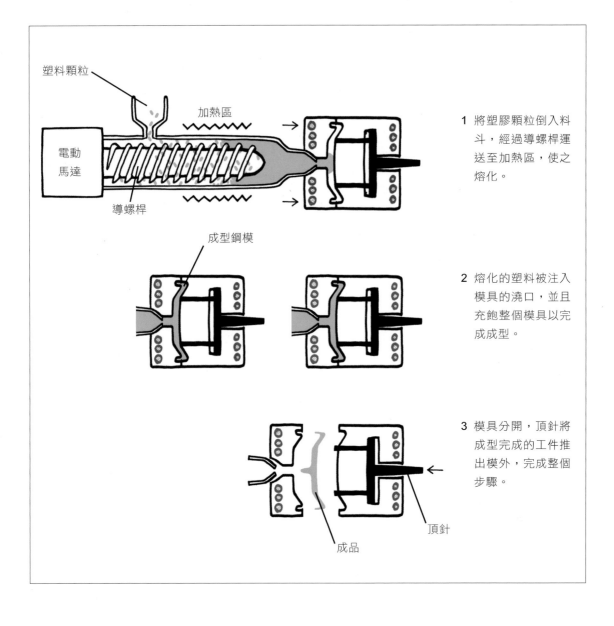

塑料顆粒

加熱區

電動
馬達

導螺桿

1 將塑膠顆粒倒入料斗，經過導螺桿運送至加熱區，使之熔化。

成型鋼模

2 熔化的塑料被注入模具的澆口，並且充飽整個模具以完成成型。

3 模具分開，頂針將成型完成的工件推出模外，完成整個步驟。

頂針

成品

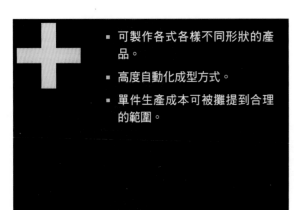

- 可製作各式各樣不同形狀的產品。
- 高度自動化成型方式。
- 單件生產成本可被攤提到合理的範圍。

- 前期投資可觀、最小經濟生產規模量大。
- 前置開模及試產時間長。

化學反應射出成型

及強化式 R-RIM 和結構式 S-RIM

Reaction Injection Moulding (RIM) with R-RIM and S-RIM

化學反應射出成型（Reaction Injection Molding, RIM）一般被用來製作發泡材質的結構體。和一般的射出成型（p.194）不同的是，RIM 的原料並非塑膠顆粒，而是將兩種會產生熱固性化學反應的高分子樹脂注入反應槽內，經過一段時間的反應，再被注入成型模具之內並且持續進行放熱反應。反應會讓工件膨脹、表面也會很平滑。依據樹脂原料的不同，成品可以是柔軟的海綿物體、亦可是堅硬的剛體。

若想對結構體進行強化，可以在成型過程中添加纖維材料，以達到提升結構強度的目的。此方法主要有強化式（R-RIM）和結構式（S-RIM）兩種成型模式。

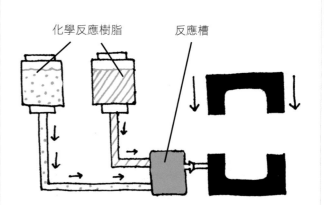

1 將兩種會發生放熱化學反應的樹脂注入反應槽內。

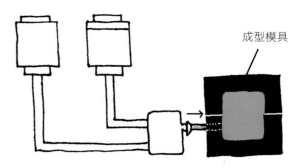

2 反應中的原料被注入成型模具之內，並且膨脹、形成光滑的表面。

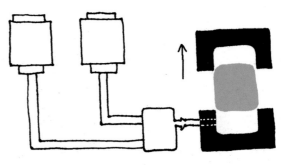

3 經過靜置成型完成的工件被移出模具之外。

產能

適用於大型量產，然而，此方法的成型模具有機會以較便宜的材料，來進行較小型的量產，因此，以合理的成本進行小型量產是可行的思考方向。

單位成本和機具設備投資

相對於傳統射出成型 (p.194) 來說，此方法是屬於低射出壓力和較低模具成本的射出成型方法。然而，其產線設定成本較高，故產量需大到一定數量，以達經濟生產規模。

加工速度

相對於傳統射出成型，此方法屬於非常緩慢的射出成型。尤其是尺寸較大和形狀複雜的工件，可能需要數分鐘、而非數秒鐘，來完成單件產品的成型。

加工物件表面粗糙度

發泡成型能夠在產品表面自動形成一層較內層硬的表皮，並且在內部仍可維持海綿狀孔洞結構。

外型/形狀複雜程度

大形和複雜的工件是可行的，製作肉厚可變化的工件也是可行的。通常 RIM 的工件壁厚不薄，約在 8mm。

加工尺寸

適用於大型元件，約可達 2 公尺長。

加工精度

高生產精度。

可加工材質

RIM 通常以高密度的聚氨酯 (PU) 材料製作。其他常用材料包括**酚醛樹脂 (電木, PF)、聚己內醯胺 (尼龍6)、聚酯原料、環氧樹脂**等。

運用範例

大型發泡製品，不論是高剛性或是彈性材料，都是以 RIM 完成，並且製作成保險桿或是空力套件。其它包括工業用承盤、大型電子用品的機殼、或是冰箱的門板等。

類似之加工方法

射出成型 (p.194)、轉注成型 (p.174)、或是氣體輔助射出成型 (p.199)，這種可製作複雜、大尺寸、輕量化的材料，雖然它們不適用於發泡材料。

環保議題

RIM 的原物料使用量要遠低於傳統的射出成型，這是由於發泡材料本身會形成中空結構，因此可在膨脹過程中，同時兼顧低縮水量和高結構強度等兩個特點。再者，其成型所需溫度相對於傳統射出成型來說，是非常低的，這也代表著加熱所需的能源可以被大大的節省下來。此方法的缺點是其成型所需時間較長，並且使用後材料是不可回收再利用的。

相關資訊

www.pmahome.org
www.rimmolding.com
www.plasticparts.org

- 可容許工件壁厚做一定程度的變化。
- 由於成型條件屬於低溫低壓，因此所需模具材質和設備要求，相對於其他大型量產的射出成型方法來說，是較低廉的。
- 成品具有輕量化、高強度的優點。
- 非常適用於製作大型工件。

- 小型工件可能必須以一模多穴的方式來製作。

氣體輔助射出成型
Gas-Assisted Injection Moulding

傳統的射出成型（p.194）是先將熱塑性加熱熔化後，再注射進成型模具內。完成塑料灌注後，藉由模具內的冷卻水道將模內溫度降低直到接近常溫的脫模溫度。在冷卻的過程之中，塑料會因溫度下降而發生縮水的情形，這時我們必須再多射一些塑料進模內，以補償其尺寸的變化。

為了改良此傳統方法中的缺點，人們想到將氣體（通常用氮氣）注入成型模內，讓尚在熔融狀態的塑料因為氣壓力的作用而能緊貼住模具內壁，使其在固化的過程不至於因為縮水而使外觀尺寸發生劇烈變化，其成品因而會有中空結構存在。

氣體輔助成型分為內部和外部兩種。內部輔助是最常用的一種，而外部輔助多半是用在大型的工件或平面上。其做法是在塑料平面和成型模具間注入一層薄薄的氣體。

義大利的廠商 Magis 善用了這項特點，而開發出了一系列以氣體輔助成型出的大型家具，兼顧了結構強度以及產品輕量化兩個最不容易同時達到的目標，重新定義了大型家具的設計準則。以這個隨處可見的花園椅來說，若是以一般的射出成型來製作，很難去兼顧以上兩點。但是若能以氣體輔處成型，例如 Jasper 設計的 Magis 椅，就能在看似堅固的外表下，擁有出乎意料的輕巧中空結構。

產品名稱	空氣椅
設計師	Jasper Morrison
使用材質	PP (聚丙烯) 加上玻璃纖維做強化
製造商	Magis
生產國	義大利
發明年分	1999

這件可堆疊收納的椅子，能夠承載驚人的重量，卻又維持了輕巧、中空的結構，並且能以合理的價格販售，都是透過了氣體輔助成型技術才能達成的。

產能
僅能用於大型量產的製造方式。

單位成本和機具設備投資
如同傳統射出成型一般 (p.194)，它屬於高設備成本和低單位生產成本的加工法。

加工速度
由於射出的塑料減少、時間也同時縮短，並且模具冷卻的時間也降低了，因此整體生產速率較傳統射出成型為快。

加工物件表面粗糙度
使用氣體輔助的最大好處，就是能讓工件表面非常光滑。傳統的射出成型，成品表面因為射出壓力難以控制的很均勻，所以會有凹痕或摺痕。利用氣體壓力來補足這項缺點，能夠讓內部壓力非常均勻、內應力降到最低、所以射出塑料的流痕也會相對的不明顯。

外型/形狀複雜程度
射出成型本身就是一項非常適用於複雜形狀的成型方法，加上氣體輔助則有過之而無不及。當然，想要得到更複雜的產品、一次充飽更多的模穴，則必須相對的提高模具成本。

加工尺寸
從小型電子產品的機殼，到大件家具都適用。

加工精度
由於塑料縮水率的控制更為精準，因此產品精度會更提升。

可加工材質
幾乎所有熱塑性塑膠原料皆可，包括耐衝擊聚苯乙烯 (PS)、滑石粉填充的聚丙烯複合材、ABS、硬質 PVC、或是尼龍等。

運用範例
幾乎所有可用射出成型製造的產品都可用氣體輔助進行生產。其中外部氣體輔助是特別用於大型平面、如汽車鈑件等、家具、電冰箱門板、和庭園設施等。

類似之加工方法
傳統射出成型 (p.194) 和化學反應式射出成型 (RIM) (p.197)

環保議題
藉由氣體輔助，我們可以將塑料的浪費和使用大幅度降低，也因此縮小了對環境的衝擊，並且同時達成產品輕量化的目標。成型週期也隨之縮短，並且也節省了機台電能和加熱所需能量的消耗。再者，隨著產品的輕量化，其單位運輸成本和油料也會隨之降低，這些都是對環保很有利的因素。

相關資訊
www.magisdesign.com
www.gasinjection.com

- 可讓產品壁厚有不同的變化。
- 縮短生產週期。
- 減輕重量。
- 大幅降低傳統射出成型的縮水痕跡 (p.194)。
- 較傳統射出成型降低 15% 的能源消耗。

- 由於此技術所必須掌控的因素更複雜，包括氣體、壓力、冷卻溫度等，再再都需要事先研究、評估、嘗試，所以這是非常需要經驗的一項生產技術。

MuCell®射出成型

MuCell® Injection Moulding

傳統的射出成型技術已經被廣泛運用於在各種產品之中超過五十年之久，包括人們穿的鞋子，到手機等通訊產品的機殼。隨著複合材料技術的成熟，MuCell® 這種新的複合式成形技術也就此誕生了。

MuCell® 是一種可以適用於射出成型，亦可適用於擠出成型的特殊方法，藉由一種新的介質「微孔發泡結構」來達到減輕 10% 重量、縮短 35% 生產時間的驚人效益。

將高分子材料和做為介質的發泡材料以超高壓灌注進模具之內，當高分子複合材料充滿模具之後，再將超高溫的氮氣噴射進入模具內，使材料達到汽化和液化溫度之間，也就是所謂的「臨界溫度」，這也會從根本的改變高分子材料的性質。

產品名稱	New Balance Minimus MR10WB2
設計師	Jasper Morrison
使用材質	合成橡膠
製造商	New Balance Design Studio
發明年份	2013

這款跑鞋採用 MuCell 射出成型技術，使得重量大幅減輕。

當灌入氣體高於高分子臨界溫度之外，會開始將之熔融。然而，當模內壓力開始減低時，氣體也會開始改變分子型態，在高分子材料中均勻的建構出細胞狀的結構。雖然這些結構非常微小，但卻擁有強健的剛性，同時又非常的輕巧。至此，這些高分子材料已經被正式的轉化成微型發泡結構了。

由於這些微孔結構大小和形狀都很一致，所以整個模具的內應力也得以很均勻的分布在整個工件上，這也就是為甚麼此方法相較於傳統射出成型，幾乎沒有縮水的情況產生。微發泡成型的成品具有超輕量化，其流動性也較以傳統射出成型為低。其和模具的尺寸和形狀也和模具更一致，其微結構所形成的高強度，也讓整體剛性大幅提升，另外，其耐熱和絕緣性也較傳統射出成型更好。

此技術雖然不適合運用在日常用品上，但對於工業用器材或工程材料這些需要高精度的產品，卻是一大福音。此技術以單一階段同時完成高分子材料和高壓氣體的灌注，這種更佳的材料流動性讓此技術可製作出更薄的產品，通常其產品壁厚約在 3mm 以下。

- 可大幅減低產品重量。
- 增加產品尺寸穩定度和結構強度。
- 生產速率因為進料量提升、且黏稠度減低，因此可大幅加快。
- 在冷卻過程中沒有縮水的問題。

- 僅有少數廠商有能力進行生產。

產能

這項技術適用於大型量產，其產能需依其搭配的射出成型或擠出成型來決定。

單位成本和機具設備投資

縮短的生產週期和減少的原料使用量，和傳統射出成型相比，可以大幅降低單位生產成本。但其所需特殊生產設備和模具，需要可觀的前期投資。

加工速度

和傳統的熱塑性塑膠射出成型相比，此技術針對生產速率有著 15~35% 的改善。

加工物件表面粗糙度

因為高壓氣體輔助成型的關係，其成品表面會因為和模具更密合、沒有縮水和流痕的問題而更平整。

外型/形狀複雜程度

和傳統射出成型相比，此方法可以製做出更精細的形狀特徵和更薄的壁厚。

加工尺寸

其加工範圍小自一個重數公克的鎖頭插梢，大到數公斤重的汽車零組件。通常產品壁厚約小於 3mm，滑石粉填充 PP 材料可薄到 2.5mm。

加工精度

±0.1mm。

可加工材質

多種熱塑性塑膠原料，或是高級工程塑膠原料，如 PA、PBT、PEEK、PET 等會有更好的效果。若是能添加如玻璃纖維等的強化物，可以讓其強度更好。

運用範例

目前主要運用在汽車工業中，各種需要輕量化的零件。許多電動工具的基準平面也可用此法，以尼龍添加玻璃纖維強化後擁有高平面度可取代金屬平板。

類似之加工方法

氣體輔助射出成型 (p.199)。

環保議題

材料使用可大幅減少，因此重量也可大幅減輕。原料的黏滯性較低，因此射出成型速率也可大幅提升，讓生產耗能降低。

相關資訊

www.trexel.com

元件嵌入式射出成型

Insert Moulding

嵌入式射出成型是多零組件射出成型（大多時候稱為「雙料射出」）下的一個分支，其美妙之處在於能將許多不同的塑料集合在一個機台上完成成型。嵌入的目的在於利用嵌入件（可以是金屬、陶瓷、或是塑料）的高硬度來補足射出塑料本身不足的強度和使用範疇。其射出的技術基本上多為傳統的射出成型（p.194），而嵌入件必須在射出前就放置在模具之內。

多零組件嵌入式射出成型通常可以兩種方法完成。第一種叫做「迴旋轉置」，將兩種塑料注入同一個模穴內，但模穴會被轉動。第二

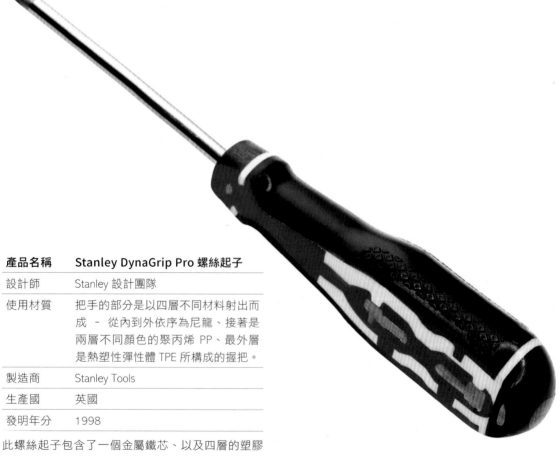

產品名稱	Stanley DynaGrip Pro 螺絲起子
設計師	Stanley 設計團隊
使用材質	把手的部分是以四層不同材料射出而成 － 從內到外依序為尼龍、接著是兩層不同顏色的聚丙烯 PP、最外層是熱塑性彈性體 TPE 所構成的握把。
製造商	Stanley Tools
生產國	英國
發明年分	1998

此螺絲起子包含了一個金屬鐵芯、以及四層的塑膠射出成型：在尾端藍色的部分即為第一層塑膠、發亮的黑色部分為第二層、黃色是第三層、黑色的握把是第四層。

種叫做「機械轉置」，即當工件完成第一次的射出成型後，會被取下模具，放入第二個模具之內進行第二種塑料的射出，以此類推。

當然，嵌入式成型除了以射出成型做主軸之外，也可以搭配壓縮式成型 (p.172)，接觸式成型 (p.150)，和迴旋成型 (p.135) 等。

產能
屬於大型量產方式，通常最小經濟規模都需大於 100,000 件以上。

單位成本和機具設備投資
相對於人工組裝來說，嵌入式射出成型可節省生產時間和人力成本，因此在大型量產上會較為經濟。

加工速度
依工件射出壁厚決定，薄壁冷卻的快，因此生產速度也較快。但仍需綜合考量塑料型態和嵌入件組合方式，以有效提升加工速度。

加工物件表面粗糙度
需以塑膠成型方式決定，基本上與傳統射出成型 (p.194) 類似。嵌入成型的特色在於我們可將塑膠件加在金屬或陶瓷件外面，以完成各種特殊需求的表面，如螺絲起子或牙刷的握柄等。

外型/形狀複雜程度
由於此處嵌入式成型所搭配的塑膠成型方式為傳統射出成型，因此其外形限制會和射出成型產品類似，當然，嵌入件本身的形狀也會對最後成品型狀產生影響。

加工尺寸
和其所搭配的成型法類似，以本節為例，其工件尺寸大小範圍近似於射出成型的可加工尺寸範圍。

加工精度
和射出成型一樣，可達到 ±0.1mm 的加工精度。

可加工材質
包括許多不同組合的物質，如熱塑性和熱固性塑膠。根據不同的材料組合，其交界處的接合有可能會使用化學方式處理。然而，熱固性塑膠和熱塑性彈性體 (TPEs) 間通常不會做化學性的接合處理。

運用範例
將不同性質的材料嵌合在一起的目的，是為了在單一零件上滿足不同的功能需求。例如，採用嵌入式射出成型製作的活動關節上，可以加上各種不同的裝飾或花紋、同時維持其高強度和可動性，又不用增加額外的零組件成本。其產品包括牙刷、螺絲起子、剃刀、電子產品的機殼 (如電動手工具的橡膠握把)。

類似之加工方法
模內裝飾 (p.210)。

環保議題
此方法可節省數個不同的製程，將所需的運送、組裝人力、加工機台成本都融合在一個步驟和加工機台之中，這就節省了大量的生產耗能。當然，由於其所製做出的產品屬於複合材料，所以後續的回收再利用必須先經過拆解的步驟，因此會加倍困難。

相關資訊
www.bpf.co.uk

機械轉置法

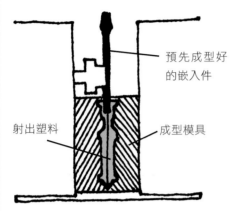

預先成型好的嵌入件

射出塑料

成型模具

1 塑料被射入並且包覆在嵌入件上，此處即包覆在螺絲起子的金屬柄芯上。

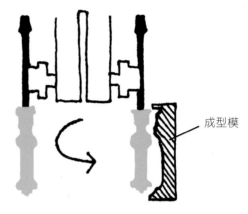

成型模

2 將被第一次射出塑料包覆的工件退出模具，並將之置入第二次射出成型所用的模具之中。

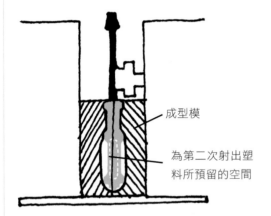

成型模

為第二次射出塑料所預留的空間

3 此階段中，第二次射出的塑料會包覆在第一次成型完成的塑料之上。整個過程可以不同需求設計併重複到完成所有我們需的的功能為止。

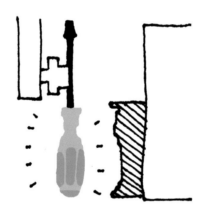

4 完成的工件最後被從模具中取下。

- 可結合各種不同物理性質和形狀、特徵的材質，並且在同一工站完成所有加工。
- 減少組裝所需人力成本。
- 可針對產品增加各種不同的功能。

- 高昂的模具成本。
- 需要大量的知識和經驗，才能做出最適切的複合材料設計。包括每種材料不同的縮水率、材料在不同溫度下對另外一種材料產生的內應力等。

多料/多次射出成型

Multi-Shot Injection Moulding

傳統的射出成型必須將每個零組件分別完成後，再另行組裝成具有完整功能的產品。但是利用多料/多次射出成型，我們可利用多次的射出程序，依次將不同塑料注入成型模內，在單一工站中完成所有零件的製造及組裝。

甚至我們可以製作可動件如蓋子、把手、或轉軸等。通常，這些擁有不同部件的產品以傳統方式製作的話，需要冗長的製造和組裝過程，有些甚至牽涉到不同供應商零件運送的時間和油料成本等等。

產品名稱	花藝剪刀
使用材質	熱塑性彈性塑膠 (TPE) 防滑握把、聚丙烯 (PP) 手把、鋼鐵刀鋒。
製造商	Fiskars
生產國	芬蘭

此花藝剪刀的截面顯示出 TPE 握把和 PP 手把是如何藉由多料/多次射出成型，在同一工站、同一機台中，依序製作完成的。

但是多料/多次射出成型可以讓我們一次解決所有製造的問題,讓所有次組立和料件供應鏈等問題完全消除,因此可大幅節省下時間和製造成本。

正如其他能將事情由繁入簡的方法,多料/多次射出成型需要許多的前置作業及評估,否則可能達不到我們預設的目標。所有環環相扣的細結,都必須備周全的考慮,從怎麼將不同材料依序完成射出,並且不讓彼此的化學反應或物理作用影響到成品功能。整個製程的設計具有非常大的彈性,因此並沒有一個絕對的答案,這也代表著設計師可以發揮高度創意,針對不同的需求,如製造成本或是更多產品功能等來做改良。

多料/多次射出成型是一個全自動的製程,過程中需仰賴電腦控制的機械手臂來將成型模在模穴中移動調整。

- 減少生產時間。
- 減低單位成本。
- 單一循環生產多組成零件。
- 可在加工過程中導入多種功能/裝飾特點,包括圖案、文字與握持摩擦紋路。

- 需要大量的生產計畫。
- 原始設計必須修改以便適合製造生產。
- 有時機械手臂難以將複雜零件拾起及擺放到位,這將造成零件掉落或錯位。

產能

少數小型製造商可接受低於 5,000 件左右的訂單。一般多料/多次射出成型的最小經濟生產量必須大於 10,000 件。

單位成本和機具設備投資

單就前置評估和生產模具設備等成本來說，此方法較傳統射出成型高出很多。但是若通盤考量製造、組裝人力、使用原物料以及零件和成品運送成本等，則此方法會遠低於傳統射出成型。

加工物件表面粗糙度

不鏽鋼模具能製作出的工件表面非常廣，可從粗糙的放電雕花紋路，到接近鏡面的高亮度拋光面。頂針將成品頂出模具的時候會留下一個刻痕。模具結合處在成品表面留下的合模線痕跡也必須在設計時就考慮在內。

外型/形狀複雜程度

若是產量大到一定數目的話，多料/多次射出成型的模具和特色，很適合用來製作形狀和構造非常複雜的產品，並且能讓價格落在大眾可接受的範圍內。然而，若要製作有內倒角、不規則壁厚、嵌入結構或螺紋等產品，勢必會讓模具成本顯著的增加。

加工尺寸

具備特殊微型模具製作技術的廠商能夠生產小於 1mm 的產品。大件的產品如公園椅等則建議可考慮使用氣體輔助射出成型，針對壁厚較厚的產品或可考慮使用化學反應式 (RIM) 射出成型。

加工精度

±0.1mm。

可加工材質

幾乎所有的熱塑性塑膠原料都可適用，但在多料混用時，必須考慮到彼此間是否會發生化學反應，或是其他物理性的熱漲冷縮等劇烈變化。

運用範例

醫療或健康器材；汽車零件；通訊設備；電子產品；家電用品；化妝用品。

類似之加工方法

其它可進行多種材料射出的製造方法有模外裝飾 (p.212)，嵌入式射出成型 (p.204)，模內裝飾 (p.210) 等。

環保議題

由於所有的零件都可在同一個工站中製作完成，因此從原本零件運輸所節省下來的能源成本非常可觀。然而，此種複合材料產品，在被丟棄後，非常難以被回收再利用，因此會對環境造成一些負擔。若能在設計之初就將回收方式和原料分離方法考慮進去，則能有效解決這個部分的問題。

相關資訊

www.mgstech.com
www.fiskars.com

模內裝飾
In-Mould Decoration

產品名稱	產品打樣範例
使用材質	PET
製造商	Kurz
生產國	德國

機殼樣品表現出模內裝飾可做出的樣式。

誠如此製程的名稱所言,這並不是一個製造產品的加工過程,而是一個能為產品表面製造出更多花樣和變化的過程,並且節省下必須在成行後二次加工印刷的多餘費用。這項技術在消費性電子產品日益普及的今天,已經漸漸成為一種主流的方式,用以取代傳統的印刷、噴塗等製程。它已經被大量運用在鍵盤、品牌商標及各種可攜式電子產品上。

就像製作轉印紋身貼紙一樣,此方法必須先將圖案印製在一層聚碳酸酯(PC)或聚酯纖維薄膜上。依照產品形狀的不同,此薄膜可用帶狀方式送進成型模具內,也可一片片切裁過再送入模具內(若產品表面是曲面的話)。此方法也適用於連續變化的曲面,但前提是此薄膜必須預先彎折成模具的形狀,才能被適當的貼附在模具內壁。

採用此方法的時機是做為噴塗或使用帶色彩塑料的替代方案。這麼做的好處是可以確保產品在不同原料製成的各個零組件之間不會有色差產生。舉例來說,手機的機殼通常有前後兩塊主要結構,因為天線收訊的需要而會採用不同材質來製作,這個時候就需要利用模內裝飾來彌補不同材料間上色所可能產生的顯著差異。

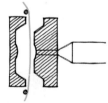

1. 通常將帶有預先設計紋飾的聚碳酸酯(PC)或聚對苯二甲酸乙二酯(PET)平面「箔片」置於射出成型模具內底面。亦可採用曲面薄片,但這通常需要先熱成型處理。

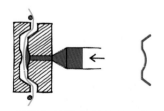

2. 塑膠原料隨後射出注入模具,層積在薄片上形成塑膠零件。

產能
適合用在大型量產。

單位成本和機具設備投資
相對於傳統上要達成相同效果的噴塗後製程，模內裝飾能節省大量的後加工時間及花費。

加工速度
從直觀上來說，將轉印薄膜放置在模具內，會小幅增加產品單位生產週期，但是本工序可以藉由自動化設備來提高速率。再說，和傳統噴塗製程相比，其總生產效能是大幅提升的。

加工物件表面粗糙度
利用不同的薄膜可以製做出各種粗細、花紋、圖樣的表面裝飾，舉凡功能性的表面，或是純裝飾性的都可勝任。

外型/形狀複雜程度
適用於一般平面，亦可用於複雜的曲面。

加工尺寸
相同於傳統射出成型 (p.194)。若是成品表面是很規則的平面，則模內裝飾可以將薄膜包覆在極小的工件上。

加工精度
不提供。

可加工材質
PC、ABS、PMMA、PS 和 PP。

運用範例
舉凡文字或圖案等商標或設計、各種彩色或黑白裝飾，甚至是立體的壓紋，都可用模內裝飾來完成。有種最新潮的應用是產品表面，具有自動癒合能力的保護膜。此種保護膜可被運用在各種手持裝置，如手機等的外殼，它具有防刮的功能，且能讓產品保持光亮。其他還可運用在手機保護殼、機具表面、電子表、鍵盤和汽車保險桿和飾條，恕族繁不及備載。

類似之加工方法
模外裝飾 (p.212) 是另一種相近的方法，但是它牽涉到另一種原料的成型，而非單純的薄膜。昇華轉印是另一種選擇，但是需要以後加工的方式並且必須在被裝飾工件原料為工程高分子材料如尼龍的情況下才能使用。

環保議題
由於少了後處理的機台操作耗能，以及半成品的運送耗能，將傳統的噴塗裝飾整合在成型的過程中，能夠大大的節省能源的消耗。再說，薄膜能進一步保護產品不直接受到刮傷等損害，因此可提高使用年限，減少垃圾產生。

相關資訊
www.kurz.de

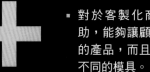

- 對於客製化商品有很大的幫助，能夠讓顧客得到個人風格的產品，而且不需要開許多套不同的模具。
- 基本上所有圖案和表面紋路都可以被包覆於成型工件之外。
- 大量或小量生產都適用。
- 薄膜可幫助工件抗刮、抗腐蝕、抗磨等。

- 若是工件形狀很複雜，則為了放置薄膜於成型模具之內，會產生額外的機構或裝置成本，也因此會提高生產成本。

模外裝飾

Over-Mould Decoration

模外裝飾並非是一種獨立的產品生產製程,而是傳統射出成型 (p.194) 的延伸,藉由兩階段成型的過程,帶給塑膠產品有如手工藝師傅才能製做出的外表。透過這個方法,我們可將各種不同的材質包覆在塑膠射出結構體的表面上。

某些手機的機殼會使用一小塊的布面材料包覆在表面之上,這在傳統的思維中,必須透過精巧的手藝,還有有經驗的工匠或裁縫師才能製作出來的工藝品,其實是由 Dow Chemical 的分公司 Inclosia Solutions 所開發的。它的特色就在能整合各種非塑膠類的材料,在射出成型間將之和塑料結合,而非透過手工藝。

這讓設計師們可以跳脫傳統的思維,大膽的採用各種不同的表面裝飾材質,為產品帶來更多新的元素。相對於傳統冷冰冰的塑膠產品,這種方式帶來更多自然、溫暖的感覺,也讓使用者的心情變的不同。一但塑膠產品能跳脫以往的質感,而能「穿」上各種不同材質的衣物後,就會更能融入我們日常穿的衣服、用的家具、還有配帶的珠寶。

產品名稱	手機殼
設計師	未知
使用材質	歐締蘭 Alcantara®
製造商	Samsung
生產國	韓國
發明年分	未知

這種類似翻毛皮的複合纖維材質,已廣範運用於消費性電子產品的塑膠製品模外裝飾。

產能
適用於大型量產。

單位成本和機具設備投資
物料和製造成本均明顯高於傳統的射出成型 (p.194)，但表面包覆的材質可能會為商品創造更高的附加價值。

加工速度
由於成型的階段分為兩個，先預製一部分、緊接著於其上製作另一部分，因此會較雙料射出為慢。

加工物件表面粗糙度
由於外表可包覆的材質範圍很廣，因此工件表面的粗細程度取決於我們所選用的材質。

外型/形狀複雜程度
最好用於平面或深凹槽形狀的工件表面。

加工尺寸
最大約可加工 300×300mm 的工件。

加工精度
依表面材質的鎖水率而定。

可加工材質
包括鋁合金板材、皮件、布料、或是木材合板或編織網均可。

運用範例
目前模外裝飾已經被手機、筆記型電腦等高附加價值的電子產品所使用。未來還需要設計師們努力創造。

類似之加工方法
模內裝飾 (p.210) 和嵌入式成型 (p.204)。

環保議題
模外裝飾需要靠二階段成型來完成整個裝飾面和塑料結合的過程，因此在生產的過程中，比傳統射出成型要多耗很多能量。然而，裝飾面能讓產品表面受到保護，也會間接的延長使用壽命，以及產品本身的質感。但是，和所有的複合材料一樣，在回收時會遇到無法將材料分離的問題，而會對環保造成一定程度的衝擊。

相關資訊
www.dow.com/inclosia

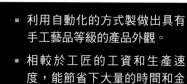

- 利用自動化的方式製做出具有手工藝品等級的產品外觀。
- 相較於工匠的工資和生產速度，能節省下大量的時間和金錢。
- 能使用在大多數的熱塑性工程塑膠和彈性塑膠料上。

- 雖然表面裝飾能讓產品更美觀，但此兩階段成型法會提高產品的單位生產成本。
- 將各種材質的表面和塑料結構體結合，需要有經驗的師傅來控制生產參數，否則失敗的機率不低。

金屬粉末射出成型

Metal Injection Molding (MIM)

用金屬材料來取代塑膠，並且用在射出成型 (p.194) 上，將是大量且快速製作外型複雜金屬工件的理想方式。金屬粉末射出成型 (MIM)，就是為此目的而誕生的方法。由於需多金屬如工具鋼及不鏽鋼具有超高熔點，不適用於高壓注鑄成型 (p.217)，因此，將金屬磨成超細粉末狀，並且以射出成型方式

製作出成品，是個非常創新的方法。

MIM 的加工步驟較傳統塑膠射出成型複雜，由於金屬粉末必須加上添加物才能使它在射出後的形狀能固定，而這些添加物又必須在燒結前被從半成品上分離出來，因此，每家公司都有自己的秘方，能讓這個步驟又快、良率又高。雖然這些添加劑的成分不盡

產品名稱	工程精密零件 (原子筆僅為比例參考用)
材質	低鋁合金鋼和不鏽鋼
製造商	PI Castings 集團旗下的 Metal Injection Moundings Ltd.
生產國	英國
發明年分	1989 年英國初次生產

這些小巧精緻的工程零件全都是以金屬粉末射出成型 (MIM) 所製作而成的。它讓我們能實現將精密且堅固零件小型化的理想。由於這些工程用金屬或工具鋼都具有極高的熔點，不適合以鑄造方式成型，因此 MIM 幫助我們突破了以往的瓶頸，讓我們能將這種高剛性材料的特性運用在更精密的領域中。

相同，但基本上其和金屬粉末的比例大約會是各 50% 左右，其材質從蠟到塑膠都有。當此金屬粉末和添加劑的混合物在成型機台上射出完成後，還必須經過添加物去除和燒結（p.166）等兩個過程，大致上來說，其燒結後的成品體積會再縮小 20% 左右。

產能

為了能攤平高昂的設備和模具費用，最小需求量超過 10,000 件的大型量產品較適用此法。

單位成本和機具設備投資

高設備成本，但若量夠大，則能實現低單位生產成本。

加工速度

單就射出成型的過程本身來說，其加工速度是和傳統塑膠射出成型（p.194）類似的，但是其必須經過燒結和去除添加物等步驟，因此會增加加工時間。

加工物件表面粗糙度

可製作出表面非常光滑的零件，而且外型能有細微的變化。

外型/形狀複雜程度

塑膠射出成型可製作的形狀，幾乎都可藉由 MIM 來完成。甚至一模多穴的先進開模法亦可使用在 MIM 上。

加工尺寸

MIM 目前最適用於需要高強度機械內的小型零組件。

加工精度

可精準到 ±0.10mm。

可加工材質

MIM 可針對形狀複雜的小型精密零件進行大規模且快速的量產。其金屬粉末原材可以是：銅、不鏽鋼、低鋁合金鋼、工具鋼、磁性合金以及低膨脹係數的合金等。

運用範例

外科和牙科手術用具、電腦零組件、汽車工業用零組件、消費性電子產品機殼（手機、筆記型電腦）等。

類似之加工方法

雖然金屬高壓注鑄成型（p.217）能夠達到近似於 MIM 的產能和複雜程度，但最重要的分別在於，MIM 可以製作超高熔點的金屬材料，如低鋁合金鋼和不鏽鋼等。

環保議題

MIM 需要經過高溫燒結的過程，因此嚴格來說並不能算是環保的製程。但是比較起傳統的金屬切削加工，其所節省下的原料和加工時間非常可觀。就回收的角度來說，金屬都是可以被回收的，但 MIM 的製品多為高硬度、高熔點的金屬，故回收再利用的耗能會較一般金屬高。

相關資訊

www.mimparts.com
www.pi-castings.co.uk
www.mpif.org

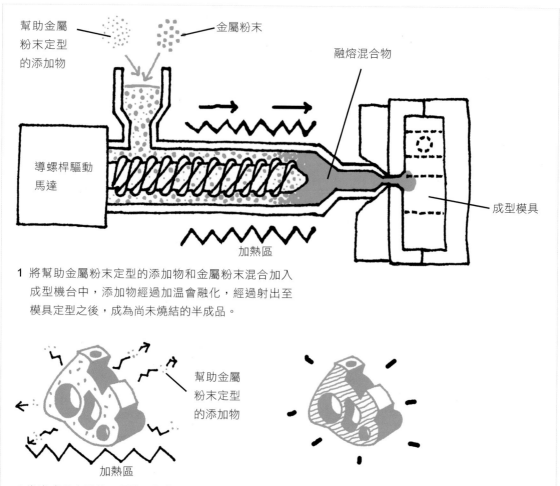

1 將幫助金屬粉末定型的添加物和金屬粉末混合加入
　成型機台中,添加物經過加溫會融化,經過射出至
　模具定型之後,成為尚未燒結的半成品。

2 當半成品定型後,需將添加物和金屬分離,這個
　步驟依照添加物質的不同,而會有不同的分離
　法,此處以加熱法將添加物揮發分離。

3 剩下的金屬定型物經過高溫燒結後,體積會縮小
　約 20% 左右,形成最後的成品。

- 可用於高熔點合金。
- 可製作出形狀複雜的零件。
- 可大量生產,極具經濟效益。
- 不需後加工。
- 成品具高強度。

- 僅適用於較小型的零件。
- 只有少數廠商具備此 (MIM)
  生產技術。

金屬高壓注鑄成型
High-Pressure Die-Casting

　　利用高壓來灌注融熔金屬進入成型模具，應該是最快速、大量、經濟且能製作出精密和形狀複雜金屬零件的加工方式了。從這個角度來看，此方法所能達到的目的和金屬粉末射出成型（MIM）（p.214）是類似的。但是此方法有些優點是 MIM 所沒有的，其中最重要的就是它不需要經過額外的燒結過程。

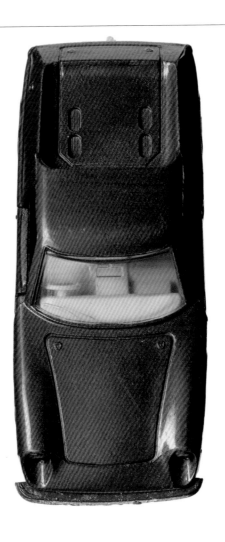

產品名稱	火柴盒小汽車 Lotus Europa
材質	鋅
製造商	Matchbox
生產國	英國
發明年分	1969

這些金屬澆鑄成型的小汽車是許多人共同的童年記憶，此處也體現了金屬注鑄所能製作的精巧細節和構造。

此方法要先將融熔金屬注入一暫存槽中，再利用高壓將之注入成型模具內。高壓必須維持到金屬降溫、冷卻凝固後才能洩除，緊接著便可利用頂針將成品從模具中頂出，完成整個成型過程。這些過程幾乎和傳統塑膠成型 (p.194) 一模一樣。

產能
只適用於大型量產品。

單位成本和機具設備投資
這些結構精細的成品，需要昂貴複雜的生產設備和模具，來應付高壓融熔金屬的灌注、成型、和脫模，因此必須靠大量生產來使單位生產成本降低到消費者可接受的範圍內。

加工速度
快速，但有時需要後處理來去除澆注後在合模線上所產生的毛邊。

加工物件表面粗糙度
優異。

外型/形狀複雜程度
非常適用於複雜的、非封閉式的金屬製品，尤其是有薄壁結構的。和脫蠟鑄造 (p.222) 不同，高壓注鑄需要考慮拔模角度。

加工尺寸
最重可加工 45 公斤的鋁件。

加工精度
可估算的很精確，但某些金屬的縮水確實會對成品尺寸有很顯著的影響。

可加工材質
各種低熔點的金屬，常用的如鋁、鋅等。其他還包括黃銅、鎂等。

運用範例
許多電子產品包括個人電腦、相機、DVD 播放機，甚至家具零件和刮鬍刀把手等。

類似之加工方法
脫蠟鑄造 (p.222)、砂模鑄造 (p.226) 等，以上都是相對廉價的成型方式，適用於大型、需要一定精度的產品。重力自然澆鑄成型是種比較古老的方式，由於沒有高壓輔助，此方法所能製作的產品會較小、且細節也沒辦法那麼精緻。

環保議題
由於此處所適用的金屬材料熔點較 MIM 為低，且不需燒結，因此耗能也相對低的多。然而，其合模線所產生的毛邊，需要經過後加工，所以會消耗多餘的時間，並且會產生一些廢料。當產品被丟棄後，由於金屬材料熔點較低，所以被融熔、分離、回收再利用的機率會較高，耗能也較低。

相關資訊
www.diecasting.org

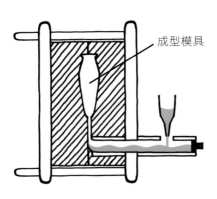

1 融熔金屬被注入暫存槽中。

- 適用於複雜的工件。
- 成品表面光滑。
- 成品尺寸精準。
- 可製作出超小截面和很薄的壁面。
- 大量生產的零件彼此尺寸幾乎沒有差異。
- 屬於快速且不需要太繁複後加工的金屬成型方式。

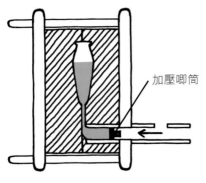

2 利用唧筒加壓，使融熔金屬被注入成型模具之內。

- 模具成本高昂，所以只適用於超大型量產。
- 成品會有毛邊，需要靠後加工去除。
- 成品並不能保證有很高的結構強度。

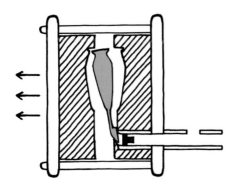

3 高壓必須維持到金屬冷卻凝固後才能洩除，接著利用頂針將成品頂出模具。

陶瓷射出成型

Ceramic Injection Molding (CIM)

陶瓷是一種堅硬、耐磨、抗腐蝕的好材料，其得天獨厚的特性，讓它有別於其他原物料而非常適用於各種工業用的場合和環境。利用射出成型來處理陶瓷原料，可以製作出以往手拉坯無法完成的精細結構和外形。這項技術可適用於單件原型打樣，也可適用於大型量產。

陶瓷射出成型（CIM）所製作出的產品目前已經被廣泛運用在各種醫療用品或器材之上，如心律調整器、以及其他被用來植入人體內的醫療部件等這些需要高精度、且不會被人體排斥的產品。

我們必須選擇適合製作成粉末狀的陶瓷材料，並且和添加物混合之後，讓它成為可被注入模具內的流體。添加物必須有遠低於陶瓷的熔點，這樣才能讓半成品在定型之後，將之與陶瓷本身分離開來。此處所使用的原料混合攪拌器必須非常耐磨，這樣才不會被堅硬的陶瓷所損壞而不堪使用。

當半成品凝固之後，必須將之加熱到添加物的熔點之上，使之汽化，讓它和陶瓷分離以完成整個成型過程。成品可利用燒結或是熱靜壓（HIP）的過程來消除內應力並且增加其結構強度。

產品名稱	Apple Watch
使用材質	氧化鋯陶瓷
製造商	Apple Design Studio
發明年分	2016

某些版本的 Apple Watch 背面採用高強度的氧化鋯陶磁射出成型，堅硬的表面可以減少刮傷的可能。

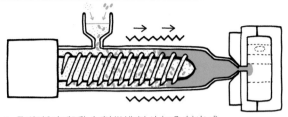

1. 陶瓷粉末與黏合劑從進料斗加入射出成型機，然後射入模具之中。

2. 加熱從模具移出的零件使黏合劑蒸發，最終留下陶瓷零件進行燒結，使陶瓷顆粒熔合。

產能
此方法能讓精密的陶瓷產品以數萬件的產能進行大型量產。

單位成本和機具設備投資
陶瓷射出成型所需抗磨耗模具成本非常高，但可藉由大型量產將單位生產成本降低。

加工速度
通常會將數種不同工件安排在同一批量產中，以便能縮短所需時間：同常一件成品要完成成型及燒結等過程需要數天。

加工物件表面粗糙度
陶瓷產品的原始表面是細緻、消光的石材質感。

外型/形狀複雜程度
和傳統射出成型一樣，需考慮內倒角和成品脫膜的問題。

加工尺寸
由範例圖片中的牙套可看出，Small Precision Tools 所製作的陶瓷零件可以比牙齒還要微小、精細。小型的陶瓷射出產品尺寸僅有 1mm 或 2mm，甚至可以細到穿過繡花針的孔。

加工精度
根據不同的陶土材料會有所變化，但是最佳的狀態可以達到 ±0.005mm。

可加工材質
各種陶土，如氧化鋯、碳化矽、或氧化鋁等。

運用範例
CIM 特別適合於製作耐磨、抗腐蝕、抗化學反應、以及低生物排斥性的醫療植入件，例如植牙用件。

類似之加工方法
傳統塑膠射出成型 (p.194)

環保議題
會對環境造成較大負擔的環節有燒結、和高溫去除添加物的部分。

相關資訊
www.smallprecisiontools.com

- 陶瓷射出成型可製作超級複雜和精細的零組件，達到傳統陶藝無法企及的境界。

- 射出模具昂貴，且製作耗時。

脱蠟鑄造

Investment Casting aka Lost-Wax Casting

脱蠟鑄造的英文名稱為「投資鑄造」，這意味著我們必須犧牲某些材料，以換取原料得以在模具中成型。這個方法在人類文明中已經存在了數千年之久，最早可追朔到古埃及時代。它的精神，就是利用蠟油凝固製作原坯，接著將之浸泡在陶土溶液中，如此反覆浸泡，直到上面附著的陶土層已經厚的足以支撐融熔金屬澆鑄入內為止。當融熔金屬注入陶土模具後，裡面的蠟會被融化而流出，只剩下金屬留在模具內。等到金屬冷卻凝固後，我們必須用破壞性的方式把陶瓷模具擊碎，以將金屬成品取出。由於不用考慮脱模的關係，此法所製作的產品可容許各種內倒角或複雜的結構等存在，這是射出成型所不能做到的。

蠟模　　　　　　　陶瓷外殼模具　　　　　　完成品

產品名稱	勞斯萊斯汽車引擎蓋上的裝飾小雕像：Spirit of Ecstasy
設計師	Charles Robinson Sykes
材質	不鏽鋼
製造商	Polycast Ltd
生產國	英國
發明年分	1911

上面三張圖片將脱蠟鑄造的三個階段清楚呈現出來。這個很棒的範例告訴我們，當時他們如何選擇最適當的製造方法來鑄造這個時尚華麗的小雕像。

通常我們必須先製作一個模型（大多是鋁質的），但高分子塑膠材料也可以被接受。這個模型是為了製作大量的蠟模。將許多個蠟模插上蠟製枝幹上後，會形成一個狀似耶誕樹的東西。將這個像耶誕樹，上面有許多相同蠟模的模型浸泡在陶土或石膏溶液，反覆進行後，會形成一層厚實的陶土層，然後送入烤爐中加熱，讓蠟融化然後倒出陶土層，這剩下的陶土層就是我們要澆鑄金屬的成型模具。陶土層經過燒烤硬化後便可以支

i

產能
依產品大小決定，一顆蠟模樹可容納數百個小型的工件模型，也就是說一次澆鑄就可製作數百件成品，而大件產品可能就只能一次製作一件。脫蠟鑄造的產量可從數百件到數萬件不等。

單位成本和機具設備投資
模具製作成本和需要在高壓環境下作業的金屬射出成型（p.217）模具相比，便宜的幾乎可以忽略。依照產品大小做適當的規劃，可以在一次澆鑄中就製作數件甚至數百件的成品，以降低單位生產成本。

加工速度
緩慢，需要許多個步驟才能完成一批產品的生產。

加工物件表面粗糙度
不錯，但需考慮蠟模本身的表面粗糙度。

外型/形狀複雜程度
不像高壓射出成型的產品需要考慮拔模等因素，澆鑄的產品外型設計更自由不受限制。

加工尺寸
從 5mm 小到 500mm 長，或重達 100kg 的產品均可適用。

加工精度
高。

可加工材質
各種鐵金屬或非鐵金屬。

運用範例
雕像、汽輪機、船舶鎖鍊、珠寶、到醫療器材等。一個最著名的範例就是勞斯萊斯車頭的女神像。

類似之加工方法
高壓金屬注鑄成型（p.217），砂模鑄造（p.226）和離心鑄造（p.159）。

環保議題
當陶土模被擊碎後，可以被加熱回收再製成泥漿狀態，因此不會浪費原物料。整個過程需耗費大量的熱能。有些廠商至今仍然使用酒精性的添加物來製作陶土殼，這些都可能對環境造成傷害。不過綜合來看，熱能的消耗仍然是最主要的問題。

相關資訊
www.polycast.co.uk
www.castingstechnology.com
www.pi-castings.co.uk
www.tms.org
www.maybrey.co.uk

撐金屬澆鑄的重量。當金屬冷卻凝固後，我
們將陶土層敲破，就可以得到剛才蠟模耶誕
樹形狀的金屬成品了。

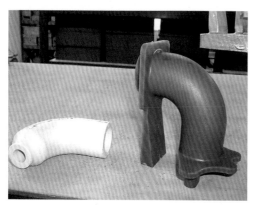

1 圖中右邊的是最初的蠟質模型

2 數個蠟質模型被插在蠟澆道模型上，並且浸
在陶土漿中以形成硬質陶土層。

3 另外一個產品，多個蠟製模型被插在澆道蠟
模上，正準備被浸入陶土漿中。

4 經過金屬澆注，並且凝固後的產品，等待我
們擊破陶土模具將之取出。旁邊手持金屬物
即為脫模後的成品。

5 圖中外層的陶土層已經被剝離，露出金屬成
品。

6 最後成品和最初的蠟質模型對照圖。

1 利用鋁質模具製作蠟質模型，可重複使用直到蠟質模型的數量已經足夠。

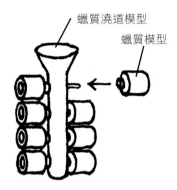

2 將蠟質模型安插在設計好的蠟質澆道模型上，變成一個像耶誕樹的結構。

3 將此蠟質耶誕樹結構浸入陶土漿中，製作出一定厚度的陶土硬層，以便進行後續的澆鑄。

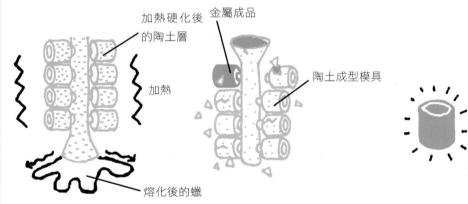

4 將之放入烤爐內加熱，使蠟能熔化並被倒出。接著將空的陶土殼加熱硬化。

5 將融熔金屬澆鑄進陶土模內，並等待其冷卻。等到金屬凝固後，即可將陶土模擊碎，將金屬成品取出。

6 最後的金屬成品。

- 中空或其他形狀複雜的產品可用此法製作出來。
- 由於可製作中空結構，因此成品重量可大幅減輕。
- 成品精度高。
- 可降低所需後加工的步驟和時間。
- 產品設計可以不受限制。

- 成型步驟多。
- 某些廠商使用的酒精添加物會對自然環境造成傷害。

砂模鑄造 包含二氧化碳矽酸鹽和殼狀鑄造

Sand Casting including CO^2 silicate and shell casting

砂子有許多重要的物理特性，在鑄造中最重要的，就是它能耐極度的高溫，因此能用來製作金屬鑄造所使用的成型模具。

砂模鑄造有許多形態，通常是以所需要的元件多寡來區分，但基本上都必須製作能滿足需求數量的成品模型。將成品模型壓入砂和陶土混合的黏土中再取下，便可製作出我們需要的成品外型模穴。

在砂模中要預留澆道和逃氣孔，以便讓多餘的金屬料有地方跑。此澆道和逃氣孔的另一個重要的原因，是要彌補金屬凝結時所縮小的體積。有此結構的砂模才不會讓成品內部發生空孔。

依據此原則所衍生的方法有很多，包括使用類似脫蠟原理的消耗性原型模型如高分子泡棉等，它們會在金屬澆鑄入內時自行汽化揮發。木質模型可用於小批量生產，而整個鑄造過程亦可以自動化的方式生產，並以鋁質模型和電腦控制的砂模壓製來完成整個過程。

其他衍生方法包括二氧化碳矽酸鹽和殼體鑄造。二氧化碳法是最近才開法出來的新方法，此處砂模的硬化是靠矽酸鹽而非傳統的陶土。在澆鑄的時候它會產生二氧化碳，而由於矽酸鹽能讓砂模硬度提升的緣故，此法所製作的產品尺寸精度也會更準確。

殼狀鑄造是採用高純度、更細緻的砂來製成模，並且在表面塗佈上一層熱固性樹脂。這讓砂模的壁厚可縮減到約 10mm 薄，並且擁有更強韌的結構以耐金屬澆鑄。殼體鑄造還能提供產品更準確的精度，和更光滑的表面。

產品名稱	High Funk 桌腳
設計師	Olof Kolte
材質	鋁
製造商	David Design 首先生產
生產國	瑞典
發明年分	2001

這些獨立販售的桌腳，其概念在於讓使用者可以選擇自己喜歡的桌面，搭配他們所開發、不同高度的桌腳，來根據個別需要組裝出適合的桌子。

產能

砂模鑄造可用在單件式生產或是大型量產。

單位成本和機具設備投資

手工砂模鑄造成本主要在於木製原型的製作，而成品單位生產成本並不算高。若以自動化設備進行生產，雖然會提高設備成本，但其效率的提升可換得更低廉的單位生產成本。

加工速度

和高壓注鑄（p.217）相比，此方法是個非常費時的製程。

加工物件表面粗糙度

砂模鑄造的成品表面非常粗糙，因此需要後續的打磨、拋光等後加工。用聚苯乙烯（PS）進行砂模澆鑄後的成品沒有合模線，因此不需後加工。殼體鑄造可製作出高品質的光滑表面。

外型/形狀複雜程度

由於砂子的特性就是容易崩塌，因此其產品形狀越單純越好。然而其所衍生出來的鑄造方式確實能容許我們製作形狀更複雜、壁厚可變化、含有內倒角結構的，更具設計感的產品。

加工尺寸

和其他金屬鑄造技術相比，砂模鑄造可製作相當大型的零組件，唯其最小壁厚需大於 3~5mm，其表面也較粗糙。

加工精度

和其他鑄造技術相比，砂模鑄造最重要的就是要將金屬的縮水率考慮在內。雖說不同金屬具有不同的熱膨脹係數，但基本上縮水率約在 2.5% 以內。殼體鑄造的成品具有較高的精度。

可加工材質

熔點較低的金屬，如鉛、鋅、錫、鋁、銅合金、鋼鐵、和其他鋼鐵合金。

運用範例

汽車引擎本體、汽缸頭、渦輪歧管等。

類似之加工方法

相近，但成本更高的方法有高壓金屬注鑄成型（p.217）和脫蠟鑄造（p.222）等，但綜合來看，砂模鑄造可以製作出更複雜的形狀。

環保議題

砂模的沙子可被重複使用許多次，但經過多次的加熱和磨耗之後，便不再適合用作模具的原料了。但是這些廢沙可被回收並且用於其他地方，最常見的就是被用來當作土木工程的填土。初步統計，各個砂模鑄造廠每年數噸的廢棄沙子中，大約只有 15% 左右的廢沙會被回收再利用。

和其他的金屬澆鑄技術一樣，其最大的問題就是高溫加熱所需耗費的能量。

相關資訊

www.icme.org.uk
www.castingstechnology.com

1 位於下方的模具下半部可明顯看出其上方平面凹陷的成型模穴。

2 融熔金屬沿著澆道被澆鑄進模具內。

3 工件和砂模上半部被取下，準備要進行後加工。

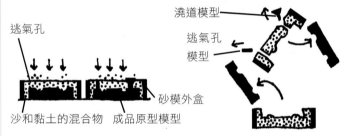

逃氣孔

沙和黏土的混合物　成品原型模型

砂模外盒

澆道模型

逃氣孔模型

逃氣孔

上下模組合用定位柱

1 第一步，將產品原型模型、澆道模型、逃氣孔模型等放置在上下半個砂模之內。

2 當砂模硬化後，將模型移除。

3 將上下兩個砂模依照定位柱組合起來，形成一個完整的成型模。

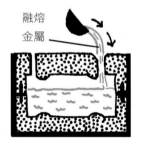

融熔金屬

4 將融熔金屬注滿整個模穴、澆道、以及逃氣孔。

5 當金屬冷卻後，把成品從砂模中拉出來。

6 最後的金屬成品。

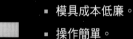

- 模具成本低廉。
- 操作簡單。
- 其所衍生的方法能製作出更精細的零件。
- 生產量極具彈性。

- 有可能是高度勞力密集的製程，且單位生產成本會因為產量過低而暴增。
- 成品需要許多的後加工製程。

玻璃壓製成型

Pressed Glass

此方法最直觀的解釋,是把它想成「玻璃的射出成型」,利用模具壓製玻璃,實現了將形狀複雜的玻璃工藝品量產化的理想。

和此方法處於兩個極端的應該算是手工吹製玻璃(p.114)了,用手工吹製而成的玻璃製品,其幾何形狀的變化僅局限於產品外表面。玻璃製品的爆炸性成長可以追朔到 1827 年,當玻璃壓製技術被開發出來的那年。

此方法最重要的就是利用仔細控溫預熱過的公模和母模以穩定的溫度確保玻璃不會黏著在模具上面。將一坨半熱熔的玻璃倒入公母模之間,開始進行壓製。其成品的厚度取決於公母模間的間隙。這兩個模具各自負責成品的外壁和內壁紋路和圖案。在大型量產中,一個流水線不斷移動,讓產品經歷從半熱熔玻璃填充,到公母模合併進行壓製等自動化生產過程。

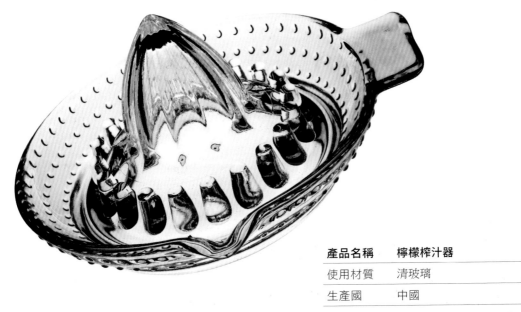

產品名稱	檸檬榨汁器
使用材質	清玻璃
生產國	中國

除了便宜的菸灰缸外,這個從我家附近商店買來的檸檬榨汁器,體現了壓製玻璃成品所能達到的厚度、複雜度、和紮實感。這正好和吹製玻璃的輕、薄和中空結構形成了強烈的對比。

此方法所製作的厚實玻璃製品絕對比以精細刀具切裁，再利用後加工來增加花紋或幾何形狀的平面玻璃產品要有價值的多了。壓製而成的玻璃能擁有更不同的風格，這種視覺和觸覺上的衝擊，是會讓消費者有衝動買回家收藏的產品。

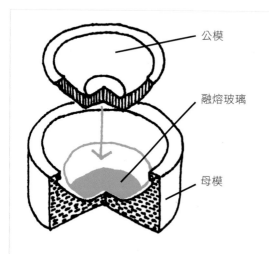

公模

融熔玻璃

母模

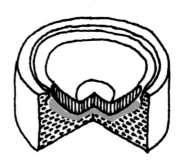

1 經過仔細預熱過的公模和母模，會以穩定溫度來壓製玻璃，確保玻璃不會黏著在模具之上。

2 將一坨半熱熔的玻璃倒入公母模內，利用公母模之間的間隙來控制成品厚度。

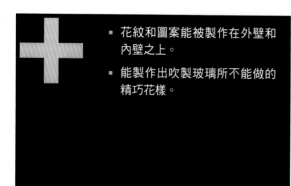

- 花紋和圖案能被製作在外壁和內壁之上。
- 能製作出吹製玻璃所不能做的精巧花樣。

- 和吹製玻璃比起來，壓製玻璃最大的缺點就是不能製作可封口式的中空容器。
- 不適用於薄壁式的玻璃產品。
- 通常其模具成本會高於手工吹製玻璃的設備和模具成本。

產能

玻璃壓製成型可以是純手工、半自動、或全自動的加工方式。半自動的生產方式其最小產能約在 500 件左右，通常此法會作為全自動化、大型量產前的生產評估之用。

單位成本和機具設備投資

全自動化生產的話，其單位生產成本可被攤提到極低。當然，和每種自動化生產方式一樣，其設備需要先行投入大量的資金。

加工速度

在全自動生產線上，依照產品大小的不同，一部機台可以同時用數個模具進行壓製。其生產速率可高達每小時 5,000 件。

加工物件表面粗糙度

酒窩狀、細齒狀、鑽石狀的圖案都常見於壓製玻璃的成品上，雖然其花樣可能不會像裁切薄板玻璃上所製作的那麼明顯。

外型/形狀複雜程度

吹製玻璃 (p.114) 的外形大多是圓形，但壓製玻璃的外形可以有需多複雜的變化和裝飾。設計師僅需注意一點，就是壓製玻璃無法製作封口式中空容器，和熱塑性 (p.64) 成型一樣，其產品設計必須考慮拔模角。也因此，壓製玻璃適用於厚壁型的中空產品。

加工尺寸

某些半自動化的機台能製作直徑 600mm 大的產品。大型的玻璃產品依照廠商各別的產能和技術來決定能不能做。

加工精度

由於玻璃的膨脹和收縮係數並不高，因此其成品的精度也會很高。一般公差約為 ±1mm。

可加工材質

幾乎所有玻璃。

運用範例

檸檬榨汁器、鐵路號誌、像機鏡頭、街頭和居家照明等

類似之加工方法

裁切玻璃可被用來製作細緻的表面圖案或雙面裝飾的平板玻璃。針對塑膠材料可以考慮壓縮成型 (p.172)。

環保議題

玻璃是一種可回收再利用的可再生材料。而且即使是回收的再製品仍然能保持它應有的透明度和外形。然而，在玻璃壓製的過程中需要持續且穩定的熱能，這點比較不環保。再者，某些有毒氣體可能會在加熱的過程中被釋放出來，對人體和環境造成傷害。

相關資訊

www.nazeing-glass.com
www.britglass.org.uk

加壓注漿成型 及加壓排水注漿成型

Pressure-Assisted Slip Casting with pressure-assisted drain casting

加壓注漿成型，顧名思義，是傳統陶瓷注漿成型（p.138）的衍生。但它卻具有傳統注漿所沒有的優點，包括成型的速度和可製作形狀的複雜程度等。傳統的陶瓷注漿成型是讓陶土泥漿注入石膏模型內，藉由毛細現象讓石膏內壁將陶土泥漿的水吸乾凝固，形成一片薄薄的陶土壁。這樣的過程是非常耗時的，而且石膏模的壽命也不長。

在加壓注漿法中，我們採用了一種更具彈性、並且孔隙更大的材料來製作模具。更大的孔隙也代表了毛細現象會被高壓（一般在 10~30 bar 左右，依產品大小來決定）加強而加快排水。首先我們先將陶土泥漿以高壓幫浦注入多孔隙的塑膠模內。在這種高壓力之下，陶土內的水分會因高壓輔注的毛細現象原理，快速的被石膏壁上的孔隙所吸乾。當陶土乾燥到一定程度後，將此雛形取下石膏模，並且將上面的小缺陷去除乾淨。緊接著我們要用熱風將之吹乾，並且在上面塗佈一層釉，然後再送進烤爐。

英國的 Ceram Research 陶瓷研究中心，發表了一個叫 Flexiform 的計畫，將加壓注漿改良，衍生出了一種叫做「加壓排水注漿成型」的製程。此製程用 CNC 數控切削中心來製作塑膠模具，取代了原本的多孔隙高分子塑膠材料，因此可直接從 CAD 圖檔製作出我們需要的模型。這讓模具的製作增加了更多的可能性，包括模具成本的降低、模具重製更方便，這些都是原本加壓注漿所不能達到的。

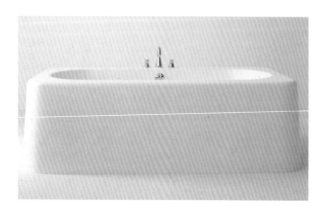

產品名稱	Loo 系列浴缸
設計師	Marc Newson
使用材質	陶瓷
製造商	Ideal Standard
生產國	英國
發明年分	2003

這個浴缸展示了加壓注漿能製作的陶瓷產品有多大。

產能

加壓注漿成型的最小生產規模需大於 10,000 才有辦法攤平其所使用的模具成本。

單位成本和機具設備投資

綜合來說，由於加壓排水的關係，生產速度能提升，所以在產量夠大的前提之下，其單位生產成本會變得比較低廉。在 Flexiform 的加壓排水注漿中，模具製作的時間和成本可更進一步的降低。

加工速度

傳統注漿成型 (p.138) 可能需要超過一個小時才能完成一件陶瓷產品，這還不包括最後的高溫燒結過程。利用壓力輔助注漿成型，可大幅提高生產效率，節省約 30% 的時間。

加工物件表面粗糙度

遠較傳統注漿陶瓷細緻，且其合模的毛邊也會較傳統注漿少的多。

外型/形狀複雜程度

從很小、形狀單純的產品，到大件、形狀複雜且有內倒角的產品皆可勝任。例如浴缸、藝術品、餐具都可用此法製作。從家家戶戶都有的馬桶內部的 U 型沖水彎道我們就可以了解其設計的空間有多寬廣了。

加工尺寸

小自茶杯，大至馬桶、浴缸皆可製作。

加工精度

和所有需經過燒結的產品一樣，在設計之初，我們就必須將燒結過程中的縮水率估算在內。

可加工材質

幾乎所有的陶瓷材料。

運用範例

形狀複雜的餐具，可能需要用到四件式模具才能製作出的，具有內彎把手的茶杯或咖啡杯等。除了大型的浴廁用品外，精緻的餐具和茶具是目前陶瓷工藝發展的重心。

類似之加工方法

陶瓷注漿成型 (p.138) 和加壓輔助成型 (p.172)。

環保議題

由於加壓輔助可以減少有機溶液或其他添加物在傳統注漿成型中的使用，取而代之的是可以回收再利用的水，所以對環境的負擔反而大大的降低了。加上塑膠模具的壽命比石膏模長的多，因此也可減少大量的生產廢棄物。

相關資訊

www.ceramfed.co.uk
www.cerameunie.net
www.ceram.com
www.ideal-standard.co.uk

- 塑膠模具可支撐更大的成型壓力，也就是說可以用來製作更大尺寸的產品。
- 塑膠模具的壽命大幅提升 (約可製作 10,000 件)。
- 所需模具數量更少，因此工廠倉儲空間可節省下來。

- 製作塑膠模具成本較傳統石膏模昂貴不少 (但若使用Flexible的解決方案，以 CNC 製作塑膠模具，則反而會讓模具成本下降)。

高分子塑膠輔助成型
Viscous Plastic Processing (VPP)

隨著材料科學和生產技術的日益精進，過往存在於不同物質間的藩籬已經漸漸被打破了。綜觀所有材料，塑膠的應用還是目前人類生活中最主流、最廣泛的。然而，其他材料如金屬和陶瓷等，也隨著新技術的開發，而能以類似塑膠成型的方式進行快速且大量的生產。這讓傳統材料如陶瓷，也能像塑膠一樣的使用射出成型 (p.194) 來生產製造。

材料和生產技術間的關係，向來是由材料的物理性質，來決定其可能的生產方式和產品複雜程度。陶瓷產品的製造，最重要的就是要讓陶瓷內部不會有內應力或細微的裂縫產生。一但整個陶瓷產品中有一點點的縫隙或空氣，則整個產品的強度就會大幅降低，並且很容易在這些肉眼無法察覺的小瑕疵中開始脆裂。高分子塑膠輔助成型 (VPP) 就是為了強化陶瓷材料，解決陶瓷內部缺陷而誕生的製造方法。

產品名稱	Old Roses 系列茶杯
設計師	Harold Holdcroft
材質	陶瓷
製造商	Royal Doulton
生產國	英國
發明年分	1962

VPP 是為了解決傳統陶瓷生產中可能產生的應力集中和微小缺陷所研發出來的。圖中精美的英式下午茶茶具就是利用 VPP 將陶瓷材料改質後，以射出成型的方式製作出來的產品。它不但讓產品的設計空間變得更大，也讓生產成本降低、良率提升。此系列的茶具從 1962 年發明以來，已經賣出超過一億個了。

其具體作法為，將陶瓷「塑化」。要將陶瓷「塑化」，我們必須先將陶瓷粉末和黏稠的高分子材料在高壓下混合均勻。這樣的混合物可以讓陶瓷的生產跳脫以往的手拉坏方式，而能採用更多製程如擠製 (p.94) 或射出成型來進行生產。

產能
不提供。

單位成本和機具設備投資
不提供。

加工速度
不提供。

加工物件表面粗糙度
依照所使用陶瓷粉末的粗細，可以達到極優異的光滑程度。

外型/形狀複雜程度
由於 VPP 可讓陶瓷在製造過程中的內應力降低，因此其在毛坏時就已經擁有較高的結構強度，也就代表著它所能製作的形狀可以更具挑戰性。利用此方法製作的陶藝品壁厚可以更薄，這說明了 VPP 能讓陶瓷產品結構更強、且重量更輕。

加工尺寸
VPP 也並非沒有限制，其雖然能讓陶瓷製作大件產品，但是僅限於單一方向的延伸。換句話說，它適合製作長形、薄壁 (小於 6mm) 的產品或板材。

加工精度
不提供。

可加工材質
所有陶瓷材料。

運用範例
平板形產品、電子元件、窯燒家具、彈簧、軸、管、茶杯、防彈衣、和其他生醫產品等。

類似之加工方法
不提供。

環保議題
由於陶瓷結構被強化，因此可以用來製作壁厚更薄的產品，讓原物料的使用降低，同時提高強度、增加產品的使用壽命，間接降低了垃圾的產生。其材料的塑化改質，也能讓生產良率大幅提升。但是，所有的陶瓷製造，都免不了要經過高熱燒結的程序，這是非常耗能的過程。

相關資訊
www.ceram.com

- 幾乎所有陶瓷材料皆適用，且其在素坏 (未經燒結) 的狀態下就能擁有強壯的結構。

- 只有少數廠商能進行生產。

更先進的
加工技術

先進的加工技術和最新科技

本章最主要介紹的是以能直接從 CAD 檔製作出成品的生產技術。這些技術的共同特色在於省略了開模的成本，此外如 Smart Mandrels™，雖然不是以 CAD 電腦數控製造的技術，但和本章其他方法一樣跳脫了傳統思維，它們都用前所未見的加工方式為工業設計寫下了一頁新的篇章。以此為本，本章中所介紹的製造方法很可能在未來能衍生成大型的量產方式，甚至掀起下一波的工業革命。有些方法是工業設計師近來耳熟能詳的熱門方法如雷射硬化樹脂原型建構，有些則是將製造的權利交回到消費者手中的新科技。

anced

3D 列印的創新應用

Inkjet Printing

噴墨印表機的發明讓人只要坐在書桌前，就可以處理過往人們必須在辦公室才能做的事。但是從今以後，這個幾乎家家戶戶都有的產品，很可能會為製造業帶來新的衝擊。如果有一天，我們想要買一個門把，只要上網下載它的 CAD 檔案，印表機就可以自動生產出我們需要的門把，也請您別覺得太奇怪。如果有一天，所有家用產品都可以像土司麵包製造機一樣，在前一天晚上將麵糰放進機械裡，隔天早上就能吃到香噴噴、剛出爐的麵包，那麼人類的生活會有怎麼樣的改變呢？雖然目前這些事情還沒有實現，但是所謂的「科學家們」，正躍躍欲試的想將各種新科技帶入人類的生活之中。

Homaro Cantu 是位於芝加哥的 Moto 餐廳主廚，他成功的將 Canon i560 噴墨印表機改裝成了一台食物調理機。他將食用色素替代了原本墨水匣中的墨水，並用可食用的澱粉紙取代原本的印表紙。就像強尼戴普所飾演的巧克力工廠主人一樣（還記得電影中香甜的青草和花朵嗎？），Cantu 將印表機印製文件的過程轉化為烹調食物的工具，這同時也挑戰了食客的味蕾。

最讓人難以想像的噴墨印表機新技術，是將它改裝成可以製造活體細胞組織的生化工廠。這個結合了世界上最優秀生物學家的團隊，利用了人們早就知道的觀念，兩兩相鄰的細胞會結合在一起，等數量多到一定的程度時，就會變成一個組織。這個看似簡單的道理，要能成功在噴墨印表機上實現，其實是非常高難度的。科學家們必須先利用熱可逆凝膠將各個細胞隔開，才能讓細胞依序長成一片完好的組織。用來將膠噴塗在細胞間的，正是噴墨印表機的噴頭。開發出這項技術的是美國南加大的醫學院，利用印表機噴膠來讓細胞在生長過程中有足夠的支撐。而這個膠本身有趣的地方在於，它會因為溫度而在液態和凝膠之間變換。

產品名稱	可食用菜單
設計師	Homaro Cantu
材料	植物性色素以及可食用澱粉紙
製造商	芝加哥的 Moto 餐廳
生產國	美國
發明年分	2003

這個以噴墨印表機所印製的可食用菜單表現了科技如何在跨領域的地方突破現有觀念，進而發展出令人驚嘆的實驗性產品。

產能
從單件生產到小型批量生產皆可。

單位成本和機具設備投資
一台二維噴墨印表機幾乎是現代人必備的家電用品，您可以試著自己將它改裝，將墨水換成任何您喜歡的東西。

加工速度
依照產品別會有很大的不同，但是基本上，這是一個很費時的加工過程。

加工物件表面粗糙度
當我們用它來製作立體的產品時，其側面會有很明顯的堆疊痕跡。

外型/形狀複雜程度
可製作非常複雜的產品，只要您能用電腦繪圖製作出來，它幾乎都能做到。

加工尺寸
南加大醫學院已經示範了如何將印表機用在微小的細胞組織製造上了。

加工精度
立體的活細胞組織可以證明其對於尺寸精度的控制是非常準確的。

可加工材質
有待您的開發和創意。請依照本節範例中的方法，試著想像如何更換墨水和印表紙成為您想要的東西。

運用範例
這個製造方法的美妙之處就在於，它有很高的自由度，等著我們去開發。如何將既有的技術用在完全沒人想過的新領域，正是這些科學家們身體力行告訴我們的。本節中兩個完全不同的範例，就是想說明每種製造技術，都不會侷限在只能製造某一種產品。

類似之加工方法
水泥噴射立體輪廓建構 (p.242)、立體定位雷射燒結原型建構 (SLS) (p.250)、微機件電鑄造模 (p.248)。

環保議題
食用性油墨和紙張正體現了此方法的浪漫之處，當餐廳裡人們覺得無用的廢棄菜單竟然可以變成美食，那不是件再環保不過的事了嗎？在這裡也必須提醒各位讀者，有實驗精神是好的，但請別製造太多的廢棄物或拆壞太多台印表機。一般印表機最大的問題就在於墨水匣的回收再利用。

相關資訊
www.motorestaurant.com

- 只要電腦上畫的出來立體 CAD 檔案，幾乎都可以被加工。
- 充滿了各種可能性。

- 是個尚未成熟的技術。
- 加工緩慢。

紙堆疊立體印刷原型打樣

Paper-Based Rapid Prototyping - Layered paper

此處的立體印刷機讓傳統的噴墨印表機看起來像史前時代的出土文物一樣老舊。它有辦法利用我們日常生活中的 A4 紙裁切、堆疊成一個立體的產品原型。

它能直接將您在電腦上繪製的 3D CAD 檔製作成真實的立體模型，而且只用 A4 紙當原料。在堆疊前，電腦軟體會先將 CAD 依照紙張厚度切割成一片片的二維剪影，接著再將紙張依照剪影的輪廓裁切並且堆疊，並以液態膠水膠合固定，最後完成我們腦中的立體結構。這個過程有時需要數小時，所堆疊的紙張可能達到成百甚至上千張。

由於紙張是可以折疊的，因此可以用來製作可摺疊關節，這也是一般塑膠材料所無法做到的。這也說明了，利用紙堆疊所製成的原型，和真實的產品幾乎可說是完全吻合的。

由於使用的材料只有紙和水溶膠，因此成品和廢棄物都是可以被回收再利用的。

產品名稱	手機殼
材質	印表紙
製造商	Mcor Technologies Ltd
生產國	英國
發明年分	未知

從這兩個手機殼可看出紙張堆疊的痕跡，同時也可了解紙堆疊原型打樣可以精緻到甚麼程度。

產能
這種快速原型打樣製程最適用於單件或少量生產。

單位成本和機具設備投資
以紙堆疊製作的原型，其成本只有塑膠加工原型的 1/50 左右。而且紙張的價格低廉、取得容易，幾乎不會有缺料的問題。

加工速度
一個手機殼的製作需 5~10 個小時左右。

加工物件表面粗糙度
成品表面僅有紙張堆疊的痕跡，其 Z 軸精度可達 0.1mm。

外型/形狀複雜程度
幾乎所有雷射硬化樹脂原型建構(SLA) (p.244) 能做的，它都能做到。唯一的限制是不能製作過薄或螺旋狀的物件。

加工尺寸
長寬小於 A4 紙的尺寸，高小於 150mm。

加工精度
X-Y 平面上約 0.1mm，Z 軸約 1%。

可加工材質
印表紙；Mcor Technologies 建議使用較低階的印表紙，纖維含量較低，比較有利於裁切。

運用範例
此方法最早是用於醫療院所，將 X 光掃描製作成立體的模型，以利外科醫師手術前的研討和演練。牙科醫師也會將它用在需矯正病人的齒模建構上，且較石膏模更為快速。我們也期待將來此方法能被廣泛運用在工程、建築、和工業設計上，甚至讓學生能用較塑膠原型更便宜的方式來將自己的設計打樣出來。

它也適用於建築模型、也可製作真空成型、脫蠟鑄造、砂模成型等的原型。

類似之加工方法
紙漿成型 (p.147)。

環保議題
紙算是一種可 100% 回收的再生資源，且在堆疊的過程中也不會有有害物質產生，相較於塑膠材料的快速原型打樣，這是一個省時、省能的環保製程。

相關資訊
www.mcortechnologies.com

- 從設計、製造到看到成品，是非常有效率的。
- 相較於塑膠和電木加工，紙張的成本是非常低廉且隨處可得的。
- 比起塑膠材料環保的多，可被 100% 回收再利用。

- 成品尺寸受限於紙張大小。

水泥噴射立體輪廓建構
Contour Crafting

這是一個能顛覆傳統結構工程研發方式的新技術。美國南加大的 Dr. Behrokh Khoshnevis 首先發明了利用機械「印刷」出房子的方法。他強調，眼見工業革命之後生產技術一直不斷進步，但建築結構的研發方法卻停滯不前，於是他希望藉由這個稱為「水泥噴射立體輪廓建構」的方式來改變目前建築界對於結構研發的效率和觀念，未來甚至於可以用來建構真正的房子。

專門用於印刷建築結構的機台在 2008 年上市，方法是利用水泥溶液取代噴墨印表機 (p.238) 中的墨水和擠製 (p.94) 的混合物。

但是，這位博士利用六軸移動頭來取代傳統二維移動的噴墨頭，讓此水泥噴射建構機台能製作出更精細的建築結構體。

噴嘴懸吊在空中，並且可噴出速乾型的水泥並且利用內建的抹板，以一圓柱活塞式機構將之抹平。此方法的另一項特色是，它容許中空管道來讓電力系統、水管、和空調系統通過，能讓整個建築內部設施和目前實品屋一模一樣。

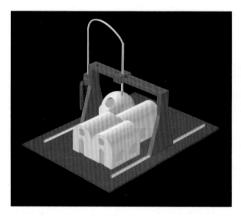

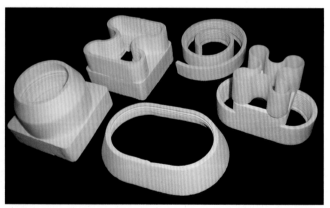

產品名稱	水泥噴射立體輪廓建構模型和CAD 檔案
發明者	Dr. Behrokh Khoshnevis
使用材料	水泥
製造商	Dr. Khoshnevis，國家科學委員會和海洋研究辦公室
國家	美國

這個建築原型，雖然是原建築物的縮小版，但已足夠讓我們看出此方法的可貴。上圖為可輸入此機台進行製作的 CAD 檔案範例。

產能

此技術是屬於全自動化的生產方式，通常同造型的建築物都只會蓋一棟，所以適合單件生產。

單位成本和機具設備投資

依照 Dr. Khoshnevis 的估算，以此機台建造的房屋（以一般美國民眾居住的房屋為例）其成本約為目前建造成本的 1/5~1/4 之間。

加工速度

以此方法建造一棟約 55 坪的房屋，包含水電等管線，只需要不到 24 個小時。

加工物件表面粗糙度

由於抹平水泥的工具有很多種類，因此可以製作出各種不同的建物表面，並且可在建構完成後立即粉刷上色。將來可能會將上色噴頭也整合進水泥噴頭塔內。

外型/形狀複雜程度

只要 CAD 能畫出來，並且符合基本的力學結構，都能用此法製作出來。甚至某些難施工的弧型，都可以由噴頭噴出。

加工尺寸

從小型房屋到超高大樓皆可。

加工精度

六軸移動噴頭的移動非常精密，即使在建構大型建物，也可製作的非常精準。

可加工材質

水泥，也可以適度增加纖維、沙、碎石子等添加物。

運用範例

房屋或複雜的建築結構，或是緊急避難所等。

類似之加工方法

目前這種超大型建築方法是無可取代的。

環保議題

以建築的角度來說，水泥噴射立體輪廓建構的超高速度，相較於傳統的營造方式，可以大大的節省下許多工時、人力、和金錢。建造的過程中幾乎不會有廢棄物產生。

相關資訊

www.contourcrafting.org

www.freeformconstruction.co.uk

- 可以用超快的速度來建構房屋。
- 設計和修正只需電腦作業即可。
- 可以添加當地容易取得的材料來作為建築物的補強。
- 極具成本優勢。
- - 為全自動化的過程。

- 技術尚未成熟。

雷射硬化樹脂原型建構(SLA)

Stereolithography (SLA)

SLA 是快速原型打樣方法中最出名的一種。利用電腦繪圖 CAD 檔,操控雷射聚焦在裝滿樹脂的槽表面,使之吸收能量而硬化。其奧妙之處在於,整個樹脂槽內只有被紫外線雷射光束聚焦到的表面定位點,其附近的樹脂才會吸收能量硬化,因此會搭配一個往下移動的平台,讓雷射能從下而上,一層一層的依序將模型建構出來。

幾乎所有的原型打樣方式都能提供相當大的設計自由度,讓設計師能創造出各式的幾

產品名稱	Black Honey 蜂巢狀籃子
設計師	Arik Levy
使用材質	環氧樹脂
製造商	Materialise
生產國	荷蘭
發明年分	2005

此精美的、開放式蜂巢結構是 SLA 精準又優異的製造能力展現。

何形狀，SLA 也是其中之一，它有利於正式量產前的產品測試和評估。我們的加工順序需要依照產品的幾何形狀、表面粗糙度的要求、材料的選擇等來決定。SLA 的加工品質就連立體雷射定位燒結原型建構 (SLS) 都無法相提並論。

SLA 的加工精準度極高 (但不是最高的)，並且可應用在各種不同材料上 (雖然真空鑄造的可用材料更廣)。(真空鑄造適用於小批量生產關鍵零組件的試樣和原型製作。它可以製作矽膠模需要用的原型。緊接著此模會被灌入塑膠樹脂。此時將模內抽真空，讓零件的尺寸更精準、表面細節更精緻、且壁厚可以更薄。)

1 機台依照 CAD 檔案來控制雷射光束，用層層掃瞄的方式，在感光硬化樹脂槽中依序建構出我們需要的原型。

2 紫外線雷射光束會聚焦在樹脂液的表面，使之硬化。移動平台會依照雷射建構的進度，依序向下移動。相對而言，就好像雷射光束一層層的將原型從底部建構出來一般，直到最上方完工為止。

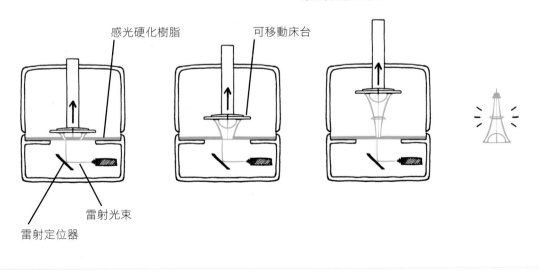

感光硬化樹脂　　可移動床台

雷射光束

雷射定位器

1 圖中為設計師 Patrick Jouin的作品，CI 椅子，我們可以看到被建構完成的原型從樹脂槽中升起的樣子。在加工的過程中，我們只會看到最頂端雷射光正在建構的部分。

2 此圖可看出椅子內部白色的結構體，這些是用來暫時強化產品強度的肋條。若是沒有這些強化結構，椅子在製作的過程中就無法支撐足夠的重量，而會崩壞。

3 強化肋條尚未移除的椅子全貌。

4 完全完工的椅子，具有透明感，還有像幽靈一樣的視覺效果。

- 外形幾何形狀不受限制。
- 表面平滑。
- 在 CAD 檔和成品間不需額外的加工處理。

- 製造成本昂貴。
- 只有感光硬化樹脂能做為原料。
- 有兩個軸向的尺寸精度較差。
- 通常在建構時需要額外的結構作支撐。
- 相較於其它快速原型打樣方式，並沒有比較快速。

產能

由於 SLA 非常耗時，故只適合極少量的原型打樣。

單位成本和機具設備投資

不需模具，但單位生產成本還是很高。不過，它仍然是最具經濟效益的原型打樣方法。

加工速度

需考慮幾個因素，包括產品體積、材料選用、建構順序和步驟等。其他還包括原型打樣的方向：假設一個酒瓶被放倒，則其成型速度會較快，但尺寸會稍微不準；若要尺寸準確，則必須正放，讓雷射掃描的解析度更高。

加工物件表面粗糙度

原型堆疊的痕跡可以藉由雷射掃描的厚度來調整。若是產品有凹面或凸面，則上面可能會有顯而易見、類似等高線的痕跡。若是垂直或很陡峭的堆疊面，則等高線痕跡會較不明顯。若是想要得到非常光滑的原型表面，則還需經過後續的拋光處理。

外型/形狀複雜程度

電腦畫得出來的，幾乎都可以製作得出來。

加工尺寸

標準機台可製作出 500×500×600mm 的物件。超過此尺寸的物件需要以拼接的方式來完成。然而某些公司有自行開發設備，專門用來製作超大尺寸（數米長）的原型。

加工精度

原型高度（Z 軸）方向尺寸是最不準確的。但基本上公差都在 ±0.1%＋0.1mm 左右。

可加工材質

陶瓷、塑膠、橡膠等。最普遍的是工程塑膠如 ABS、PP 或壓克力等。

運用範例

沒有一定的產品類型，只要是原型打樣都適用。

類似之加工方法

真空鑄造（如前所述）、雷射定位燒結原型建構（SLS）(p.250)、和 3D 列印 (p.238)。

環保議題

SLA 需要高功率的紫外光雷射束來固化感光樹脂，若工件形狀複雜，這可能會是一個高耗能、且緩慢的加工過程。成型過程中所需的強化支撐結構屬於耗材，並且不能重複使用。然而，未固化的樹脂是可被繼續使用的。和所有原型打樣方式一樣，此方法不需要生產模具，也幾乎不需要後加工，若是打樣廠在工廠附近，則還可以省下運輸所需的時間和能源。

相關資訊

www.crdm.co.uk

www.materialise.com

www.freedomofcreation.com

微機件電鑄造模

Electroforming for Micro-Moulds

瑞士廠商 Mimotec 開發了專用於微機件生產所需模具加工用的電鑄（p.162）技術。在開始敘述此加工方式之前，我必需要先說明，微機件電鑄造模並不等同於「微射出成型」。微機件造模所需的精度要求是非常細微、接近奈米的尺寸。其元件重量輕到只有數千分之一盎司、其結構長可能只有數微米。

雖然微機件的造模技術已經不算新穎，其方法也不怎麼讓人讚嘆，但是微機件的造模卻可透過許多不同的方式來完成，如微銑工切削。Mimotec 電鑄特別的地方在於，它是各種微機件造模方法中，最能製作出精細結構的一種方式。

Mimotec 微電鑄的原理有如照相，它必須先在玻璃塗佈上一層感光劑，接著在以紫外光透過光罩使它的幾何形狀曝光，接著利用溶劑將未曝光的部分清洗掉。未被清洗掉的部分會被電鍍上一層金箔，如此反覆加工則會有等同於鑄造的效果。

微機件造模就是利用此原理製作出來的，其所蝕刻出來的洞就是塑膠射出時的通道。此方法只是微機件造模法的其中一種，而這也可以作為將來製程改良的基石。

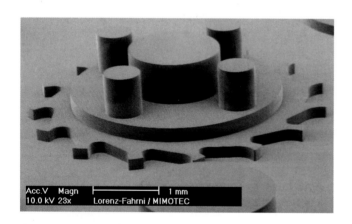

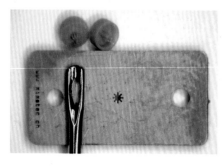

產品名稱	微機件生產模具
製造商	Mimotec
生產國	瑞士

在顯微鏡下的微機件（上圖）可以從比例尺看出它有多微小，（下圖）其模具上的射出孔對照旁邊的針孔，可看出其精密的程度（整片成型模板只有 5×9.8mm，1.2mm厚）。

產能

該模具壽命可生產超過數萬件的微機件。

單位成本和機具設備投資

由於電鑄不需模具，因此主要費用來自於電鑄設備。

加工速度

一般製造 100 微米需時 7 個小時左右，但是同時間在一塊大平板上可製作數千個微機件成型模具。

加工物件表面粗糙度

可得到奈米級、非常精密的結構和光滑的表面。

外型/形狀複雜程度

由於電鑄法本身的限制 (在蝕刻或鍍膜時會留下一定程度的圓角)，其不能製作具有錐狀、或是直角的結構。階梯狀結構是可行的，但需要數倍加工的時間。

加工尺寸

可以製作 100 立方微米的小型結構，嵌入式通道約 30 微米寬。最大可製作 100×50mm 的工件。

加工精度

±2 微米。

可加工材質

微機件模具本身是用金或鎳合金電鍍上去的。至於射出用的塑料則多為 POM 或 acetal 樹脂。

運用範例

目前微機件主要被運用在生醫設備或電子產品、鐘錶、通訊產品上。

類似之加工方法

線切割放電加工 (p.44) 或微銑工切削。

環保議題

雖然製造過程非常費時，但所製作出的模具不需要再經過熱處理或拋光等後加工過程，這可以大幅的減少能源的消耗。由於模具形體是以鑄造的方式層層電鍍上去的，因此沒有切削的廢棄物產生。此外，以此法製作的微機件模具的壽命也超過平均的水準。

相關資訊

www.mimotec.ch

- 尺寸極度的精準。
- 幾乎沒有設定成本，適合做為單件產品打樣製程。

- 製作的過程非常費時、緩慢。
- 依照目前的技術，用來電鑄微型模具的材料必須以鎳或磷酸鎳合金為主。

雷射定位燒結原型建構 (SLS)

Selective Laser Sintering (SLS)
with selective laser melting (SLM)

以及雷射定位熔接 (SLM)

近來生產製造技術的突破和進步，原型快速打樣的新科技扮演了很重要的角色。由於原型快速打樣的進步，設計師們得以在最短的時間看見、摸到自己設計的產品，這也讓他們更大膽的挖掘各種產品設計的可能性。雷射定位燒結原型建構 (SLS) 就是其中之一，一種可直接將 CAD 檔轉為雷射加工步驟的快速原型打樣方式。

燒結（p.166）是粉末冶金中最重要的一個加工方式，SLS 也是它的改良和衍生。此處取代高溫火爐的，是可以精準定位的高功率雷射光束。利用此光束不斷的射擊粉狀原料槽內，讓被聚焦的粉末因為高溫而燒結

固化，藉由 CAD 檔案所規劃出來的射擊路徑，SLS 可以一點一點、一層一層的將原型建構出來。此方法在某些場合又稱作雷射定位熔接 (SLM)。

然而，這對位於英國的 Renishaw PLC 團隊來說，只是個開端。這個團隊還更進一步的利用 CAD 和 SLS 結合，製作出了類似晶格的結構。在這個結構的空間內，絕大部分是充滿空氣的空隙，就像海綿裡面的空孔一樣。這種類似鷹架的結構體可以提供產品絕佳的強度/重量比，舉例來說，有此種結構的不鏽鋼體和相近強度的不鏽鋼塊比較起來，可以減輕約 90% 的重量。

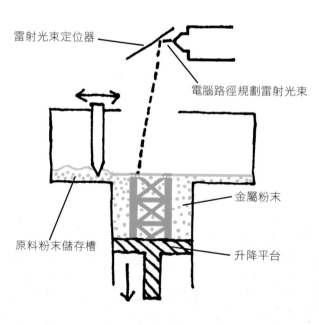

雷射光束定位器

電腦路徑規劃雷射光束

金屬粉末

原料粉末儲存槽

升降平台

雷射光束不斷的朝粉末狀原料射擊，利用高能產生的高溫將粉末燒結成固體，如此一點一點、一層一層的將原型建構出來。

產品名稱	Adidas Futurecraft 3D
設計者	Adidas
使用材料	TPU 熱塑性聚氨酯
製造廠商	Masterialise
生產國	比利時
發明年分	2016

Adidas 的願景是希望顧客進入店內在跑步機上試跑之後，就能立即用 3D 列印技術為顧客的腳型量身訂作出鞋子中底。Masterialise 的 3D 列印軟體與解決方案正在幫助 Adidas 實現性能鞋的未來。

- 讓產品能兼顧高強度及輕量化。
- 容易客製化。
- 可加工多種金屬或其他材料。
- 全自動化製造。

- 高單位成本。

產能

每件產品都是獨立生產的。

單位成本和機具設備投資

不需模具,但設備成本高,且每件產品都是單一生產的,不能以量產進行攤平。

加工速度

雖然越來越多產商投入將 SLS 用在量產上,但目前,這個耗時、低產能的加工方式還是最適合用在原型打樣上。

加工物件表面粗糙度

表面粗糙度約 20~30 微米。

外型/形狀複雜程度

只要 CAD 能畫的出來,機台就能製作的出來。本節範例中的晶格和原子結構已經說明了它的加工能力。

加工尺寸

可以製作出超薄 (0.1mm) 的垂直平面,最大尺寸受限於盛裝粉末的槽有多大。

加工精度

非常高。

可加工材質

所有可用在粉末冶金的材料:金屬,包括鋼和鈦,亦可加工塑膠。

運用範例

SLS 傳統上是用來製作量產前原型,以便讓研發人員進行各種測試。但隨著製造技術的進步,工業界也開始嘗試利用此法製作終端消費產品,如珠寶或是電腦的散熱鰭片,以及醫療或牙科的植入元件。

類似之加工方法

其他 CAD 輔助的全自動製造方式如水泥噴射立體輪廓建構 (p.242)、雷射硬化樹脂原型打樣 (SLA) (p.244)、新的噴墨印表機應用 (p.238) 等。

環保議題

原料利用率極佳、層層建構也讓產品尺寸非常精準、不需要二次加工。以此原子狀結構製作的產品,其極度的輕量化,也代表著原物料的節省。若產品尺寸較小,則可以在同一粉末槽內同時製作數個產品以增加產能和能源利用率。

和 SLA 樹脂硬化相比,SLS 不需要放置支撐用結構強化體,因此在生產過程中所產生的廢棄物會更少。若能在通路附近加工,則可進一步節省下運送費用和耗能。

Smart Mandrels™
纏繞成型用形狀記憶軸心

Smart Mandrels™ for Filament Winding

形狀記憶合金和高分子材料最近在工業設計界掀起了不小的風暴，這種不管怎麼彎折，最後都會自行回復到原來形狀的材料，觸發了許多設計師的靈感。通常，這種材料可在加熱後軟化塑型，接著再冷卻定型。最不可思議的是，當我們將它再加熱後，零件會再度回復到它「記憶」中的形狀。

美國公司 Cornerstone Research Group 是形狀記憶材料的翹楚，他們發表了一個可用在纏繞成型（p.156）的模具軸心，Smart Mandrels™，它的第一種用法是將此軸心變形，做為成型模具的原型，並且用它來複製出其他的軸心以供纏繞成型所用。第二種用法是在纏繞型狀複雜的產品時，一般軸心可能因為內倒角等結構而無法被取下時。

此時可以利用 Smart Mandrels™ 做為纏繞軸心，在纏繞完成後，可將此形狀記憶軸心加熱軟化，使之回復到原始的長直管狀，便可成功取出已成型產品之外。

2 纏繞成型完成後，將之加熱軟化，就可輕易的被取出。

1 將線材纏繞在紫色形狀記憶軸心上。

產能

目前只能製作原型打樣或少量生產。但是依照發展趨勢來看，將來有機會把它用在大型量產上。

單位成本和機具設備投資

形狀記憶軸心對於少量生產的產品而言，可以省下大筆的開模費用。尤其纏繞成型所需的模具都屬於多件式的複雜模具，和許多大型量產模的開模費用是同樣驚人的。

加工速度

由於不需要為每件成品拆卸軸心，因此其成型周期僅需數分鐘，這和傳統的硬質軸心 (p.156) 相比，是快非常多的。

加工物件表面粗糙度

纏繞成型產品不需後加工，但其表面的繞線是種特色。

外型/形狀複雜程度

形狀記憶軸心最主要的優點在於它能容許纏繞成型製作形狀更複雜的產品。某些具有內倒角或彎折的產品，若是以傳統硬質軸心，是無法在繞線完成後將軸心取下的。

加工尺寸

纏繞成型本身可以延伸的非常長，但是受限於形狀記憶材料有一定的長度限制，因此其長度必須限制在材料能有效記憶其形狀的範圍之內。

加工精度

不高。

可加工材質

各種熱固性塑膠材料、玻璃或碳纖維。

運用範例

航太工業零件、坦克車、飛彈、和機殼等。

類似之加工方法

拉擠成型 (p.97) 和觸壓成型 (p.150)。

環保議題

繞線屬於高度自動化過程，因此需要持續的電力來驅動馬達。機台的高速運作可幫忙降低產品的單位生產週期，這在大型量產上可以平均分攤掉耗能。它的高強度和輕量化，也可減少原物料的使用。

相關資訊

www.crgrp.net

- 可製作各種形狀的纏繞產品。
- 降低取出軸心所需要的人力和手工。
- 可重複使用在不同產品之上。
- 非常容易從成品上抽出。

- 所有繞線成型的產品都具有一樣的外觀。
- 由於專利的關係，只有特定廠商能製作。

微壓頭漸進式鈑件沖壓成型

Incremental Sheet-Metal Forming

目前製造業最感興趣的就是如何「將手工藝工業化」，這個名詞所代表的意義是結合眾多的科技、利用具彈性的生產方式進行大型量產，同時降低標準化模具設備的使用。微壓頭漸進式鈑件沖壓成型就是一個革命性的製造方式。它能讓大型的量產品融合某些客製化部分。

簡單來説，微壓頭漸進式鈑件沖壓成型是種可將鈑件產品原型快速打樣的製造方法。它利用一個可移動的微型壓頭針對板材進行加工，而非使用傳統的模具。這個名詞代表的是所有以非模具的微小壓頭，針對鈑件(被夾治具固定住)以可三軸移動的方式，依照 CAD 檔所規劃的路徑，進行沖壓使鈑件變型的方法。

此方法已經發明十五年了，但是它的潛力到現在還沒被完全開發。此方法未能普及的原因在於生產上的難度，其中最難突破的點在於如何維持每件產品的形狀準確度。然而，豐田汽車已經採用此方法做為打造原型車的標準製程，並以一個標準模具來做為尺寸精度的輔助。

產品名稱	微壓頭漸進式鈑件沖壓成型樣品
使用材質	不鏽鋼
製造商	劍橋大學工程系 製造研究所
生產國	英國
發明年分	2006

劍橋大學的學者Julian Allwood 和 Kathryn Jackson 是研究微壓頭漸進式鈑件沖壓成型的翹楚和推廣者，此一由他們所提供的樣品可看出壓頭在鈑件上沖壓的路徑和過程。.

有許多學者都在鑽研和改良此加工方法，其中有些人同時運用了兩個壓頭，分別在鈑件的兩側已增加準確度。利用凹模或凸模輔助也是提高準確率和表面粗糙度的好方法。

這張近拍照顯示了微型壓頭如何針對夾持在卡鉗上的鈑件進行沖壓。

電腦輔助製圖 3D 模型檔

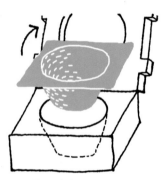

1 零件的形狀在電腦中被繪製成完成。

2 鈑件被卡鉗夾持住，以微壓頭單點沖壓的方式對鈑件進行加工。

3 將最後成品取出夾具。

■ 此方法最大的優勢在於可利用一個簡單通用的壓頭針對鈑件進行各種複雜的加工，這個背後最重要的意義是它不用模具和前置產線設定成本。這對單件或小量生產都是極為重要的因素。

■ 有能力製作的產商不多。
■ 技術本身尚未成熟。

產能

微壓頭單點沖壓有越來越受歡迎的趨勢。由於它不需要模具成本的關係，故非常適合小量生產。目前已經有廠商將它做為鈑件原型打樣的標準製程，包括豐田汽車就用它來製作原型車的鈑件。其他應用還包括牙科用來製作假牙等。

單位成本和機具設備投資

極低的模具和刀具成本，這代表了它適合用於少量或單件式的生產。

加工速度

一般進刀速度約在每秒 50mm 左右，而一般鈑件約需 20 分鐘到一個小時來完成加工，這還需要考慮我們對於表面精度的要求。

加工物件表面粗糙度

這和沖壓間隔的解析度有關，一般沖壓的間隔約 0.1mm 即可得到 A 級平面，也就是汽車鈑件的表面。若是以模具輔助成型，則其表面光滑的程度還可以被提升。

外型/形狀複雜程度

一般都以殼狀結構為主，當然，可以用模具輔助使它有些變化。將來或許可用上下兩壓頭來製作出更多元化的形狀。

加工尺寸

一般鈑件尺寸多為 150~300mm 見方，平均厚度約 1mm。日本有學者研發出能加工從幾毫米長的鈑材到長達 2m 長的鈑件。

加工精度

取決於有無使用模具輔助。就算此加工步驟是由簡單的 CAD 檔所轉換安排出來的，一般來說其加工精度都不高（約 2~5mm）。有經驗的工程師能自行設計加工路徑以提升準確度，但最快的方式還是使用模具來輔助。

可加工材質

各種鈑材，如鋁件或合金鋼、不鏽鋼、鈦金屬、黃銅和紅銅等。

運用範例

各種產品的製造都還有無限的可能等待人們去開發，目前產品有車子的鈑金修理、量身訂做的醫療器材、假牙、或是建築用鈑材等。

類似之加工方法

微壓頭單點沖壓是源自於旋壓成型 (p.56)，但顯然在快速原型打樣上，微壓頭成型的優勢要大的多。另外一種相關的加工方式是衝壓成型 (p.59)。

環保議題

此方法能省去開模的費用，也間接的省去了開模所需的材料和能源。製作不良的鈑材可以經過重工後再利用或做資源回收，這能更進一步的節省更多能源且能容許針對成型過的鈑件進行修改。若進行批量生產或原型打樣，則加工速度和耗能相對於其他類似方法來說是最具有競爭力的。

相關資訊

www.ifm.eng.cam.ac.uk/sustainability/projects

3D 針織
3D Knitting

產品名稱	**Nike Flyknit Racer**
設計師	Nike Design
材質	未知的紗線
生產國	美國
生產年份	2012

　　以數位工程 3D 針織製造的 Nike Flyknit 跑鞋，在 2012 倫敦奧運首度亮相。其結構以扁平的針織鞋面黏合中底形成。

　　布料的 3D 針織概念就如同塑膠之於 3D 列印一樣，指的就是利用 CAD 資料在單一加工過程中織出複雜的形狀，產生單一、無縫的衣服或產品，可避免多個組件縫合的過程。這也意味著每件織品可以不同尺寸產出，也就是訂製化的衣服，消費者因此有了比傳統小/中/大尺寸之外的選擇。這樣的加工方式演變至未來，將會搭配全身掃描，以達成大量生產完美合身的衣服。

　　雖然這項從 1990 年代中期就出現的加工方法並不算新穎，但是現有的機具已經變得更有效率、更省成本，所以適合大量生產。有許多運動鞋以此加工方法製造，因此提昇了能見度，也開啟更多實驗性的大門。除了對紡織品在鞋子與衣服上的應用有了新的展望，其生產的物件也能被用來取代硬質商品。

　　針織機接收電腦指令指揮數以百計的織針移動，建構與連接針織的管狀結構，在單一加工步驟中就完成整件衣服生產。

- 產生無縫的 3D 構型。
- 將織品織成複雜曲面。
- 紡織品可具備整合性細節，如帶有蓋子的口袋。
- 可生產與測試成品，而無任何設立生產成本。

- 即使設立生產簡易，但仍需要加工方法與紡紗兩方面的技術知識以進行新布料開發。

產能

從單件至大量生產皆可。

單位成本和機具設備投資

其中一項重要特色就是輸入 CAD 檔案後產生的物品即是最終成品。唯一需要注意的是機具設定，視乎機具零件複雜程度而異 - 可能會花許多時間。

加工速度

3D 針織在加工速度上的最大優勢就是能節省將個別組件縫合起來的時間。以 8g 機具針織一件毛衣需要 30 - 60 分鐘，這取決於針距（gauge）、設計、尺寸與其他因素。

加工物件表面粗糙度

表面紋理取決於紡紗而非針織型態。從採用細紡紗的超細緻表面到粗糙的針織品皆可利用此加工方法。表面粗糙度取決於針距，也就是紡紗厚度的單位，一般是從 2.5 針到 9.2 針。

外型/形狀複雜程度

可產生多種在此機具問世之前加工困難或無法加工的成品型態，包含彼此連接的管狀結構、開放式立方體，甚至是球體（比如頭盔外殼與內層口袋）。

加工尺寸

可加工生產理論上無限長的針織物，唯一的限制是機具寬度。最大寬度取決於針數，這與機具製造商有關。Stoll 是一家主要的針織機供應商，本書撰寫時他們出品具有 1,195 針的機具，雖然也與紡紗有關，但實際約有 180 公分（7 吋）寬。平均的機具針數為 699。

加工精度

此加工方法不適用。

可加工材質

對於可加工的紡紗限制非常少。最有趣的開發是採用應用在多種科技上的智慧纖維，比如結合體溫調節與導電紡紗形成內部電路。

運用範例

主要由製鞋產業以 Nike Flyknit 等高調產品，將此加工方法帶入消費者與設計師的視野中。除了製鞋業之外，成衣業是另一個主要產業。隨著越來越多穿戴裝置問世，3D 針織具備將如電池或手機口袋設計整合進衣服中的優勢。其他產業也將此加工方法應用在生產碳纖絲構成的結構部件。經過針織的碳纖絲再滲入樹脂以便固化。

類似之加工方法

3D 針織的確是人工針織大量生產的一大演進。以客製化程度而言，可類比於層積製造法（additive manufacturing）家族對於塑膠加工的彈性。

環保議題

此加工方法以極高效率利用材料而不產生浪費，因此可說是對環境較友善。

相關資訊

www.stoll.com

數位光學合成技術(DLS)
Digital Light Synthesis

毫無疑問地目前在業界生產技術中最受熱議的話題就是層積製造法，其涵蓋了由數位資料為基礎，進行 3D 物品量產的多種技術。這類加工方法可對物品進行個別客製化與實現複雜幾何構型設計。這樣的生產方式過去幾年已帶領產業革命，並且會持續下去。

在這其中有一種較新穎而且引人注目的技術就是數位光學合成 (Digital Light Synthesis，DLS)。此加工方式的獨到之處就是在生產時沒有其他傳統層積製造法的缺點，比如為求表面平整所需的後製打磨手續。此外，與標準生產方法所用的材料相比，DLS 使用的材料具有絕佳的機械特性。

此加工方法將光投射入液態樹酯中，業界領導品牌 Carbon 稱其為「CLIP 連續液面生產」(Continuous Liquid Interface Production)。紫外光以一連串影像，投射穿過透氧底窗，進入 UV 固化樹脂槽，落在供已固化樹脂連接的基座上。當基座逐漸上升，UV 固化樹脂也逐步固化成型。在透氧底窗與已固化樹脂之間的液態樹脂層 - 只有三根毛髮的厚度 - Carbon 所稱的「呆區」(dead zone)，允許液態樹脂自由流動，因此可產生細緻的物件表面。與其他光敏聚合物法只能製造低機械強度成品不同的是，CLIP 會進行第二個步驟，將物件送入爐中加熱進一步固化。正是因為第二個步驟的加熱反應提高了機械強度。

產品名稱	Adidas Futurecraft 4D 鞋
設計師	Carbon 與 Adidas Design
材質	UV 固化樹脂與聚氨酯
生產國	美國
生產年份	2018

Carbon 與 Adidas 合作列印出的中底。

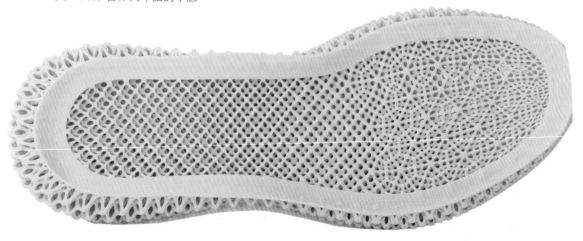

產能
引自 Carbon 所說:「從一件到一百萬件」皆可。

單位成本和機具設備投資
只需一台電腦輸出所需成品的 CAD 檔案。

加工速度
Carbon 減少了 40% 現有的生產時間。

加工物件表面粗糙度
與其他 3D 列印逐層堆疊而產生粗糙層狀表面的相異之處是,DLS 技術的成品更接近射出成形脫模之後的品質,也就是產生更細緻的表面。

加工尺寸
Carbon 供應不同尺寸的機台,撰寫本書時的最大生產尺寸為 189 毫米 x 118 毫米 x 326 毫米(7.5 x 4.5 x 7 吋)。

加工精度
像素解析度 75 微米。

可加工材質
多種具有不同性能與機械特性的硬質與軟質塑膠皆可採用此加工方法。所製造出的物件具備良好品質,產出後可直接應用。這些材質包括:生物相容矽膠、多種硬質與軟質聚氨酯、環氧樹脂與其他塑膠。根據 Carbon 的說法,成品可依據個別需求訂製。

運用範例
因為物件具有精細表面與可加工高性能材質,所以 Adidas 採用 DLS 技術製造 Futurecraft 系列鞋款。將合成橡膠以晶格狀列印製成鞋底,產生良好的吸震能力。其他則是應用於醫療產業,尤其是齒模製造。

類似之加工方法
其他如 FDM(p.262)、SLS(p.250)等層積製造法。

環保議題
如同所有層積製造法一樣,具有高度能源與材料效率。若機台設置在消費者端,更可省去運輸的環境成本。

相關資訊
www.carbon3d.com

- 多種硬質與軟質材質可供應用。
- 物件可被用來實際使用,而非只是打樣。
- 與其他層積製造法相比,可產出極細緻表面。

- 本書撰寫時,只有少數公司擁有此機台。

熔融沈積成型 與活性材料
FDM with active materials

上圖展示在釋放張力前布料上扁平的列印幾何線條。塑膠線條以不同的厚度列印。

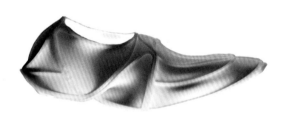

列印出的幾何線條將限制局部面積的形變度，使布料產生自主變形的 3D 結構。

熔融沈積成型（FDM，Fused deposition modeling）是目前最熱門的 3D 列印方法。利用多種不同材質線材，通過噴嘴疊加製造物件。FDM 通常逐層疊加生產，但所製造出來的物件通常不是採用此加工方法的最終目的，而是展示了這股在設計界最令人興奮的潮流。FDM 不只能製造物件，還可以實驗製程，因此革新「設計」的定義。

FDM 是採用自組裝實驗室（Self-Assembly Lab）稱為「可編程材料」進行加工。這是一種利用材質本身特性成型的方法。

如同此章節所提的例子，利用材料本身的彈性與張力自主形變而產生物件。這個例子中的 FDM 法是採用硬質聚醚氨列印在張緊的萊卡布料平面上。張力釋放後，列印在布料上的聚醚氨會限制部分布料形變，因此藉由拉伸布料產生 3D 外型。如此和諧地結合「材質特性」與「製程」兩者的加工方法，產生了令人驚豔的物件。如同自組裝實驗室所述：「東西自己製造了東西。」

產品名稱	Active 鞋
設計師	Christopher Guberan、Carlo Clopath
生產者	MIT 自組裝實驗室
材質	紡織與塑膠
生產國	美國
生產年份	2015

這項研究計畫是探討如何以新方法製造鞋子。在一片繃緊的布料上，以設計的圖案 3D 列印出線條。當張力釋放後，布料自動就會變形成鞋子的結構。

產能

一般桌上型列印機一次生產一個物件。在 3D 列印工廠利用多部機具可同時生產同樣物件。量產產能不斷在進步，並且越來越商業普及化。

單位成本和機具設備投資

有許多廠商出品多數人都負擔得起的一般 FDM 機台。如同其他層積製造法一樣，除了一台能處理 CAD 檔案的電腦之外，就沒有其他所需的投資。

加工速度

因機台而異。

加工物件表面粗糙度

一般來說，FDM 生產物件的粗糙表面是一大缺點，疊加出的層狀表面非常明顯，需要後製處理才能得到光滑表面。但是經由設計列印方向，可以避免將明顯的疊加線暴露在最顯而易見之處。有許多新創的再處理方法可移除疊加線。

外型/形狀複雜程度

這是任何層積製造法都具有的最大優勢，幾乎可以加工生產出任何形狀。

加工尺寸

尺寸受基座與布料面積限制。利用活動基座承載布料在 FDM 機台中移動是解決大面積加工的方式。

加工精度

3D 列印可產生高精度物件，但還是不及較適合生產薄壁的多射流列印（multi jet printing）。在自主形變階段的精度較不容易控制。這點與其他布料加工方法無異。

可加工材質

可利用 FDM 加工的材質不斷在增加，包括從最常用的標準 PLA 到聚碳酸酯與軟質 TPU 等工程材料。

運用範例

由於射出成型加工方式無法製造出以 FDM 方法所產生的物件，因此沒有可以類比的範例。FDM 方法可說是潛力無窮。因為廣泛的可應用材料與機台，FDM 主要被設計師與業餘玩家使用於快速製造設計原型。若採用聚碳酸酯或 TPU，產生的物件則可作為實際應用成品。

類似之加工方法

FDM 可類比於 SLS、SLA、材料射流法與快速液態列印法。

環保議題

由於在地化的生產方式，因此具有高度能源與材料使用效率。所採用的熱塑性塑膠可融化再利用。

相關資訊

www.selfassmeblylab.net

www.christopherguberan.ch

- 傳統 FDM 可採用非常多樣的材料加工。
- 多種廉價機台可供使用。
- 設定簡易並且多功能。

- 傳統 FDM 生產物件表面粗糙，需要後製表面處理。

多射流熔融

Multi Jet Fusion

相對於任何以切削原料為基礎的「削減製造法」，疊加原料的「層積製造法」已成為 3D 列印家族的代稱。這是一種仍在持續發展演進的方法，並在業界中愈顯重要，代表新一波的工業革命。因為如此，有更多不同的層積製造法問世。由惠普（Hewlett-Packard，HP）開發的「多射流熔融」即是其中一員。

多射流熔融原理與多射流列印（p.266）類似，都是藉由堆疊一連串聚合物粉末層，形成物件截面的加工方式。

產品名稱	Nike Zoom Superfly Flyknit 跑鞋
設計師	Nike 與 HP
生產者	Nike
材質	聚醯氨
生產國	美國
生產年份	2016

這雙鞋是以多射流熔融技術專為奧運金牌選手 Allyson Felix 量身製造。

多射流熔融列印頭的布局方式與噴墨印表機類似，每次行經所設計的路線後即留下一層原料，以 HP 所稱為「體元」（voxel）的單位控制，以每秒三千萬滴的流量進行。這些尺寸大約為 50 微米的微小建構單元，可類比於 2D 列印中的「像素」。未來體元可進行顏色或材質的客製化設計。

與多射流列印不同的一點是，以「助融劑」取代 UV 固化光源。助融劑使聚合物顆粒熔融並產生鍵結。隨後加入「修飾劑」以調整熔融過程，產生精緻細節與光滑表面。選擇性地加熱列印基座，以便控制物件上所需熔融部位。即由採樣材料中數以百計的溫度測量點，決定哪些部位需要加注更多能量，因此更能控制物件的機械特性。製造的物件需要冷卻，也就是將製造箱置入後處理工作站，以便下一步去粉塵處理。

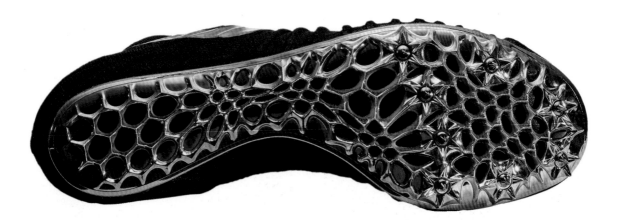

產能

HP 推出多種不同機台。範圍從小量生產到每週一千件的產能。

單位成本和機具設備投資

機具不會像其他層積製造法的機具那樣廉價，因為這種列印機具有完全不同的組成：一個存放材料與承載製造中物件的層積單元，還有另一個進行冷卻與修飾的處理站。HP 宣稱終端成品具有高度成本優勢。

加工速度

根據 HP 的說法，這是所有 3D 列印技術中最快的方法。比 FDM（p.262）或 SLS（p.250）還快上十倍。例如：在相同時間內多射流熔融可生產 12,000 個物件，而 SLS 只能生產 1,000 個，FDM 只有 460 個。

加工物件表面粗糙度

雖然看得出來表面層積線，但是遠比 FDM 細緻得多。就如同其他層積製造法一樣，若採用硬質材料生產物件，則可經過後製研磨產生非常細緻的表面。

外型/形狀複雜程度

除非是列印硬質物件，需有設計支撐結構才可進行複雜型態列印。

加工尺寸

本書撰寫時，以 HP 的 Multi Jet Fusion 機台可加工的最大尺寸為 380 毫米 × 284 毫米 × 380 毫米（15 × 11 × 15 英吋）。

加工精度

最細的疊加層為 0.07 毫米（1/3500 英吋），1,200 dpi 解析度。

可加工材質

多種聚醯胺 12（PA_{12}）粉末為標準材料。但是基於 HP 的開源方法，未來將有更多材料可供應用。

運用範例

基於 HP 高階機具的大體積特性，適合製造具備 PA_{12} 性能的模型或零件成品。

類似之加工方法

與多射流列印法一樣都是以一連串塑膠層疊加產生物件。也與黏合劑噴塗技術（binder jetting）類似。

環保議題

這種 3D 列印方式需要加熱熔化材料。這類機具所使用的聚醯胺熱固性塑膠可回收利用。HP 亦宣稱所需的粉末與添加劑無害。

相關資訊

http://www8.hp.com/us/en/printers/3d-printers/3dcolorprint.html?jumpid=reg_r1002_usen_c-001_title_r0003

- 可精確控制機械特性。
- 最快速的層積製造法之一。
- 高準確度。

- 目前局限於一種材料（PA）。

多射流列印

又名聚合物噴射、光敏聚合物

Multi-jet Printing aka PolyJet, Photopolymer

概括來說，這項加工方法類似噴墨列印，但不同的是，噴出的不是油墨，而是光敏塑膠。物件形體的 CAD 檔案被切割為一連串 2D 截面。物件 2D 截面隨後依次逐層列印出來並固化，最薄可達 16 微米（0.016 毫米）。

一層沈積完成之後，並在下一層列印之前，照射 UV 光使聚合物固化。隨著截面逐層列印出來，承載物件的基座隨之降低。若物件型態複雜，或具有浮雕設計，那就必須增加支撐結構。這些多餘的結構可在列印完成後輕易移除。

有幾項異於其他層積製造法的特點值得討論。比如與 SLS（p.250）比較，此方法使用多種 UV 固化材料，因此並不適合實際應用物件，因為這些物件可能會因 UV 光照而降解。

另一個高價值的特點是，在眾多 3D 列印方法中，多射流列印是唯一可同時列印硬質與軟質多色物件的技術，因此可製造覆蓋在模外（over-moulded）的物件。

- 可利用硬質或軟質材料製造物件。
- 可製造多色物件。
- 可在既有物件上增加結構。

- 所用材料只適合快速打樣，而非生產成品。

產能

從單件製造到任何數量的大量生產。

單位成本和機具設備投資

機台成本不會像 FDM 那樣低廉。但就如同所有層積製造法一樣，除了一台產生物件 CAD 檔案的電腦外，無需其他投資。

加工速度

對於製造尺寸約 10 平方公分（1.5 平方英吋）較小的物件而言，多射流列印是最快速的 3D 列印方法之一。因為要產生每一層截面，噴嘴必須移動較遠的距離，如果尺寸超過 5 英吋，多射流列印就會變得較慢。

加工物件表面粗糙度

與其他層積製造法相比，尤其是 FDM 與 SLS，此方法可產生優異的表面品質。同時可在單次列印中使用 CMYKW 全彩，因此可製造全真物件。

外型/形狀複雜程度

如同所有層積製造法一樣具有無限的可能性。多射流列印尤其適合薄壁列印。

加工尺寸

此方法最適合批次製造低單位成本物件。本書撰寫時，最大製造體積為 381 毫米 x 292.1 毫米 x 381 毫米（15 x 11.5 x 15 英吋）。

加工精度

這是一種適合製造薄壁的高精確方法。

可加工材質

雖然有多種透明、硬質、軟質的材料可供利用，但是這些卻不是其他層積製造法所使用的性能材料。因此不太可能代替如射出成型來進行實際使用物件製造。只能當成模擬性能塑膠產生物件的方法。

運用範例

此方法的唯一限制就是所用材料只是量產物件材料的模擬，因此不適合以此方法量產。有鑑於此，此方法適合製造模型、特效物件、展示品，也就是不會承受任何機械壓力的物件。

類似之加工方法

雖然與 HP 開發的多射流熔融非常類似，但是在多射流列印中材料顆粒並未融合。同時也類似 SLS 列印，都是利用 UV 光進行光敏聚合物固化。

環保議題

此項 3D 列印技術比需要融化顆粒的 SLS 還要節能。

相關資訊

www.stratasysdirect.com

快速液態列印

Rapid Liquid Printing

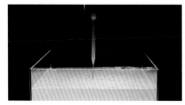
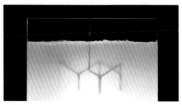
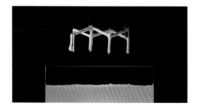

此圖展示浸泡於凝膠中的物件，正透過噴嘴列印逐漸成型中。

產品名稱	快速液態列印
設計師	Christopher Guberan、Kate Hajash、Bjorn Sparrman、Schendy Kernizan、Jared Laucks、Skylar Tibbits
生產者	MIT 自組裝實驗室
材質	橡膠、發泡體與塑膠
生產國	美國
生產年份	2017

這項實驗計劃的目的是探討層積製造法的加工速度，是否能像傳統製造法一樣快，以及在量產時，速度是否能趕上其他 3D 列印方法。MIT 自組裝實驗室與 Christopher Guberan 合作，開發一種擠製成形加工方法，沿著 X、Y、Z 軸將物件列印在水基凝膠支撐材中。

這項方法的原理非常簡單，噴嘴裝置在至少能進行三軸移動的列印頭上，在厚重的黏滯液態凝膠槽中擠出二元複合材料。凝膠在材料固化時扮演支撐與定位的角色。簡而言之，就像在空間中擠出牙膏形成連續的線段，在移動的過程中形成能自我支撐的物件。這個特點回應了對於加工速度的探討，因為此方法只列印物件本身所需材料，而無任何其他層積製造法所必要的支撐結構。因此避免了產生支撐結構所花費的材料與時間。

- 與其他層積製造法比較，此方法最適合製造大型物件。
- 速度比其他層積製造法快速。
- 線條直徑可沿著列印方向變化。

- 仍處於開發階段。

此加工方法使用的材料與催化劑由噴嘴末端擠出後，彼此接觸而產生化學反應。材料需在凝膠中固化，因材料而異，最快能在20秒後完成固化。此方法仍在初期階段，在本書撰寫時，仍無商業化機台問世。

產能
若此方法能進入商業化階段，將適合小量生產，並且具有大量生產潛力。

單位成本和機具設備投資
與其他任層積製造法的優勢一樣，無需投資模具與機具設定。

加工速度
此項計畫所要探討的就是如何提昇層積製造法的速度。無需列印支撐結構即回應了這個問題。

加工物件表面粗糙度
厚度、截面粗細與表面粗糙度取決於三個要素：噴嘴尺寸與形狀、列印頭移動速度、壓力。使用扁平噴嘴能在列印頭移動時改變線條角度，而形成螺旋狀的線條。必須仔細控制擠出壓力，以避免線條中出現氣泡，而影響物件表面粗糙度。

外型/形狀複雜程度
為求利用此方法最大優勢，最好將物件設計成連續線條。改變列印頭移動速度可在線條中產生粗細不同的結構。

加工尺寸
原則上尺寸無限制，唯一的限制就是凝膠槽的尺寸。但如果物件很長，也可在擠製成型時，將凝膠槽以滑道移動。

加工精度
此方法的本質不如其他如 SLA (p.244) 所具有的精度，但是至少能夠相互比較。這也是為何此方法更適合、更快速製造中尺寸物件的原因。

可加工尺材質
軟質與硬質的生物樹酯與發泡體皆可使用。亦可將不同的塑膠結合在同一個物件上。

運用範例
此方法產生的物件幾何形狀是基於連續線條設計，而非填實或鏤空的立體。因此最適合應用於一般以棒狀或管狀單元構成的結構元素。如具有直線構型的家具支撐結構、骨架、內部與建築元素等最適合採用此方法。鞋底、充氣物品、防水物件與袋子都已經採用過此方法製造。

類似之加工方法
原理上最類似的方法是擠製成型，兩者都是藉由連續線條產生物件。主要的差異在於，快速液態列印物件以三維方式立體產生，而非只是單一方向直線。在空氣中使用的 3D 列印筆是另一種類似的方法，但是可加工尺寸完全不同，通常被業餘玩家所使用。

環保議題
高速、無耗熱能、無模具、無耗損支撐材，此方法具有高度材料與能源利用效率。凝膠為水基材料，並採用生物樹酯製造物件。多個物件可使用同一槽凝膠而無需更換。

相關資訊
www.selfassemblylab.mit.edu
www.christopherguberan.ch

表面處理

工業設計與永續發展大師 Ezio Manzini 在他充滿夢想的大作
「The Materials of Invention」中對物體的表面如此描述著，
「這是物質本身的結束，也是周遭環境的開始」。

一件產品的表面往往是最能發揮創意的地方。在 2010 年家電
大廠 Miele 發明了一台特別版的真空吸塵器，它的表面覆蓋了
桃色的絨布，這讓一件原本應該使用發亮塑膠殼的產品瞬間
變成了一件最引人注目的產品。

本章結合了包括噴塗、電鍍、包裝等各種傳統的表面處理方
式，也另外蒐羅了一些特殊、新穎的表面處理技術，希望能
帶給讀者一些啟發，讓表面處理除了裝飾之外還能增添更多
的功能性或特殊意義。

裝飾性

熱昇華染料印刷
Sublimation Dye Printing

　　此方法是特別為了運用在預製成型產品、立體塑膠製品的表面裝飾而創造的。其色彩、花樣、圖案的表現，可從圖片中 Massimo Gardone 和 Luca Nichetto 所設計的 Around the Roses 餐桌看出，此法不能對產品表面提供耐刮等保護作用。相反的，它能提供不易褪色、即使被刮花還是能看到美麗色彩的印刷品質。不同於網版印刷或上漆，此方法所呈現的色彩飽和度要遠高於其他上色方式。

　　熱昇華所使用的染料能夠滲入材料表面約 20~30 微米，因此就算表面被刷洗或刮花，其色澤還是能維持的很亮麗。此方法也被廣泛運用在各種產品中，包括 Sony 的筆記型電腦 VAIO，就是採用此種方式做不同色澤和圖樣的表面處理，讓這項產品更有特色和個人化。

相關應用

　　熱昇華染料印刷也被用在相片印表機上，油墨在加熱汽化時會滲透進相紙內，以遠高於點陣式印表機的品質，並且能維持很長一段時間不會褪色或泛黃。

環保議題

　　此方法非常有效率，且對環境來說很安全。然而印刷時的廢熱和耗能也是一個有待解決的問題。

相關資訊

www.kolorfusion.com
www2.dupont.com

真空鍍膜
Vacuum Metallising

　　這並不一定要真的用金屬來電鍍，但是若我們想在塑膠件上製作出金屬的質感，則此方法是再適合不過的了。傳統的電鍍方式很難在塑膠件上鍍鉻，但利用真空鍍膜這種非常經濟的做法，就可以達到非常相似的效果。

　　在真空鍍膜的過程中，鋁被汽化而充滿在整個真空密室裡，接著會凝結並牢牢貼附在靶材表面，形成一個金屬鉻質感的薄層。接著我們必須再鍍上一層保護膜。此鍍膜相對於鍍鉻來說，對於環境的衝擊要小很多，雖然它並不能和鍍鉻一樣持久、抗腐蝕。雖然塑膠產品沒有像金屬產品那麼的重，但為了鍍層的持久和美觀，我們還是建議使用者不要常常觸摸鍍膜表面，以免它霧化。另外一種功能性的應用是將它運用在手電筒的反光燈罩上，以將光束集中，增加照明效率。Tom Dixon 曾經將它應用在它設計的 Copper Shade 吊燈的燈罩上，讓它在碳酸聚酯的塑膠材料外層有著拋光銅面的金屬質感。(www.tomdixon.net)

相關應用

　　圓錐狀的燈罩反射鍍層，常見於手電筒和汽車車燈，有些汽車的側邊飾條也會有金屬質感的表面處理。

環保議題

　　真空鍍膜利用鋁來取代鉻，以達到相同的金屬質感，但是對環境的衝擊卻遠比鉻要小。

植絨
Flocking

　　這個表面處理方式總是讓我聯想到我媽媽的壁紙,那是 1970 年代的事了。我的腦海中至今仍然留有當初觸摸到它的那種毛茸茸、指尖帶點阻力的感覺。它雖然是為了美觀而發明的,但是事實上,它擁有許多妙用,例如隔音和隔熱,這點也讓它的應用範圍很廣泛。一個跳脫傳統的應用是上圖中的 Miele 真空吸塵器。

　　植絨的技術需要精準的剪裁布料並且貼附在預先噴塗好黏膠的工件表面,利用靜電可幫助貼合、貼平。這樣可以製作出包覆平整、近乎鍍膜的優異質感,其每平方英吋中至少要含有 150,000 根纖維,其外表的質感就取決於所選用纖維的長度和種類。

相關應用
　　植絨總是被大家認為是只有裝飾的功能,但是事實上它還有許多優點。例如,在珠寶盒、化妝品內,就需要讓植絨來保護首飾和化妝用品等。它還可以防止冷凝的作用,因此會被用在汽車內裝、船艇、或空調系統上。我能想到的兩個最有創意的運用分別是將陶瓷餐具植上絨布面,另外一個就是此處的真空吸塵器。

環保議題
　　所有沒能植上工件表面的絨毛都可以被回收再利用。被植融的產品都可以被依所植的絨毛種類和工件本身原料來回收。

蝕刻
Acid Etching

　　此法又被稱為化學銑工或濕式蝕刻,蝕刻非常適合用於在金屬薄片上製作精巧的花紋或圖案。此方法的原理是先在物件表面要被留下的地方上一層保護層,緊接著用酸性腐蝕液將不要的部分融解並且帶走,最後剩下的就是我們要的花樣了。保護劑塗佈的方式可以是直線、也可以是相片,或是兩者的組合。

相關應用
　　蝕刻最常被用來製作精密電子元件的開關接點、驅動器、微孔篩網。亦可用來製作標籤和標誌等。設計師 Tord Boontje 利用蝕刻製作了他設計的 Wednesday Light 燈罩,不鏽鋼表面精美的雕花和圖案展現了此方法的美妙之處。蝕刻也被用來製作飛彈的彈性驅動開關,它能敏銳的隨著氣壓的變化而彎曲,從而偵測到飛彈和目標物的距離。

環保議題
　　這些被蝕刻的金屬幾乎都是可回收的,再說目前蝕刻所用的化學藥劑經過改良後也已經不像以前那樣會對環境造成無法彌補的傷害了,也因此蝕刻算是對環境友善的一種製程。

相關資訊
www.precisionmicro.com

雷射雕刻
Laser Engraving

您或許很熟悉雷射雕刻的用途，像是獎杯或獎牌上的刻字。然而，雷雕的用途還不只這些，由於其精度可達到微米等級，因此也被用來製作印製鈔票的模板，其精細的程度讓假鈔難以和它相比較。雖說雕刻的方式有許多種，但因為雷射精準的程度和可製作精美的花紋，讓它至今仍然是大量生產的不二選擇。

雷射雕刻機台上的雷射頭乍看之下就和鉛筆沒甚麼兩樣，其雷射光束是由電腦數控來規劃射擊和行進路線、速度、深度、和範圍等。以上參數都可針對需要再行調整。雷射雕刻不需要藉由刀頭或接觸工件，因此也就沒有刀頭損耗的問題。

相關應用

雖然某些最貴重的珠寶首飾是用手工雕琢而成的，但是廠商也開始意識到，其實雷射雕刻的精度是有過之而無不及的，而且它的速度絕對是壓倒性的勝過手工的。由於雷射可以切割平面和曲面，因此特別能勝任珠寶的雕刻工作。

雷射雕刻的另外一個特殊應用就是在建物模型上，製作出精細的外觀和雕花。

環保議題

雷射雕刻幾乎沒有廢棄物或有毒物質的問題。然而，某些特殊的物質確實會在雷雕時釋放出有毒的氣體。

相關資訊

www.norcorp.com

www.csprocessing.co.uk

網版印刷
Screen-Printing

許多人認為網版印刷是應用範圍最廣的印刷技術，它可以被使用在幾乎各種材質上，包括紡織品、陶瓷、塑膠、紙、甚至金屬等。也可被用在各種形狀、厚度、和尺寸的物件上，這樣看來，它的運用範圍真的非常廣。

此方法是利用一個編織的布面，被完全撐開固定在一個木框上。將我們想要印製的圖案畫在網格上，利用手工或化學溶液將不要印刷的部分遮住。用滾筒或壓條，讓油墨從布幔的網格中滲入蠟紙，這樣能讓印刷的邊緣較為清晰銳利。墨水的種類、織布線的粗細、網格上針織的數目都會影響最後的印刷品質。

相關應用

目前網版印刷最常見的就是用來製作 T-Shirt 了，但是這項技術的應用範圍絕對不只這樣，其他還包括鐘錶的錶面印刷等。更先進的應用範例包括在陶瓷表面印製上導線和電阻等電路元件。

旋轉式的網版印刷可用在 T-Shirt 的大型量產或其他服飾上，在美國有一半的網版印刷是用在服裝上的。

環保議題

網版必需被清洗乾淨後才能再利用。網版印刷相對於其他印刷方法算是快速有效率的，因此也能減少能源的消耗。

電解拋光
Electropolishing

有些金屬看起來、摸起來都光滑無比，但事實上，當我們用顯微鏡去檢查時，會發現其實它的表面存在有許多小缺陷，而且可能會影響物件的使用壽命。為此，電解拋光就被用來將金屬表面的小缺陷都用電解的化學反應去除，嚴格來說，是將原本的工件表面除掉薄薄的一層，留下真正光鮮亮麗、沒有瑕疵的平滑表面。

電解拋光其實原理就是電鍍的相反，當電鍍是將金屬附著在工件表面，電解卻是將金屬表面分解掉。但兩者相同點是都需將工件和電極泡入電解液中，並且接上電流。藉由氧化還原反應來達到拋光的效果，將時間延長可去除更厚的金屬表面。上圖所示是由 KX Designers 所設計的 Berta Vilagrassa 板凳。

相關應用

電解拋光可以除去所有工件表面的氫氣，這也同時抑制了細菌的生長。因此，在食品工業中經常會利用它在食材調理和食物運送設備上。

此方法適用於小型產品或形狀複雜的產品上，例如銅器；幾乎所有其他的表面處理方法都會傷到像銅這麼柔軟的金屬表面。

環保議題

雖然電解拋光會產生有害物質，但是其電解液可以被重複使用，故其廢棄物的量不高。

相關資訊

www.willowchem.co.uk

移印
Tampo Printing

移印是一種用途十分廣泛的印刷技術，幾乎所有物質的表面都可以用此方法來進行印刷。若是想製作高品質的圖案、或是針對複雜的表面進行裝飾，它都是非常有效果的印刷方法。基本上，小型的、狹窄的、或是彎曲的工件平面較適合用此法製作，但需注意，此法只能製作單色無深淺的樣式。

此方法的第一個步驟是將圖樣以 1:1 的比例繪製在薄膜上，接著利用化學蝕刻將陽極、氧化的平板表面腐蝕掉。此平板在移印機台上被定位後，便可將油墨塗佈在平板表面。這個平板緊接著會被刮乾淨，只剩下被蝕刻過的凹槽中、油墨還在上面。接著用一個矽膠頭壓在金屬平板上，沾附上剛才遺留的油墨，將此矽膠頭提起，並利用上面沾附的油墨將圖案壓印在我們想要的位置。

相關應用

移印是製作商標的主要方法，包括原子筆和鑰匙環等都是用它來製作的。它也可以被用在計算機、收音機、時鐘和手電筒的印刷上。

環保議題

移印機台是可以用 CNC 數控的利用雷射來進行定位，可讓印刷更準確、更節省能源。

麂皮植絨
Suede Coating

將前幾節中桃色植絨真空吸塵器的表層再加上一層細微的、帶點橡膠感的物質，這就是 1990 年代，當 Nextel 的麂皮植絨出現時，它所帶給人們的那種，類似水蜜桃表面、那種細微的絨毛感、卻又有點皮膚的彈性。這項技術最早是用於 NASA 的航太工業中，為了特殊的用途而設計的。所以，一開始 Nextel 的麂皮植絨是為了滿足太空梭內抗靜電、低化學活性、不反光、抗刮傷等需求而研發的。但是今天，植麂皮絨在工業產品中可以是既美觀又多功能的一種表面處理技術。

Nextel 麂皮植絨的製作和構成很簡單，只要一層氯丁橡膠（潛水料）顆粒、加上一層特殊的黏著層。基本上此植絨層共有三層，第一層是基板，為的是黏住第二層的結合層，當此層乾燥且貼合後，就可以開始上第三層，上色、細微的潛水料顆粒。此處使用的塗佈器材都是業界常見的，而塗層的乾燥也使用自然風乾或低溫烘乾。

相關應用

Nextel 麂皮植絨的應用範圍並沒有什麼限制，但是它所能植上的材料表面大多都是以室內裝潢的材質為主。它的強韌和美感正好也是辦工或住宅家具最需要的特質之一。

此表面材料也被廣泛運用在運輸器材上，從房車的飾板、火車或飛機的座椅都是此抗磨又柔軟材質的使用範例。

環保議題

Nextel 可以掩飾原材料表面的凹痕或不平整。這也表示它讓原材料不需要經過其它拋光等後加工，因此能間接省下許多能源。

相關資訊

www.nextel-coating.com

燙金
Hot Foil Blocking

燙金其實並不需要顏料、或溶液，而且一燙完物件馬上就可以被使用，不需任何靜置等待的時間。它的用途廣泛，也可運用在許多不同材料上。它亮麗出色的效果也不是油墨印刷所能製作出來的。

燙金的模具通常是一塊平板，上面利用蝕刻將所要燙金的花紋刻出，接著將模具疊上一捲金箔，並且將要燙金的物件放置在其下。當模具下壓時，熱量和壓力會將金箔壓燙在被燙物件上。通常，燙金還會再搭配浮雕讓字體或圖案更突出。

相關應用

燙金常見於書的封面、賀卡、名片、玩具、或精緻的包裝紙或盒子上。它更特殊的用法在於將鞋子貼標籤和信用卡上的親筆簽名。

環保議題

燙金本身並不會消耗很多的能源，但不可避免的會產生許多廢料。

相關資訊

www.glossbrook.com

模外裝飾
Over-Moulding

　　模外裝飾通常被視為射出成型的延伸，而非另一次獨立的製程。但我個人卻對於它情有獨鍾，因為它可以讓產品擁有如老師父手工製作般的精製表面，並且能結合兩種看似完全不同的材料。

　　雖然它能用在形狀很複雜的產品上，但其實這個製程本身卻很單純。主要的部分會先被預造好後再移到下一個模具中，接著再讓第二種、第三種材質依序射出成型在上面。

相關應用

　　模外裝飾主要還是應用在高附加價值的通訊或電子產品上，如手機和筆記型電腦等。

　　將手機外層包覆上布料，看起來需要巧奪天工的好手藝才能製作出的特殊效果，藉由模外裝飾就可以快速又精美的製作出來。更重要的是，它可以直接在模具上製作，不需額外的手工後加工過程。

環保議題

　　像模外裝飾這類複合材料產品都很難再廢棄時進行回收，畢竟要如何將兩件完全不同、卻又牢牢結合在一起的材料分開，並不是一件容易的事。將來要能解決此項問題，可能必須在產品設計時就要想到如何將它分離回收。

相關資訊

www.ecelectronics.co.uk

噴砂
Sandblasting

　　噴砂的用途很廣，它可被用在將尖銳物體表面磨平，也可以製作出類似蝕刻或雕刻的效果。

　　噴砂的施工方式正如同它的名稱一般，是藉由這種堅硬粗糙的細小顆粒，利用噴槍以高速噴出、撞擊工件表面，以產生霧化等效果的加工方式。為了安全，此項操作必須在密閉空間內完成。以裝潢的角度來說，噴砂玻璃是非常具有美感且有視覺效果的。透過模板，我們可以製作出各種的噴砂花紋。甚至只要改變一下參數，調整噴射速率、入射角度，就能製作出各種不同的深淺和效果。

相關應用

　　除了美觀外，噴砂還會被用來保養汽車零件、建築結構、或機械零件等，這是因為它可以去除物體表面的銹蝕。它也可被用在要噴漆表面的前置作業，藉由將表面霧化的過程，除去微小裂縫或不平整，並且提高漆料的附著力。在流行時尚界，噴砂還被用來在牛仔布料上製作出仿古的效果。然而，其細緻的砂礫若飄散在空氣中，很可能會對人體造成傷害。通常法律針對噴砂工廠都有相關的作業規範，廠商必須嚴格遵守。

環保議題

　　由於其它能達到類似效果的加工方式為化學蝕刻，因此相對來說，噴砂是對環境比較沒有傷害的方式。

相關資訊

www.lmblasting.com

功能性

i-SD系統
i-SD System

i-SD 是種新的表面印刷技術，它提升了傳統浮水印所能帶來的視覺效果。它能將圖案精準的包覆在複雜的立體物件表面，同時在視覺上不讓圖案變形。它的墨水可以覆蓋到每個孔洞、凹槽、表面凹凸的紋路內，從而呈現出高解析度的圖像。此方法可以運用在各種物質表面上，包括塑膠、木頭、金屬、玻璃和陶瓷等。由於其外層有 PBT 膠膜保護，因此可以有效防刮。

相關應用

此方法目前被用在汽車彩繪等需要非常高耐磨標準的表面上。但也有機會用在手機等電子產品上。

環保議題

和射出成型結合可大幅提高生產效率、減少耗能。

相關資訊

www.idt-systems.com

模內裝飾　In-Mould Decoration
(模內包膜)　(Film Insert Moulding)

模內裝飾是專門為了射出成型所設計的表面裝飾技術，由於我們預先將所要印刷的圖案印到膠膜上，並且先鋪設在成型模具內壁，因此省去了後續噴塗等後加工的程序。此方法有日益重要的趨勢，舉凡各種產品的商標、花紋、或是個人化的消費性電子產品如手機等都是應用的範圍。

這些圖案和花紋被預先印製在高分子薄膜上，然後依照模具形狀進行裁切。薄膜會以帶狀的方式或直接切裁後先貼附在模具內壁等待射出。

相關應用

模內裝飾不只有文字和圖案，也可以用在上色或相片轉印等。其中一種最有趣的應用，是將一種有自行修復能力的人工皮膚包覆在產品上，讓產品有抗刮的能力。其它包括手機機殼、電子錶、鍵盤、汽車飾條等。

環保議題

相對於會釋放揮發性有機物質的噴塗製程，模內裝飾對環境的傷害是較低的。

相關資訊

www.macdermidautotype.com

自我修復鍍膜
Self-Healing Coating

防水鍍層
Liquid-Repellent Coatings

圖中透明的聚氨酯鍍膜具有神奇的自我修復能力，當表面有小刮傷或細紋時，只要用熱源一打，其表面就會自行將刮痕修補起來。其原理是利用高分子材料在高溫環境下流動性的增高，讓它們在加熱後會因為流動性增加的關係，朝著有刮痕或凹陷的地方流動，將之補平。這種表面處理能提供前所未有的保護和耐用度。

圖中汽車烤漆的保護是非常好的例子。尤其當我們把車停在大太陽底下，其表面的鍍膜就會開始自動將小細紋或刮痕修補完畢，呈現出最完美的表面。

相關應用

除了車身鈑件的保護，它或許在未來可被運用在建築物表面？

環保議題

由於使用的化學溶劑很少，所以本製程是非常環保的。

相關資訊

www.research.bayer.com/en

傳統的防水鍍層必須用一層膜將物體包覆起來，這樣不僅不美觀，也改變了物件本身的表面特性。P2i 這家公司所發明的奈米防水鍍層，是利用電漿真空濺鍍的方式，在室溫的密閉空間內，漿高分子防水鍍層附著在工件表面上。由於此鍍層的厚度是以奈米為單位，因此在外觀上幾乎無法察覺。此法適用於各種材質和幾何形狀，甚至有些形狀複雜、結合數種材料的物件也可以被 P2i 成功鍍上防水層。

相關應用

這項技術可以為電子產品、衣著、鞋子等提供防水的功能。包括衣服的拉鍊和電子產品的關節都可進行鍍膜。其它包括實驗室精密儀器和醫療器材等也是必須具備防水功能的。舉例來說，實驗室的滴管就必須有防止液體附著的撥水功能，如此才能確保實驗的液體量精確無誤。

環保議題

其所塗佈的奈米塗料量非常少，和傳統的噴塗和浸泡相比，是個非常高效率的製程。

相關資訊

www.p2i.com

陶瓷鍍膜
Ceramic Coating

Keronite® 是個專門研發用搭配在輕量化金屬和合金表面上的超高硬度、超耐磨陶瓷鍍膜廠。它和其他技術相比，更環保、更經濟、而且相較於鍍鉻或電漿濺鍍要更精準。

此鍍膜是在充滿電解液的槽內進行的，因為通電後工件表面會產生電漿的放電現象，因此可以形成一層薄薄的鍍層，稱為「電漿電解氧化層，PEO」，接著在鍍上一層高硬度的微晶瓷材料，讓它在表面結晶。雖然此製程看起來和一般電鍍類似，但是其厚度和硬度，以及對環境的友善程度，都遠超過其他電鍍製程。

相關應用

Keronite® 可以被運用在各種產品上。包括人造衛星、太空梭等。歐盟太空協會也執行過冷熱衝擊等相關測試，證明它可以耐住如太空等極端氣候而維持住特性。

在建築界，此法也是非常有名的。只要在結構體上鍍上一層，就能讓鋁件或其它結構金屬抗氧化和耐久。上圖中的 RockShox 是 2011 年 Revelation World Cup 的比賽車架。

環保議題

此製程中的電解液內沒有任何有害環境的物質，並且可自然分解。此產品可以 100% 被回收再利用。

相關資訊

www.powdertech.co.uk
www.keronite.com

粉末噴塗
Powder Coating

粉末噴塗是一個「乾式」製程，其噴塗方式結合了細緻的樹脂底層、上色顆粒、和其他原料等。它的特色是較傳統噴漆為硬，並且可以塗佈的更厚實而不會有留痕。它可以選用熱塑性或熱固性塑膠做為基材；熱塑性基材可在加熱後融化，但熱固性基材一但上色後就不能再更改了。

通常粉末噴塗是以噴槍進行，搭配靜電讓粉末能吸附在工件上，所以工件本身必須接地，噴槍本身必須接電極以讓粉末帶電。藉由自然的物理現象，讓粉末均勻的塗佈在工件表面上。噴塗完成後，再將工件送入烤爐內，讓粉末融化即可形成一均勻的保護層。

相關應用

粉末塗佈的堅硬和耐用讓它非常適用於腳踏車車架或汽車鈑件的表面塗裝，以讓工件具備抗刮和耐候等特性。

由於粉末必須仰賴電荷才能均勻附著，因此工件必須能導電，例如金屬。或者，利用玻璃或MDF等技術來做替代。

環保議題

此製程完全沒有揮發性有害物質，其噴出顆粒都可以回收再利用。

相關資訊

www.dt-powdercoating.co.uk

磷酸鹽鍍膜
Phosphate Coatings

　　此方法最早從二十世紀初就開始被利用了，一直到今日，它還是用來保護鋼鐵不被氧化鏽蝕的最主要方式之一。它比較像是金屬原件的一層基材或保護層，讓外層還可以被進行噴漆等處理，而內層金屬也不會被氧化。

　　它所鍍的金屬材料是以素材為主，將工件依序排列在架上，同時浸入溶液中，讓磷酸鹽隨著時間慢慢的在工件表面形成一層薄膜。

　　用來鍍膜的磷酸鹽有三種，鋅化物對於後續噴漆而言是很好的保護層、且能抗腐蝕。鐵化物能讓工件表面更能和其他物質相接，錳化物特別吸油、且能耐刮。

相關應用

　　磷酸鹽鍍膜最主要的作用在於延長工件使用壽命、並且減低維護成本。包括汽車、太空梭或其它重工業都有應用的實例。它也能讓工件比較不會被生物體排斥，因此也可以用在骨科和牙科的植入件。

環保議題

　　磷酸鹽鍍膜必須使用有毒物質。但是其成品的抗刮和抗腐蝕能力也是數一數二的，因此能提供產品更佳的保護和更長的使用壽命。

相關資訊

www.csprocessing.co.uk

熱熔噴塗
Thermal Spray

　　此製程能大幅提高產品的使用壽命和表現。雖然熱熔噴塗有四種不同方法，但是主要原理非常相似：將粉末或線材通過噴嘴，讓它加熱後熔解或軟化，此時便可噴佈在工件表面上。熱熔噴塗可以針對大面積工件製作出超厚的塗佈層，其密度需視塗佈的材質而定。

　　四種不同的加溫方式有：火焰、電弧、電漿、和高壓氧和媒油焰噴塗，每種加溫方式都有其適合的塗佈物質和應用場合。以抗腐蝕為最主要目的，則熱熔噴塗是最佳方式，而且它不會排放有害環境的物質。

相關應用

　　熱熔噴塗是種主流的塗佈技術，尤其是需要絕緣的手術剪刀、或是高性能的腳踏車剎車系統等。

　　由於製作成本高，所以主要還是運用在太空梭、汽車、生醫材料、印刷設備、電子產品和廚具等上面。

環保議題

　　沒有使用有機揮發溶劑，因此是個環保的製程。

相關資訊

www.twi.co.uk

表面硬化處理
Case Hardening

表面硬化的作用就在於將硬度較軟的鋼鐵表面強度增強。碳含量較高的鋼可以藉由加熱來將表面硬化，但軟質鋼鐵碳含量太低，故不適用此法。這個時候，我們必須設法將堅硬的碳層塗佈在工件表面，讓此工件在軟質的內部外，有著堅硬的表層保護著。

此製程需先將鋼鐵燒紅，若只需在小部分面積進行硬化處理，則將局部燒紅即可。接著將燒紅的鐵棒浸入碳溶液中，接著再加熱燒紅，如此反覆到鍍層夠厚為止，再用清水洗淨和冷卻。

相關應用

許多材料都可以運用此法進行強化處理，尤其是需要在高壓或耐衝擊的環境中作業的工件。基本上，表面硬化處理是針對延展性佳、便於加工的軟質金屬，在成型後針對表面強化。其成品經過硬化後就很難再進行切削加工了。

環保議題

表面硬化並不是很節能的環保製程，其廢棄物也很難被回收再利用。

鑽石鍍膜
High-Temperature Coatings

Diamonex 是一種超薄但超硬的鍍膜，它具有接近鑽石硬度的表面鍍層。一般它的加工溫度在 150℃ 以內，所以能適用於許多材料上，包括塑膠。除了高硬度和耐刮之外，它還能抗化學腐蝕，並且有很低的摩擦係數。

相關應用

從飛機引擎到超商的掃描器都適用。它也能被用在生醫材料上，製作植入式關節或手術用具。

環保議題

Diamonex 是種極具效益的鍍膜方式，也沒有甚麼廢棄物。然而，其鍍膜硬化過後的產品，幾乎不能被回收再製。

相關資訊

www.diamonex.com

厚膜金屬化
Thick-Film Metallising

此製程讓我們得以將一層厚厚的金屬印製在陶瓷或塑膠表面。也就是說，我們可以製作出導電性物質或做電路設計，而不用藉由額外的電路板。此項技術可以由網版印刷、噴塗、或是滾輪鍍膜或雷射來完成。

相關應用

目前世界上最大量的應用在於 RFID 標籤，這在所有快遞或貨運包裹上都能看到，甚至在倫敦的感應式捷運票卡也是利用此技術。目前已經有人將厚膜金屬化的印刷技術轉移到噴墨印表機上，將來工程師可以立刻將自己設計的電路印製出來做各種實驗。

環保議題

由於金屬是直接轉印到物件上，因此非常節省原物料。然而，要將金屬和塑膠分開再利用，是一個困難的工作。

相關資訊

www.americanberyllia.com

www.cybershieldinc.com

玻璃保護鍍膜
Protective Coatings

玻璃製品表面上看起來雖然光滑平整，但是在顯微鏡下看，卻能發現許多小缺陷。利用 Diamon-Fusion 的玻璃保護鍍膜，可以將玻璃表面的缺陷都覆蓋住，提供更完善的保護。此鍍膜需被融熔在玻璃上，藉此形成一層防水薄膜，這同時也能增加玻璃的能見度和強度，甚至其載重量可增加達十倍之多。它也可以被運用在陶瓷或其他矽化物上，包括瓷器和花崗岩。

Diamon-Fusion 的是利用化學濺鍍的原理，先將玻璃表面清乾淨後，再上一層催化劑。接著機台會釋放出化學蒸氣到一個密室中，來將分子結構改變。其過程很快，而且玻璃馬上就可以取出使用了。

相關應用

此通用鍍層可運用在玻璃和陶瓷上，從浴室到汽車擋風玻璃等。它對於能見度的提升和玻璃的清潔維持有很大的作用，尤其是天候不佳的情況下。另外，它還能提供抗酸雨、抗 UV 等功能，讓它也能被用在船舶上。

環保議題

此鍍層可抗化學反應，並且在過程中也沒有毒害。這層鍍膜可以減少玻璃清潔劑的使用量，也算是間接對環保有利。

相關資訊

www.diamonfusion.com

噴砂硬化
Shot Peening

此方法是利用冷加工將金屬表面硬化、提升強度的做法。其原理是利用噴槍將細小的硬質顆粒噴出、撞擊材料表面以提升硬度，但會在表面留下凹痕。

直觀上，噴砂硬化和噴砂霧化是同樣的製程，但是噴砂硬化比較不會將原材料磨掉；因此，此方法更像是一種冷壓成型的過程。

經過噴砂硬化後的工件可以提升抗疲勞強度達十倍之多。在增加強度的同時，它也增加了抗腐蝕的能力。

相關應用

用途廣泛，舉凡建築用護欄到飛機機翼，各種需要表面高強度的元件。某些場合它也會被用來做為成型的方法，如航太工業中。此方法還可以用來增加維修過後鈑件的強度。

環保議題

噴砂硬化是一種冷加工過程，因此耗能不高，也沒有甚麼灰塵產生。

相關資訊

www.wheelabratorgroup.com

電漿電弧噴塗
Plasma-Arc Spraying

電漿常被稱為物質的第四態，當它被加熱到超過氣態溫度時，就會轉變為這種不穩定的形態。電漿和氣體非常類似，但是其導電性卻很高。經過電漿電弧噴塗後的表面能耐高溫、抗腐蝕、耐磨。用它來取代磨損的零件、或提升電性都是很好的應用方式。此噴塗可用在各種不同物質上，也可視需要增加厚度。

通常噴塗的物質是粉末狀，在噴槍頭經過加熱熔化後，藉由高壓氣體送出，通過電弧被推送到工件表面，立即固化成為一層堅硬的鍍膜。

相關應用

需要耐高溫的極限工作環境，如太空梭或渦輪引擎等。

醫療材料等需要低生物排斥性的產品也可用此法處理。

環保議題

廢棄的噴料可被回收再利用，因此算很節省物料的製程。

鍍鋅
Galvanising

鍍鋅最重要的目的，就是它能和被鍍金屬表層融合成一個堅硬且耐用的工件。

其前置作業不能馬虎，包括被鍍件表面必須仔細的清洗乾淨，所以要先經過脫脂劑清洗，接著用清水洗淨，再用酸性溶液去除鏽蝕部分。接著再將它浸泡入融熔鋅槽內，讓鋅和被鍍金屬表面結合成一個高強度的保護層。其反應的時間很快，大概只需要 4~5 分鐘就可以達到理想的厚度，若是工件較大，所需時間可能必須延長。

相關應用
鋼鐵件鍍鋅在結構體上是很古老的用法。包括鋼條、鉚釘、船錨、強化水泥用的鋼筋等，還有高速公路的防撞分隔島，都會採用鍍鋅製程來提高耐用度和增加強度。

環保議題
鍍鋅所使用的化學溶劑和酸液多半有毒，但若是能妥善處理的話，可以將其對環境的衝擊減到最低。

相關資訊
www.wedge-galv.co.uk

去毛邊
Deburring

每種切削加工都會產生一些小碎屑，它們會連接在工件上，並且影響到成品的使用。這些小碎屑，被稱為「毛邊」。在工業上，去毛邊是一種很重要的技術。

依照金屬的材質和產品形狀，去毛邊的方式有不同變化。最常見的應該是利用滾筒，將工件放在裡面，並且放入其他各種不同材質的小顆粒，將滾桶滾動直到工件上的毛邊被除光為止。此方法可以同時將利邊、銳角等一併去除，同時強化工件的表面強度。

相關應用
去毛邊在製造中式很重要的技術，尤其是對飛航工業。若是渦輪引擎有一些小利邊，那麼當它在高溫高壓的環境下運轉時，很可能會造成應力集中而發生斷裂的危險。因此，將所有毛邊和利邊、銳角去除，是非常重要的。此方法可適用於幾乎所有的金屬產品。

環保議題
自動化去毛邊機台需要不少電能。

相關資訊
www.midlanddeburrandfinish.co.uk

化學拋光 Chemical Polishing
又稱電解拋光 Electropolishing

　　許多電子器材需要很高的精度和表面平整度，化學拋光就是能讓工件表面達到如鏡面一般光滑的方法。讓工件在顯微鏡底下都找不到瑕疵。

　　此方法必須將工件浸泡在化學溶液中進行酸蝕。強酸會將不平整的表面去除，直到表面晶格排列都很光滑平整為止。若您熟悉電鑄，則電解拋光就是電鑄過程的相反，它可利用電荷將金屬表面不平整的離子都帶走，形成光滑的平面。

相關應用

　　化學拋光用於需要高精度和表面光澤度的工件，如電子產品、珠寶、醫療器材、刮鬍刀、和鋼筆等。

環保議題

　　化學溶液有害環境，但可被回收處理。廢料也可被回收再利用。

相關資訊

www.logitech.com
www.electropolish.com
www.delstar.com

真空濺鍍
Vapour Metallising

　　真空濺鍍雖然不是最知名的表面處理技術，但是幾乎所有鏡子都是利用真空濺鍍製作的。它能製作出有光澤、耀眼的金屬表層，並且能用在各種不同物質上，包括塑膠。真空濺鍍也是電鍍的替代選項之一，當工件只有某些表面需要被鍍膜時，可用此法取代需要整體浸泡到電解液的電鍍。

　　被鍍件需要被夾持住、放置在密室內、先上一層幫助鍍膜的黏結層，最後在上金屬鍍層，這樣可以讓鍍層更耐磨、持久。金屬鍍層必須先預熱，工件在真空密室內被鋁蒸氣蒸鍍（有些時候會用鎳或鉻來代替）完成。大多工件都會再多上一層保護鍍層。

相關應用

　　由於真空濺鍍能抗腐蝕，因此常被用來製作汽車照後鏡、門把、或窗框，廚具和浴室用品都很常見。其他還有如派對上看到的金屬色氣球也是以此法製作的。

　　真空濺鍍也可在塑膠件上製作導電層。包裝材料也是一種常見的產品，各種金屬色的遮光包裝材料，幾乎都是用此法製作的。

環保議題

　　真空濺鍍較電鍍更環保、清潔，也較無害。

相關資訊

www.apmetalising.co.uk

轉印
Decallisation

　　轉印是將相片或圖片印刷到各種材質上的一種方式。先將圖案以網版或移印，在 200℃ 的環境下，印刷到聚氨酯薄膠膜上。此高溫能讓墨水和膠膜融合，讓表面非常耐刮。

　　轉印的高強度和適用於各種表面的特性，包括塑膠、金屬、玻璃和 MDF 等，讓它非常受歡迎。包過各種建築物內、外觀，交通運輸工具、戶外用品等都會看到它的存在。

相關應用

　　轉印非常適用於建築物和其相關應用，包括浴室和廚房等。其抗 UV、抗磨、抗染色的能力都讓它適用於公眾場所的各項建設。

環保議題

　　被此法鍍膜後的產品無法回收再利用，但是它的堅韌和耐用，也讓它的使用壽命非常長。

相關資訊

www.decall.nl

酸洗
Pickling

　　酸洗是針對各種金屬表面。各種切削或銲接過後所產生的殘渣都可能會汙染到金屬，因而導致表面氧化、變色。在對金屬表面進行任何噴塗上色之前，都必須經過酸洗的程序。

　　其作法可將金屬整個浸泡在酸性溶液中加熱，經過數分鐘、甚至數小時後，再將工件取出清洗。大件金屬可用噴塗或刷塗的方式來針對局部地方進行酸洗。

　　由於會發生氧化的殘渣都被去除乾淨了，酸洗過後的金屬件會有非常長的使用壽命。其所使用的溶液種類取決於金屬的材質。各種不同溶液去除廢渣的速度也不一樣，可依需求選擇適當搭配。

相關應用

　　酸洗通常用在珠寶。針對銅、銀、金等金屬，要注意不能在清洗的過程中將貴金屬通通帶走，但是又必須將銲接等痕跡去除，這是非常高難度的。我們自己也可以購買酸洗液自行在家清洗氧化金屬。

環保議題

　　酸洗溶液是有害物質。然而這些廢液可以被適當的處理作為肥料工廠的原料，或是由煉鋼廠商做使用。

相關資訊

www.anapol.co.uk

不沾鍋鍍層 Non-Stick Coating
(有機) (organic)

由植物細胞製作的 Xylan® 是一種有機的氟聚合物可以改善許多物質的使用便利性。如同 PTFE (Teflon®)，它是針對讓產品在高溫的環境下也不會沾黏任何物體所設計的。但是它的優勢在於其可以附著在 PTFE 所不能附著的材料表面上。

被鍍的工件必須經過徹底的清洗以確保鍍層能完美的附著上去。鍍膜的方式是以噴塗先將有機氟聚合物樹脂覆蓋在表面上，接著放入烤爐中，讓 Xylan 軟化形成一層薄薄的膜。要增加厚度則可重覆以上步驟。

相關應用

Xylan® 可增加產品的使用壽命，也常被使用在汽車工業上。舉例來說，鋁件的輕量化是我們喜歡的，為了補足它的抗磨耗和耐高溫、耐油、和降低摩擦係數，我們會用 Xylan® 來提升它的效能。

環保議題

由於成品的使用壽命和效能能顯著提升，因此也間接減低了不少廢棄物。

相關資訊

www.ashton-moore.co.uk

不沾鍋鍍層 Non-Stick Coating
(非有機) (inorganic)

Teflon® 是最有名的不沾鍋材料，它甚至已經成為我們形容一個人人格特質的辭彙，其實此物質的專有名詞叫做 PTFE（聚四氟乙烯），非常難記得，所以我們應該感謝杜邦公司發明了鐵氟龍這個名詞。

雖然它是一種高分子材料，但我們卻很難用傳統處理高分子塑膠料的手法來將它成型，這也是為甚麼它都要被鍍在別的物體上使用的原因。鐵氟龍也是利用噴塗的方式覆蓋在被鍍面上，接著用加溫烘烤的方式讓它形成一層均勻且堅硬的鍍層。它具有自潤性、不沾黏物體、抗化學、抗高溫等特性。

相關應用

鐵氟龍最出名的產品就是不沾鍋了，但是其它著名的應用還有 GoreTex® 防水衣、醫療器材等需要抗化學、耐高溫、無菌等特性的產品。

環保議題

鐵氟龍的其中一種成分 PFOA 據說會對人體有害。杜邦公司最近也將此成分移出鐵氟龍產品之中了。截至目前為止，目前美國環境保護局也並未通告大家鐵氟龍有害人體的實際案例。

相關資訊

www.dupont.com

裝飾性和功能性兼具

鍍鉻
Chrome Plating

此方法用於需要抗腐蝕和抗磨耗的產品上。主要的鍍鉻方法有兩種，最常見的是製作薄、光亮、美觀的產品；另外一種是製作厚、抗磨耗、低摩擦係數的工業用產品。在鍍膜前必須先將產品洗淨、才能真正讓鍍膜完整包覆在工件上。接著將它接上電極、泡入電解液中。離子會慢慢附著在表面，形成均勻且堅固的鍍層。

相關應用

鍍鉻會成為工業主流是由於汽車用保險桿、門把、和鏡子等零件的盛行。它具有極佳的抗腐蝕性。

浴廁用收納架是另一個出名的應用場所，由於鉻能抵抗濕氣，固非常適用於此高溫高濕的環境中。其它如圖例中 Ron Arad 設計的 Pizza Kobra 燈飾，就只是純然的美觀和裝飾品。

環保議題

鉻很難被回收再利用，而且屬於有毒物質。雖然此法有害於環境，但從 1970 年以來，便不斷的被改良中。

相關資訊

www.advancedplating.com

陽極處理
Anodising

陽極處理最有趣的地方，是它的出處。其實它被人發現最早是因為鋁件上的氧化層。被處理的鋁件必須被完全清洗乾淨，以確保品質。接著將它浸泡到硫磺液中。將鋁件通電後，其表面會形成一層氧化層，其厚度和強度取決於電流的大小和溶液的溫度，以及浸泡通電的時間。它有不同的形式，我們可依照需求來做取捨，看要偏重於產能還是精緻度。雖然鋁件是陽極主要的原材，但是其他如鈦、鎂也是適用於陽極處理的材料。

相關應用

蘋果電腦的機殼幾乎都是用鋁件加上陽極處理來製作的，它能形成一層堅硬且抗氧化的薄膜，並且可以上許多特殊的顏色。其他應用還包括 Maglite 手電筒 (p.18)，其抗腐蝕的能力能讓產品在極端的狀況下發揮正常的功能。

環保議題

屬於較為環保的表面處理過程。雖然會產生一些有毒物質，但是陽極過的表面本身是無毒的，且其有毒溶液均可經過回收做適當的處理。

相關資訊

www.anodizing.org

熱縮包膜
Shrink-Wrap Sleeve

熱縮包膜是一種用來包覆、保護各種日用產品的技術。膜材本身是由塑膠薄膜構成，由於其分子排列是隨機的，因此當它遇熱後會縮起來、把產品包覆住。其膜材的厚度有許多種，我們可以需要來做適當的選擇。特殊的膜材可被製作成只能以單方向收縮或雙向收縮的特殊用品。

膜材內面可以進行印刷，也因此提供了商品個人化的絕佳方式。畢竟，在膜上印刷要比直接在形狀複雜的產品上印刷容易的多了。

相關應用

熱縮包膜常被用來包裝飲料、CD 或 DVD、紙箱、書、或整個棧板。它也可以用來包覆食品如芝士或肉品。

環保議題

熱縮包膜是 100% 可回收的材料。

浸漬鍍膜
Dip Coating

和浸漬成型類似，但其不同之處在於，浸漬成型後的膜仁要取出，只留下塑膠材質的中空外殼，而浸漬鍍膜是要將塑料永久鍍在工件表層（通常是金屬）。浸漬鍍膜的品質很穩定，因此常被用來保護噴漆或上色的鍍層，也可用來依人體工學改善工具的握把等操作處的使用便利性。

浸漬的步驟由預熱浸漬工件開始，接著將它放到容器內，以塑膠粉末吹覆在上面形成一層膜，工件本身的熱度會將塑料融化並緊貼在它的表面之上。接著再將鍍膜好的工件移回烤爐中讓鍍層平滑，之後再將工件移出風乾即可。

相關應用

可用於手工具的握把如鉗子或夾子等。由於它能提供柔軟的手感，因此可提高工作穩定性。其它如戶外用家具、汽車、健身器材等。

環保議題

浸漬鍍膜非常節能，因為它可以同時進行多個元件的浸漬和鍍膜，故非常有利於大型量產。

相關資訊

www.omnikote.co.uk

陶瓷上釉
Ceramic Glazing

　　由於陶瓷表面有許多孔隙，因此需要上釉來讓表面光滑防水。釉層可讓陶瓷看起來閃亮、光滑，就像玻璃一樣，同時也可以保護表層所上的彩色塗料。

　　其製作方法有兩種，一是將顆粒狀釉料塗佈在陶瓷上；二是用浸漬的方式將陶瓷製入釉料中。塗滿釉料的陶瓷必須經過燒結，讓釉料軟化並且均勻分布在陶瓷上。切記在陶瓷和烤爐接觸面不能塗釉，否則它會和烤盤黏在一起。

相關應用

　　陶瓷上釉已經存在於人類歷史中數千年之久，今天它還是陶瓷製品的主要表面處理方法，各種產品如廚具、花盆、瓶罐等許多物品。

環保議題

　　上釉可以將陶瓷用品的使用壽命增加、提供絕佳的防水性，其唯一的耗能就是必須經過高溫燒結。

玻璃搪瓷
Vitreous Enamelling

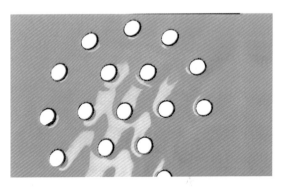

　　搪瓷也是數千年前就有的技術，它兼具了美觀和保護的功用。其作法是將玻璃熱熔到一個金屬表面上，形成一個薄層。利用不同顏色的礦物可以製作出不同顏色的玻璃。

　　被搪瓷的金屬表面必須先被刻上想要的花紋或圖案，讓粉狀玻璃原料能注入顆痕內，接著再將工件置入烤爐內。高溫將玻璃融化並且均勻的佈滿整個平面，當溫度冷卻後，一個美麗的搪瓷製品就完成了。

相關應用

　　玻璃搪瓷能耐高溫及磨耗，因此常用在廚房的表層、平底鍋、洗衣機的洗槽等。

　　由於搪瓷能耐火烤、其顏色又能持續千年以上，因此常被用來製作各種地標的標誌，如倫敦的地鐵和地圖等。

環保議題

　　搪瓷產品非常耐用，色彩鮮豔。唯一耗能的地方在於高溫燒烤的過程。

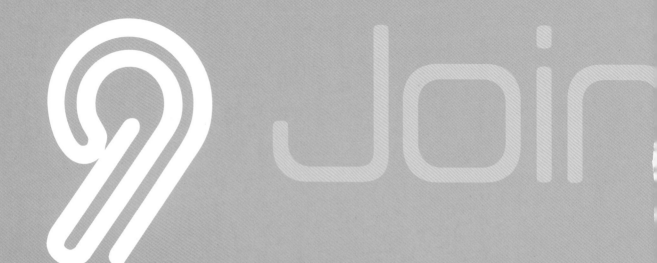

接合處理

在製造過程中,材料和部件的「接合處理」通常比較不被重視。但是在部件拆解卻與材料回收的過程中卻扮演重要角色,因此值得深思。本章節探討許多用來接合平面與 3D 部件最普遍的方法與創新的解決方式。包含各種應用在不同機械零件上廣泛的接合技術,如高壓熔接異質金屬 (Metal Cladding,金屬包覆)、隱形玻璃接合 (UV Bonding,紫外線膠合),甚至以聲波熔接材料(Ultrasonic Welding,超音波焊接)等。本章也收錄了藉由「震動」接合木材的最新方法。

接合方法

	接合種類	可逆性	接合異質材料
接合方法			
金屬包覆	平面		★
紫外線膠合	3D		★
高頻焊接	平面		
超音波焊接	平面	★	★
點焊接	平面		
氣體熔接	3D		
電弧銲接	3D		
鎢極鈍氣（TIG）熔接			
軟焊	3D	★	
摩擦焊接－線性或旋轉	平面		★
電漿表面處理	平板/3D	★	★
塑膠-金屬奈米黏合	3D		★
雷射焊接	3D		
熱塑性塑膠融接	平面/3D	★	
摩擦攪拌焊接		不完全	
摩擦點焊接		不完全	★
黏合劑膠合	3D/平面	★	★
布料接合技術			
縫合	平面	★	★
熔接	平面		
超音波焊接	平面		★
熱封合	平面		★
熱轉移壓膜	平面		★
部件組合			
壓力密合	3D	★	★
懸臂扣合	3D	★	★
圓形扣合	3D	★	★
轉樞卡扣	3D	★	★

塑膠	金屬	石材	玻璃	木材	布料
	★				
★	★	★	★		
★					
★	★				
	★				
	★				
	★				
	★				
★	★				
★	★	★	★		
★	★				
★	★				
熱塑性塑膠					
	★				
	★				
★	★	★	★		
				★	★
					★
				★	★
					★
				★	
★					
★					
★					
★					

金屬包覆
Metal Cladding

　　無需加熱與黏合劑－只需將巨大的壓力施加在異質金屬上，形成永久接合狀態。

　　在形成鍵結之前，必須先清潔金屬表面，確保材料原子接觸時，其間沒有任何雜物影響形成鍵結。清潔金屬表面之後，送入高壓碾軋機，將兩者擠壓結合。

材質

　　金屬包覆技術可應用於純銅、黃銅、青銅、鈹銅、鋼與鋁等材質接合。常見的包覆金屬為金、鈀、鉑、銀與其合金。但是如鎳、錫、鉛、鋁、銅、鈦與不鏽鋼等非貴金屬也可作為包覆使用。用來提昇軟焊與熔焊的可焊性，並增加導電性。

相關應用

　　金屬包覆在電機、電子、汽車、通訊、半導體與電器產業常被應用。其中一項主要目的是將導熱性材料與裝飾性的散熱材料體結合。

相關資訊

www.materion.com

紫外線膠合
UV Bonding

　　基於兩個原因採用此方法：第一，需確保超強膠合效果。第二，膠合後成透明狀。採用單一成分黏合劑，並以紫外線照射進行固化。根據專家的說法，此種固化的黏合劑甚至比其所黏合的材質還要堅固。由於表面必須經過紫外線照射，也就是必須為透明，因此最適合應用在透明材料。這是用於膠合玻璃表面最常見的有效方法之一。

　　除此之外，這種膠合併不會隨時間發黃或降解。取決於所採用的紫外線波長、材質與特定黏合劑，固化時間從五秒到幾分鐘不等。

材質

　　除了玻璃之外，只要有一側為透明，金屬、木材、石材，都可以黏合。

相關應用

　　這是用來黏合玻璃最簡潔、最有效的方法。所以可製作玻璃家具與玻璃展示櫃。也被應用在光學產業與醫療技術領域。

相關資訊

http://na.henkel-adhesives.com/uv-cure-adhesive-14962.htm

高頻熔接
High Frequency (HF) Welding

　　這項方法也稱為無線電頻率熔接，無需使用黏膠或機械固定，而是在加壓的條件下，以電磁波的形式對材料施加高頻率能量以結合材料。通常用於塑膠接合，由電極發出的能量會使材料中的分子震動，因此產生熱能使材料軟化，然後融合形成乾淨的接點，互相連接成一體。雖然這種方法產生熱能，但其實並不施加外部熱源。

材質

　　因為高頻熔接只能應用在對震盪電場會產生分子震動的材質上，所以PVC 與 PU 是最常以此方法進行接合的熱塑性塑膠。但是也可能應用於其他聚合物，包括聚醯氨、EVA、PET與部分 ABS 塑膠。

相關應用

　　應用在終端成品如張力結構部件、液體槽、水床、拉展天花板。最大的產業應用是充氣產品：海灘球、橡皮艇、充氣城堡等等。

相關資訊

https://www.ufpt.com/resource-center/rf-high-frequency-welding/

超音波焊接
Ultrasonic Welding

　　這項無需黏膠的方法，顧名思義就是利用高頻率聲波使材料產生震動，進而使兩邊介面接合。雖然與高頻熔接所利用的震盪無線電頻率電磁波不同，但是兩者在接合時都需要對物件加壓。這是一種高速接合技術，並且可產生防漏接合。

材質

　　這項方法應用在硬質與軟質塑膠上，如半結晶塑膠。也可用來焊接金屬，如非亞鐵類軟金屬與其合金（鋁、純銅、黃銅、銀與金）。鈦與鎳焊接亦可採用此方法。

相關應用

　　有幾項不同產業應用此方法，如汽車零件組裝、醫療設備、食品包裝封口與跑鞋多項部件。在紡織業則在用來產生衣服上的無縫接合，可避免使用黏膠產生的凸起。

相關資訊

https://app.aws.org/wj/2001/01/feature/

點焊接
Spot Welding

這是一種最簡單的焊接方法,從學校工坊到重工業界,都使用點焊接結合金屬部件。這項簡單方法的原理是在重疊的金屬片之間製造小範圍 – 點 – 的熔合。利用兩個銅電極將焊接面積縮減到一個點上。進行兩個金屬片焊接時,大量電流通過銅電極,然後將金屬熔合。電流大小取決於金屬種類與厚度。與其他焊接方法不同的是,這裡無需氣流,所以相對乾淨。但是物件表面上會留下顯而易見的焊點。

材質
這項方法主要使用在一些特定的片材與格網。鋁合金與其他具有高導熱性與導電性的金屬會需要較高的焊接電流。

相關應用
汽車產業是其中最常使用此方法的產業之一 – 我們一定都看過機械手臂在組裝線上進行焊接的畫面。

相關資訊
https://ewi.org/resistance-spot-welding/

氣體熔接
Gas Welding

氧乙炔混合氣體熔接是重工業最常用來焊接金屬的方法。通常應用在亞鐵金屬與鈦。氧氣與乙炔氣體在噴嘴混合,點燃之後產生溫度約攝氏 3,500 度(華氏 6,330 度)的高溫火焰。先將金屬以混合氣體火焰預熱,然後在焰心注入高純度氧氣,快速熔化金屬。此方法最適合應用在厚重金屬材料與大型結構上,因為低於 8 釐米(1/50 英吋)的輕量金屬可能會在過程中因極高溫度而扭曲變形。

材質
一般亞鐵金屬與鈦

相關應用
包括建築、造船與機械零件等重工業。

相關資訊
www.twi-global.com/technical-knowledge

電弧焊接
Arc Welding

想像一下在工廠或是工地，戴著防護面具的工人身邊火星四濺的影像，這大概就是這種焊接方法的感覺。在重工業界利用電流接合金屬，將金屬加熱至熔點然後產生鍵結。之所以被稱為「電弧」焊接，正是因為在棒狀或線狀電極與底材金屬間會產生電弧使金屬熔化。

其中一個電極連接電源上的 +/- 接點，欲加工金屬的通常以鱷魚夾連接至另一個 +/- 接點。棒狀電極沿著欲進行焊接的接合處移動。電極不單只是傳遞電流，同時也提供填隙料。金屬加熱至如此高溫會與空氣中的其他元素反應，這會影響接合處強度。許多電弧焊接法會以氣體遮蓋電弧與熔化的金屬池。與其他部分金屬焊接方法一樣，電弧焊接可在水裡進行。

材質

鋼、鋁合金與鐵是常見以電弧焊接的金屬，但是並不適用於厚度較薄的金屬板。

相關應用

工業與汽車產業應用。以及包括船隻、鑽油平台與輸油管水下結構維修。

相關資訊

www.bakersgas.com/weldmyworld/2011/02/13/
understanding-arc-welding

鎢極鈍氣（TIG）焊接
Tungsten Inert Gas (TIG) Welding

雖然都是以電流產生熱能使金屬熔化並接合，但是 TIG 焊接與電弧焊接不並不相同。此方法是以鎢電極製造電流，並在焊接部位以氣體防護。比電弧焊接更好控制，產生更強壯與精準的接合處。這也是一種需要兩手操作的方法：一手拿電極，另一手拿氣體噴嘴。

有一種變化的方法是利用電漿弧焊接，如同電弧焊接，電弧在鎢電極與工作部件之間形成。電極是位在氣炬結構中央，將電漿弧與遮蔽氣體隔開。電漿經由銅質噴嘴細孔噴出。

材質

TIG 焊接通常應用在非亞鐵類金屬，如銅與鎂合金，以及薄不鏽鋼片材。

相關應用

TIG 焊接被應用在所有產業中，但尤其適合高品質焊接。

相關資訊

www.twi-global.com/technical-knowledge

軟焊（包括銀軟焊與硬焊）

Soldering
including silver soldering & brazing

　　軟焊是一種古老的接合方法，考古證明最早在 5,000 年前就已經出現。軟焊方法有三個部分：焊料、熱能與氣流。軟焊與其他各種金屬焊接方法最不同的一點是，加工金屬本身並未熔化，反而是熔點比加工金屬還低的填隙材，也就是焊料，熔化之後在兩側金屬之間形成鍵結。

　　取決於應用方式，有不同的焊料可供選擇使用。由於焊料本身熔點比較低，此方法是可逆進行，只需加熱將焊料熔化即可。氣流會遮蔽焊接區域，以解決金屬表面雜質污染的問題，否則可能會產生強度不足的焊接處。氣流同時也能使熔化的焊料流到所需焊接的部位。

　　硬焊與軟焊很類似，但是有別於使用低熔點焊料軟焊，硬焊需要更高的溫度進行，因此產生更強壯的鍵結。但是這種方法是不可逆。由於硬焊需要更高的溫度進行，而熱源通常是火焰，這點也與使用小型手持加熱鐵桿的軟焊不同。

材質

　　銀質焊料用於珠寶業界接合如金、黃銅、銀與純銅等貴金屬。

相關應用

　　軟焊從電子業組裝電路板（PCB）到珠寶加工銀焊都可應用。也應用在水電管件接合。

相關資訊

www.copper.org/applications/plumbing/
techcorner/soldering_brazing_explained.html

摩擦焊接 - 線性或旋轉

Friction Welding - Linear and Spin

　　此方法藉由介面兩側表面以線性或旋轉高速相對位移摩擦生熱，進而使表面熔融產生鍵結。旋轉摩擦焊接是將其一中側物件安裝在如鑽床或研磨機上，以最高 16,000 rpm 的轉速旋轉。不論是線性或旋轉，其中一側物件固定不動，然後在另一側加壓並旋轉或往復線性移動，兩者摩擦生熱熔化介面使其接合。取決於兩側金屬的機械特性，摩擦的步驟會持續進行，直到充分將兩者焊接的程度。這是種簡單的組裝方式，產生永久性接合，機具成本低並且加工快速 - 如：無需等待固化時間，亦不需要額外焊料。

材質

　　此法最常應用在金屬與熱塑性塑膠。也被使用在異質金屬焊接。

相關應用

　　航空與汽車產業許多應用是利用摩擦焊接接合金屬與熱塑性塑膠。

相關資訊

www.weldguru.com/friction-weld

電漿表面處理
Plasma Treated Surfaces

採用此方法最大的益處是可黏合一般不相容的金屬表面，因此創造了更多嶄新的金屬介面組合。

電漿處理是一種深層的表面預處理，能改變表面活性，以增加附著性，在類似或異質的材料間形成永久性接合。表面也可利用此方法處理增加適印性，或是產生更耐久、更亮的抗磨紋飾。表面暴露在電漿射流下幾秒鐘，處理之後可利用最一般的漆、溶劑、天然水基溶液或現代無溶劑 UV 膠進行黏合。

材質

常壓電漿預處理是最有效率的表面處理技術之一，可對塑膠、金屬（比如鋁）或玻璃進行清潔、活化或是表面包覆。

相關應用

此方法廣泛應用在多種產業，如包裝、表面列印、消費性電子商品與疏水性表面處理，以便接合原本難以膠合的材料。

相關資訊

www.plasmatreat.com

塑膠-金屬奈米黏合
Nanobonding Plastic to Metal

這項特殊的方法是近來由一間日本公司所研發，目前被採用的廣泛度低於本章節其他方法。射出組裝技術在射出成型時，可將不同的塑膠材料黏合到在模具中的鋁材上。其原理是利用奈米科技在鋁材表面產生細微凹痕，讓塑膠材料能鑲嵌在鋁材上。

浸泡在特殊溶液中，鋁材表面就會從原本平坦變成孔洞狀的「奈米表面」。經過這樣表面處理的鋁材隨後放入模具中，準備讓射出的塑膠黏合於其上。這樣產生的黏合效果非常堅固，所形成的接合處強度就如同材質身一樣強。除了因為減少組裝時間而節省的成本之外，還可以實現用其他方法難以加工的功能性與材料結合。

材質

目前只應用在鋁材與 PBT 和 PPS 這類的塑膠。

相關應用

如 PDA（個人數位助理）的行動商品與電腦、單車、汽車等應用，甚至大型的建築元件。這項技術可以提供柔軟觸感，有利於吸震與止滑方面的應用。

相關資訊

www.taiseiplas.com/e

雷射焊接
Laser Welding

雷射焊接是利用精準雷射線快速加熱欲接合的表面達成。這是一種可以應用在金屬或是塑膠的方法。如果是應用在塑膠上，其中一側的材料必須能被雷射穿透，但不見得一定是透明。雷射線先穿透通過上層表面，然後在第二層的接合點上產生熱能，最後將兩者融合起來。因為雷射可穿透大部分塑膠材料，所以底層通常必須是特殊塑膠或是混合添加劑，以便吸收雷射並生熱。這項方式可產生精準並且密封的接合處。

雖然也會產生火花，但是雷射金屬焊接和如電弧焊接等其他方法不同，因為利用雷射焊接的材料無需具備導電性。雷射焊接所需設備成本會比一般方法還要高。對塑膠而言，極為精準的雷射焊接適合應用在細小、複雜的薄壁零件上。

材質

雷射焊接可對多數鋁、鋼與鈦材料進行金屬加工。大部分具備相近熔點的透明與半透明熱塑性塑膠，也適合採用這項方法加工。

在某些狀況，可以在金屬與塑膠之間形成異質接合點，但前提是金屬必須不熔化。

相關應用

雷射焊接被廣泛應用在各種產業中，從車體焊接到醫療器材機密焊接、珠寶類焊接、電子產業等等。

相關資訊

www.weldguru.com/laser-welding/#metals

熱塑性塑膠焊接
Thermoplastic Welding

原理就是以類似焊鐵的高溫工具，將熱塑性塑膠熔化後再融合。這項方法僅適用於具備類似熔點的材料。

首先將熱塑性塑膠的接合面加溫至熔點，然後將材料加壓直到冷卻。過程裡其中一側的材料將與另一側材料分子產生鍵結。

材質

最常見以此方法接合的熱塑性塑膠為 PP、PE、PVC。

相關應用

產業中常見利用熱塑性塑膠封裝，比如使用在多種應用的 PP 包覆纖維。其他應用包括帳棚、旗幟、標示與管道接合。

相關資訊

www.weldmaster.com/materials/thermoplastic-welding

摩擦攪動焊接
Friction Stir Welding

摩擦攪動焊接（FSW）是一種固態接合技術，無需助熔劑或填隙料等外加物。FSW 轉動焊接頭指向兩側接合金屬板的交接處。焊接頭與材料摩擦產生熱能，並沿著交接線移動，混合兩側欲接合之金屬。此項方法可以在如鋁這類不易焊接的材料上，產生高品質焊接。

材質
如鋁這類不易焊接之材料。

相關應用
此方法被應用在多種產業，如電腦、機器人與製造業。也成為用來製造如船隻、火車與飛機等運輸工具所需輕量結構的焊接方法首選。

相關資訊
www.twi-global.com

摩擦點焊接
Friction Spot Welding

與摩擦攪動焊接一樣，這項技術並不需要額外的填隙料。原理是利用轉動的圓柱狀焊接頭在金屬板上加壓。摩擦點焊接進行接合時，焊接頭一次停留在單一個焊點上。

圓柱狀焊接頭先以高速旋轉，然後機具將其下壓至頂部金屬板表面。摩擦所產生的熱能加熱金屬，但還不致將其熔化。稱為「攪拌針（Pin）」的焊接頭頂端會穿入軟金屬，但不會穿透下層金屬板。機具將焊接頭提高時，攪拌針持續轉動，因此材料被攪拌混合。材料被充分混合後，機具將攪拌針進一步提高退出金屬板。因材質而異，整個過程大概只需兩秒鐘。

材質
這項方法適合應用於異質材料接合。包含鋁-鋼、鋁合金或是具有厚薄不一致塗層的材料。同時也有研究探討如何以此方法將輕量合金（鋁或鎂）與熱塑性塑膠或複合材料接合。

相關應用
許多汽車製造商如 BMW、福斯、奧迪已考慮在未來的汽車設計中使用聚合物與複合材料，目的是降低重量與減低燃料消耗。要接合這些異質材料，就必須使用新的接合技術。此方法也應用在飛機結構製造。

相關資訊
www.assemblymag.com/articles/93337-friction-stir-spot-welding

黏合劑膠合
Adhesive Bonding

雖然這是一種極為普遍使用的簡單方法，但為了完整收錄各種接合技術，因此在這裏還是要列入。「膠」可能是永久性或暫時性，有的（如便利貼）甚至可重複使用。黏合劑中的聚合物會進行化學或物理反應而完成接合。取決於接合的材料，表面可能需要先進行磨蝕或化學溶液預處理。視乎物件使用時所處的環境，黏合劑可能會隨時間降解。其中一項與其他接合方法不同的缺點是，若接合失效，以黏合劑進行的接合處會立刻脫離，而不是逐漸脫落。

材質
任何材質皆可利用黏合劑接合。主要的考量是：需要接合處持續多久、需要多堅固、會在什麼環境下使用（如高溫、潮溼、化學物質等）等因素。

相關應用
從建築與飛機產業到教室裡的壁報紙。

相關資訊
www.adhesives.org/adhesives-sealants/
fastening- bonding/fastening-overview/
adhesive-bonding

布料接合技術
Joining Techniques for Textiles

縫合
Stitching

是利用細纖維往復穿過布料層達到接合。有不同的技術處理接縫防止磨損。雖然這是一項傳統的布料技術，但是近來以工業規模利用在接合木質薄板上。所有縫合都是可逆過程，只需將接縫線拆開即可。

熔接
Fusing，布料被熔化並混合

在布料間產生永久性的接合。可用來製造小型工藝品，也可以在工業規模上利用平床壓燙處理短布料，或輸送帶壓燙進行長布料融接以達大量生產。

超音波焊接
Ultrasonic welding

也可利用在布料上。其介紹詳見297頁。

熱封合
Heat sealing

也可利用在布料塑型，先前已介紹過。

熱轉移壓膜
Heat transfer lamination

可在布料上產生永久性、功能性與裝飾性的高品質元素（如彈性網）。也稱為無車縫或是熱封合技術。熱轉移壓膜在布料或其他包括天然與合成纖維、PU，甚至皮革材料平面之間使用熱塑性黏合劑。當黏合劑在高溫熔化時施加壓力，形成具備如更長壽命、防水與更高舒適度等特性的永久性接合。這項技術已在運動產品製造業掀起革命，取代傳統車縫技術：想想無縫結構泳衣、跑服或跑鞋的不同。

熱轉移壓膜也能應用在經雷射切割形狀的大面積材料，並且可以在布料上產生裝飾、細節強調或局部增加摩擦力。

部件組合
Assemblies

壓力密合
Press-fit

是利用摩擦力連接兩個部件－樂高積木就是個例子。樂高積木是由 ABS 製造，具有高精度，可在組裝後輕易拆卸。

懸臂扣合
Cantilever snap joint

是最常見的組裝方式－電池蓋就是最常見的例子。末端帶有勾狀結構的延伸臂在插入相對應的卡槽時會稍稍偏離行進方向。當勾狀結構通過卡槽邊緣後，延伸臂復位完成扣合。

圓形扣合
Annular snap joint

就是讓筆蓋跟筆結合的方式。另一個例子是防兒童誤開的藥罐。若要以扣合方式組裝，其中一項材料必須比另一項更有撓性。若是以相同材料進行，其中一側部件就必須比另一側更薄，這樣才會產生較高撓性。

轉樞卡扣
Hinges－snap-fit pivots

這是一種產生轉點鉸鍊機構的方法。其中一側部件具有圓柱狀、拴形凸出結構，中間的空隙將其分成兩半。插入孔洞時，兩半柱狀結構將被擠壓靠近，待頂端卡扣穿過孔洞後，兩半柱狀體復位，完成兩個部件組合。

感謝您購買旗標書,
記得到旗標網站
www.flag.com.tw
更多的加值內容等著您…

<請下載 QR Code App 來掃描>

● FB 官方粉絲專頁 ： 旗標知識講堂

● 旗標 「線上購買」 專區:您不用出門就可選購旗
標書!

● 如您對本書內容有不明瞭或建議改進之處, 請連上
旗標網站, 點選首頁的 聯絡我們 專區。

若需線上即時詢問問題, 可點選旗標官方粉絲專頁
留言詢問, 小編客服隨時待命, 盡速回覆。

若是寄信聯絡旗標客服email, 我們收到您的訊息
後, 將由專業客服人員為您解答。

我們所提供的售後服務範圍僅限於書籍本身或內
容表達不清楚的地方, 至於軟硬體的問題, 請直接
連絡廠商。

學生團體	訂購專線：(02)2396-3257 轉 362
	傳真專線：(02)2321-2545
經銷商	服務專線：(02)2396-3257 轉 331
	將派專人拜訪
	傳真專線：(02)2321-2545

國家圖書館出版品預行編目資料

MAKING IT：設計師一定要懂的產品製造知識 第 3 版
Chris Lefteri 著；張朕豪, Ian Chu 譯 -- 臺北市：旗標,
2019 . 08 面； 公分

譯自：MAKING IT : manufacturing techniques for
product design, 3rd ed.

ISBN 978-986-312-600-3 (軟精裝)

1.產品設計 2. 工業設計 3. 設計

470   108009703

作　　者／克里斯‧萊夫泰瑞 Chris Lefteri
翻譯著作人／旗標科技股份有限公司
發 行 人／施威銘
發 行 所／旗標科技股份有限公司
　　　　　台北市杭州南路一段15-1號19樓
電　　話／(02)2396-3257(代表號)
傳　　真／(02)2321-2545
劃撥帳號／1332727-9
帳　　戶／旗標科技股份有限公司
監　　督／陳彥發
執行編輯／孫立德
美術編輯／陳奕愷‧陳慧如
封面設計／古鴻杰
校　　對／施威銘研究室

新台幣售價：880 元

西元 2022 年 2 月 初版 2 刷

行政院新聞局核准登記-局版台業字第 4512 號

ISBN　978-986-312-600-3

版權所有‧翻印必究

©Text 2019 Chris Lefteri and Central Saint Martins
College of Art & Design

Chris Lefteri has asserted his right under the
Copyright, Designs and Patent Act 1988, to be
identified as the author of this work.

Translation©2019 Flag Publishing Co., Ltd.

First published in Great Britain in 2007.
Third edition published 2019 by Laurence King
Publishing in association with Central Saint Martins
College of Art & Design. Arranging through
Andrew Nurnberg Associate International Ltd.

本著作未經授權不得將全部或局部內容以任何形式重
製、轉載、變更、散佈或以其他任何形式、基於任何
目的加以利用。

本書內容中所提及的公司名稱及產品名稱及引用之商
標或網頁, 均為其所屬公司所有, 特此聲明。